一定要把淮河修好

毛泽东

20世纪50年代初，山东省导沭整沂工程施工现场 [引自《筑
梦淮河 纪念新中国治淮六十周年（1950—2010）》]

1952年，河南省薄山水库动工兴建
[引自《筑梦淮河 纪念新中国治淮六十周年（1950—2010）》]

1971年，安徽省茨淮新河工程开工建设
[引自《筑梦淮河 纪念新中国治淮六十周年（1950—2010）》]

1991年，怀洪新河
续建工程开工建设
（孟宪玉　摄）

1999年，淮河入海水
道近期工程开工建设
（陈强　摄）

2015年，淮河干流花园湖
行洪区进洪闸施工现场
（何松原　摄）

安徽省寿县安丰塘（孟宪玉　摄）

京杭大运河（缪宜江　摄）

河南省南湾水库
（郑泰森　摄）

河南省石漫滩水库泄洪
（张进平　摄）

河南省燕山水库
（张进平　摄）

安徽省梅山水库
（朱江　摄）

安徽省响洪甸水库
（朱江　摄）

安徽省白莲崖水库
（朱江　摄）

淮北大堤（蚌郊段）（熊志刚　摄）

江苏省洪泽湖大堤（孟宪玉　摄）

安徽省临淮岗洪水控制工程（孟宪玉　摄）

安徽省蚌埠闸枢纽（熊志刚　摄）

江苏省淮河入海水道淮安枢纽（缪宜江　摄）

江苏省淮河入江水道三河闸（缪宜江　摄）

怀洪新河窑河段（缪宜江　摄）

安徽省茨淮新河上桥枢纽（孟宪玉　摄）

河南省沙颍河周口节制闸（张进平　摄）

河南省洪河分洪道班台闸（陈强　摄）

安徽省涡河大寺枢纽（王玉泉　摄）

山东省大官庄枢纽（孟宪玉　摄）

南四湖二级坝第三节制闸（孟宪玉　摄）

山东省刘家道口枢纽（陈强　摄）

安徽省濛洼蓄洪区王家坝闸开闸进洪（陈强 摄）

安徽省濛洼蓄洪区王家坝保庄圩内群众安居乐业（孟宪玉 摄）

江苏省江都水利枢纽（缪宜江　摄）

南水北调东线宝应抽水站（缪宜江　摄）

南水北调东线二级坝泵站（陈强　摄）

南水北调中线沙河渡槽（南水北调中线干线工程建设管理局　摄）

"十二五"国家重点图书出版规划项目

中国工程院重大咨询项目
淮河流域环境与发展问题研究

淮河流域水资源与水利工程问题研究

淮河流域水资源与水利工程问题研究课题组　编著

中国水利水电出版社
www.waterpub.com.cn
·北京·

内 容 提 要

"淮河流域环境与发展问题研究"是中国工程院重大咨询项目，本书是在该项目的"淮河流域水资源与水利工程问题研究"课题成果基础上完成的。

全书在系统分析评价淮河流域水资源及开发利用、水生态与水环境、水利工程和水管理等方面的现状并对未来进行展望的基础上，阐述了流域发展与水利之间的关系，并对流域几个重要水利问题进行了评估，得出了一些重要结论，同时提出了有价值的建议。

本书的研究成果对各级政府相关决策部门具有重要的参考价值，也可供水利工作者及相关专业的大专院校师生阅读参考。

图书在版编目（CIP）数据

淮河流域水资源与水利工程问题研究 / 淮河流域水资源与水利工程问题研究课题组编著. -- 北京 ： 中国水利水电出版社，2016.12
"十二五"国家重点图书出版规划项目 中国工程院重大咨询项目 淮河流域环境与发展问题研究
ISBN 978-7-5170-5116-9

Ⅰ．①淮… Ⅱ．①淮… Ⅲ．①淮河流域－水资源管理－研究②淮河流域－水利工程－研究 Ⅳ．①TV882.8

中国版本图书馆CIP数据核字(2016)第324724号

审图号：GS（2015）1782 号

书 名	中国工程院重大咨询项目 淮河流域环境与发展问题研究 淮河流域水资源与水利工程问题研究 HUAI HE LIUYU SHUIZIYUAN YU SHUILI GONGCHENG WENTI YANJIU
作 者	淮河流域水资源与水利工程问题研究课题组 编著
出版发行	中国水利水电出版社 (北京市海淀区玉渊潭南路1号D座 100038) 网址：www. waterpub. com. cn E - mail：sales@waterpub. com. cn 电话：(010) 68367658（营销中心）
经 售	北京科水图书销售中心（零售） 电话：(010) 88383994、63202643、68545874 全国各地新华书店和相关出版物销售网点
排 版	中国水利水电出版社微机排版中心
印 刷	北京印匠彩色印刷有限公司
规 格	184mm×260mm 16开本 18.25印张 351千字 10插页
版 次	2016年12月第1版 2016年12月第1次印刷
印 数	001—800 册
定 价	110.00元

前言

淮河流域气候复杂，地势平坦，资源丰富，区位重要，文明发生较早，曾经的发展也比较成熟，但也多次出现反复，在我国的历史进程中一直处于重要位置。流域内目前人口众多，密度很大，城市化率较低；土地开发程度高，是重要的产粮区；交通发达，煤炭产量也具相当规模。近年来虽发展迅速，但尚属欠发达地区。历史上淮河流域多水旱灾害，20世纪70年代后水污染日益严重，水的问题始终是流域经济社会发展面临的重大问题。

流域内水资源开发利用和水利工程建设历史悠久，近代又开始了流域性治理；新中国成立后，更成为首个进行全面治理的江河流域，并已取得了重大进展和显著成效。"淮河流域水资源与水利工程问题研究"作为中国工程院重大咨询项目——"淮河流域环境与发展问题研究"的子课题，旨在研究历史上、尤其是现实中水资源开发利用保护（包括防洪除涝）以及水利工程建设与发展的关系，系统地总结经验和教训，找出一些规律和重要问题，并提出相应的对策和建议。

本书是在"淮河流域水资源与水利工程问题研究"成果基础上完成的，参考了流域规划、研究等相关文献。为使有关淮河流域水问题的研究成果更加系统完整，也纳入了淮河流域水生态和水环境方面的内容。全书由流域概况、流域水资源及开发利用、流域水生态与水环境、流域水利工程、流域水管理、流域发展与水利、几个重要问题及相关对策、主要结论和建议等八章组成。"淮河流域水资源与水利工程问题研究"课题组成员名单见附件1，参加本书编著的主要人员名单见附件2。

　　参加本书编著的人员尽管付出了极大努力，但由于各种条件的限制，仍有可能存在疏漏或错误之处，如所参考的规划、设计、研究成果完成于不同时期，相关数据可能存在不一致的情况，敬请读者批评指正。另外，部分照片因拍摄时间较早，虽经多方努力，但拍摄者仍无从查证，特此说明，并表示谢意。

　　淮河流域情况独特而又复杂，有些问题还需要随着条件的变化和认识的深入继续加以研究，即使有了共识并形成了方案，也还需要加以落实，我们愿与关心淮河的同志们一起想好做好淮河的事情。

淮河流域水资源与水利工程问题研究课题组

2015 年 10 月

目录

MULU

第一章

流 域 概 况

淮河流域地处我国东中部，东经 $111°55'\sim121°20'$、北纬 $30°55'\sim36°20'$。流域东西长约 700km；南北平均宽约 400km，面积 27 万 km²。西起伏牛山、桐柏山，东临黄海，北以黄河南堤和沂蒙山脉与黄河流域接壤，南以大别山、江淮丘陵、通扬运河及如泰运河与长江流域毗邻。

淮河流域地跨湖北、河南、安徽、江苏和山东 5 省，在西南部有部分面积位于湖北省境内，涉及 40 个地级市、155 个县（市），耕地约 1.9 亿亩❶，人口约 1.7 亿，约占全国总人口的 13%，平均人口密度 631 人/km²，是全国平均人口密度的 4.5 倍。淮河流域是我国重要的粮食生产基地，2010 年粮食总产量 10836 万 t。流域内矿产资源丰富，煤炭探明储量 700 亿 t；已探明石油工业储量近 1 亿 t，天然气工业储量近 27 亿 m³，在我国国民经济中占有十分重要的地位。

淮河流域以废黄河为界，分淮河水系和沂沭泗河水系，流域面积分别为 19 万 km² 和 8 万 km²。淮河水系主要处于河南、安徽、江苏 3 省，包括淮河上中游干支流及下游洪泽湖以下的入江水道、里下河地区。沂沭泗河水系是沂河、沭河、泗（运）河 3 条水系的总称，主要处于江苏、山东两省。京杭大运河、分淮入沂水道和徐洪河贯通其间，沟通两大水系。淮河流域图见附图 1。

第一节 水 文 气 象

一、气象

（一）气候

淮河流域地处我国南北气候过渡地带，大体以淮河和苏北灌溉总渠为界，

---

❶ 1 亩≈0.0667hm²。

以北属暖温带半湿润季风气候区，以南属亚热带湿润季风气候区。淮河流域自北往南形成了暖温带南部向亚热带北部过渡的气候类型，冷暖气团活动频繁，冬、夏季时间长，春、秋季时间短。夏半年空气湿度大，盛夏酷热，降雨丰沛，冬半年以冷空气活动为主，降水少，空气干燥，蒸发量大，年内气温变化大。淮河流域处于东亚季风的核心地带，受东亚季风变化的影响，降水年际变化大，年内有雨季（汛期）和旱季（非汛期）之分。

淮河流域受东亚季风影响十分显著。冬季盛行东北季风，受蒙古冷高压影响，干冷的偏北风占主导地位，降水少；夏季盛行西南季风，受副热带高压和印度季风槽影响，来自于海洋的水汽，为雨季提供了必要的水汽条件；春、秋两季为东北季风和西南季风的相互转换变化时期，它们转换的迟早、强弱和维持时间的长短直接影响着淮河流域四季降水的多寡。东北季风与西南季风的进退与转换，形成了四季的明显差异，春季冷暖多变，夏季炎热多雨，秋季天高气爽，冬季寒冷干燥。

根据统计分析，淮河流域春、夏、秋、冬各季开始日分别在每年的 3 月 26 日、5 月 26 日、9 月 15 日、11 月 11 日前后。冬季时间最长，平均超过 135d；夏季次之，110d 左右；春秋两季较短，都只有 60d 左右。

淮河流域年平均气温为 14.5℃，淮河以北为 14.2℃，淮河以南为 15.1℃。全年气温最高月份为 7 月，多年平均为 27.1℃；最低月份为 1 月，多年平均为 0.3℃。气温分布呈现南部高于北部，同纬度地区内陆高于沿海，平原高于山区的特点。流域的极端最高气温 44.5℃，发生在 1966 年 6 月 20 日河南汝州市，极端最低气温 −24.3℃ 出现在 1969 年 2 月 6 日安徽固镇县。气温日变化较大，最高气温一般出现在午后，最低气温出现在早上 4—6 时。在一年内冬季各地气温差异大，夏季各地气温差异小。

淮河流域相对湿度较大，多年平均值为 66%～81%（1970—2000 年），最大值位于流域的西南部，最小值位于流域的西北部。空间分布为南大北小、东大西小。年内的时间分布是夏季、秋季、春季、冬季依次减小；夏季一般超过 80%，由于雨热同季，天气湿闷；冬季约为 65%，降水少，蒸发大，天干物燥。

流域的无霜期为 200～240d，日照时数为 1990～2650h。

（二）天气

影响淮河流域的天气系统众多，既有北方的西风槽、冷涡、冷高压，又有热带地区的台风、东风波，也有副热带地区的副热带高压、南支槽，还有本地产生的江淮切变线、气旋波等，因此，造成流域气候多变，天气变化剧烈。

春季，西风槽和冷涡是主要的天气系统，冷空气较为活跃，但与冬季相比，强度弱，同时西南暖湿气流开始活跃，降水主要以过程性为主，降雨强度小，暴雨较少发生，但雨区范围大，降水均匀，一次降雨过程可以笼罩整个流域。

夏季，随着西南季风的爆发，流域上空对流层中低层以偏南气流为主，西南风从孟加拉湾和西太平洋（包括南海）携带了大量的暖湿空气向北输送，为淮河的雨季提供了必要的水汽条件，加上副热带高压维持稳定的形势以及欧亚中高纬度稳定的阻塞高压系统，低压槽不断有小股冷空气东移南下，冷暖空气在淮河流域上空频繁交汇，江淮切变线和气旋使得暴雨频繁发生，从而成为一年中降雨最多、历时最长、暴雨最强的时期。

秋季，夏季风开始南退，水汽输送减弱，降水迅速减少，冷空气东移南下是主要的天气影响系统，在这段时间内，降雨以过程性居多，暴雨较少，普雨增多，特别是 10 月，大气环流调整为东亚大槽为主导，在缺少必要的水汽条件下，高空盛行西北气流，淮河流域呈现秋高气爽的天气。

冬季，冬季风盛行，少有暖湿气流活动，主要天气影响系统是西风槽、冷涡、蒙古高压，时有寒潮爆发，强冷空气横扫我国大陆，带来剧烈降温、大风和降雪（雨）。这种盛行的干冷偏北风，导致降水稀少，常出现气象干旱。

台风（风力达到 12 级称为台风）是影响淮河流域的一种重要天气系统。根据历史资料分析，影响淮河流域的热带风暴一般发生在每年的 5—11 月，主要集中在 7—9 月，以 7 月、8 月为最多。对淮河流域影响大的热带风暴生成时间均集中在 7 月下旬到 8 月之间，影响时段多在 8 月。据统计，1949—2004年共有 86 个热带风暴（台风）影响淮河流域。影响淮河流域的台风主要有登陆型和沿海转向型两种，登陆型中以登陆浙江、福建的占多数。一般登陆后能够移动到流域的中西部或西部外围的台风，其减弱后的倒槽云系对流域的影响较大，尤其和特殊地形、特殊天气形势组合，往往能产生灾害性的特大暴雨。1975 年第 3 号台风"妮娜"于 8 月 4 日从福建省登陆后，移动到湖北省减弱，在河南省驻马店地区减弱的台风与冷空气结合，加上当地特殊的喇叭口地形作用，强迫气流挤压抬升，产生了举世闻名的"75·8"特大暴雨，造成石漫滩水库和板桥水库相继垮坝。2005 年第 13 号台风"泰利"，9 月 1 日从福建省登陆后，在江西省境内减弱，但台风倒槽与北方的冷空气结合，在大别山区造成大暴雨，引发滑坡和泥石流等地质灾害。

（三）气象的特殊性

淮河是我国南北气候过渡带，过渡带从亚热带到暖温带存在南北移动、年际变化，且 60 年来有缓慢向北扩展的特征。由于过渡带气候的脆弱性导致气候变化幅度加大，天气变化剧烈，近 30 年来极端天气事件和异常气候事件发生的概率增加，旱涝年际、年内变化大，旱涝交替和旱涝急转发生频率高。

1. 雨季时间长

淮河流域位于长江流域与黄河流域之间，是长江梅雨向华北雨季的过渡区域，也是湿润季风区向半湿润季风区的过渡带。一般而言，随着夏季风的活跃，我国季风雨带从 4 月开始由南向北逐步、跳跃式的推进。4—5 月降水主要集中在华南地区。6 月中旬，随着副热带高压第一次北跳，雨带北移至江淮，导致从长江中下游到淮河流域降水逐渐增多，淮河流域进入梅雨期。7 月中旬副热带高压再次北跳，江淮梅雨结束，华北进入雨季。由于淮河的南部是江淮梅雨的北缘，北部及沂沭泗地区又是华北雨带的南缘，因此，淮河流域的雨季从 6 月中下旬开始，可持续到 9 月上旬，江淮梅雨和华北雨季都影响到淮河流域的降雨，因此淮河流域的雨季特别长。

2. 夏季降水与气候分界线位置关系密切

采用天气气候学正交函数分解（EOF）方法，对江淮流域夏季降水的多年分析表明，南北气候分界线的位置与淮河流域夏季降水量呈明显的负相关，过渡带位置的南北变动与淮河流域的夏季降水强弱密切相关，即过渡带向北移动，夏季降水量减少；过渡带向南移动，夏季降水会增多。而在淮河流域以北的黄河流域和以南的长江流域，这种相关性并不明显。同时，对典型旱涝年的研究显示，旱涝年也与气候分界线的南北移动相对应，如 1959 年、1966 年、1978 年、1988 年、1999 年、2001 年 6 个典型旱年除 1988 年外都与气候分界线偏北对应。1954 年、1956 年、1963 年、1991 年 4 个涝年也基本出现在气候分界线偏南的年份。

东亚季风的分析表明，夏季风偏强，冷空气偏弱，我国雨带偏北至华北，淮河流域降水量减少；夏季风偏弱，冷空气偏强，雨带位置偏南，淮河流域降水量就增加。

3. 夏季降水空间分布特征明显

经统计分析，淮河流域夏季降水空间分布主要有流域性多雨型（见图 1-1）、南部或北部多雨型（见图 1-2）、西部或东部多雨型（见图 1-3）等三种空间分布类型，其中第一、第二种雨型比较常见。大涝年份通常有流域性大涝或中南部大涝两种空间类型，其共同特点是沿淮河及淮河以南一带的降水尤其多。以上两种雨型主要与梅雨降水相关联，而第三类型又与台风关系密切。

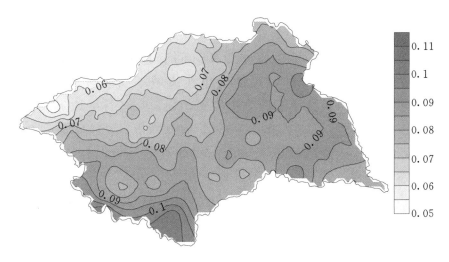

图 1-1　淮河流域夏季降水空间分布——流域性多雨型

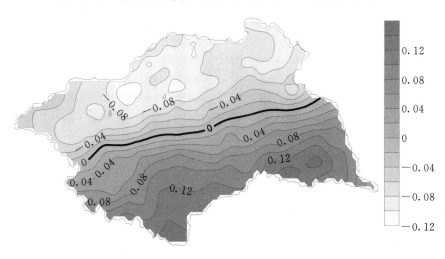

图 1-2　淮河流域夏季降水空间分布——南部或北部多雨型

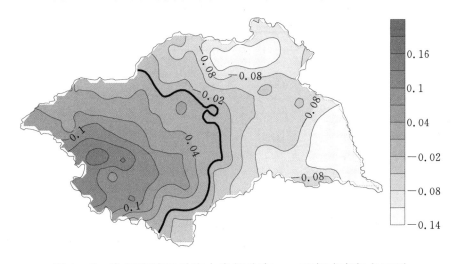

图 1-3　淮河流域夏季降水空间分布——西部或东部多雨型

4. 气候态不稳定、易变性大

淮河流域气候变化幅度大，降水量年际间变化大，年降水量相对变率在 0.16~0.27 之间，降水量年际波动的大小在流域不同区域也存在显著差异，南部总体大于北部。降水的年内分布也极不均匀，从各月平均降水量及其所占全年比例看（见图 1-4），各月的降水分配呈单峰型，7 月最多，占全年比例为 24%，8 月次之，反映了季风雨带由南向北推的特点，12 月最少。从各季来看，夏季降水最多，占全年 54%，春秋次之，各占 20% 左右；冬季最少，只占 7%。其中 5—9 月降水占全年总量的 72%，是年降水的主要组成部分。

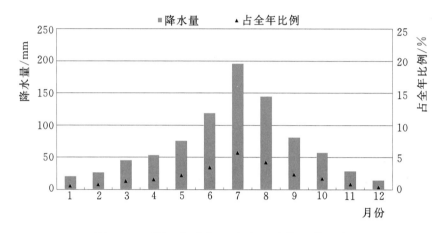

图 1-4 淮河流域各月降水平均值及其比例

另外，淮河流域的降水区域特征与相邻的长江流域、黄河流域有显著的差异。通过淮河、长江和黄河全年及汛期降水的相对变率对比分析（见表 1-1）可知，无论是年降水量还是夏季降水量，淮河流域的降水变率都是最大的，这充分表明过渡带气候的不稳定性，容易出现旱涝。

表 1-1　　　　　　　　淮河、长江、黄河流域降水相对变率对照表

流域	淮河流域		长江流域		黄河流域	
对比时间	全年	汛期	全年	汛期	全年	汛期
平均降水量/mm	905	492	1355	511	441	257
降水相对变率/%	16	22	11	20	13	17

注 降水量资料系列为 1950—2010 年。

5. "旱涝急转"与"旱涝交替"特征明显

淮河流域雨季不仅有明显的年际变化，而且有显著年内变化的特点，"旱涝急转"或"旱涝交替"的情况是淮河气候变化一个显著的特点，21 世纪以来尤为突出。

东亚季风的强弱变化，使得淮河流域降水不仅有明显的年际变化，而且降水年内分布也不均匀，往往出现前旱后涝，或前涝后旱。淮河流域降水主要集中在5—9月，降水量约占全年降水量的72%，5—7月在气候平均上是降水迅速增加的时段，若前期淮河流域降水持续偏少导致干旱，而后期由于大气环流调整，淮河流域暴雨过程频繁，造成洪涝，这种降水在短时间内由少转多的现象称为"旱涝急转"。

淮河流域"旱涝急转"常发生在典型洪涝年，比如2003年、2007年，出现时间与梅雨起始日期基本相同或略偏晚，大部分集中在6月下旬至7月上旬，约占事件总数的73%。一般年份，春季至初夏，流域无持续性明显降水，旱情抬头。雨季来临时若出现集中强降水，则极易从干旱转为洪涝。有的年份（如1991年）在洪涝结束后，又出现连续1~3个月无明显降雨期，导致涝后旱，出现典型的"旱涝交替"。

据1961—2001年40年统计，总共出现22次旱涝急转事件，其中干流以南区域次数最多，其次是里下河地区。旱涝急转频率呈现"南高北低"的特点。从旱涝急转事件的年代际分布来看［见图1-5（a）］，20世纪60年代出

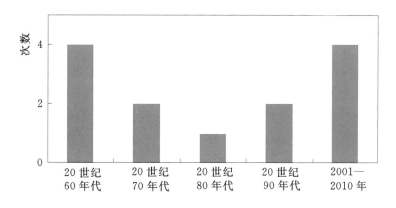

（a）年代际分布

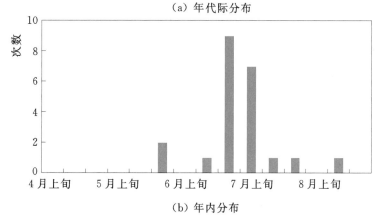

（b）年内分布

图1-5　旱涝急转事件年代际分布和年内分布

现最为频繁，70年代开始减少，80年代出现最少，90年代开始又有所回升，2000年以来又趋频繁。从年内分布来看［见图1-5 (b)］，大部分集中在6月下旬至7月上旬，其中6月下旬出现次数最多，7月中旬及中旬之后出现次数较少，而5月中旬及中旬之前没有出现过。

研究表明，以30～60d为周期的低频降水对于旱涝急转的发生起重要作用，尤其在江淮地区。旱涝急转首场暴雨的大气环流也很关键。旱涝急转的影响天气系统分为梅雨、连续暴雨和台风暴雨，环流形势主要包括："东阻型""中阻型"和"台风型"。大气环流与海温关系也是急转成因之一。拉尼娜事件的次年发生旱涝急转的次数最多，其次是厄尔尼诺事件的次年，因此要特别关注拉尼娜事件。

二、降水

夏季风是淮河流域降水的主要因素，季风的南北进退都从流域经过，降水以锋面雨、气旋雨为最多。6—7月暴雨主要是江淮梅雨造成，而8—9月受登陆台风的影响，在流域内经常出现台风暴雨。

(一) 降水的地区分布

根据1956—2000年的降水统计分析，淮河流域多年平均降水量874.9mm，其中淮河水系为910.9mm，沂沭泗河水系为788.4mm。降水量在地区上的分布很不均匀，总的趋势是南部大、北部小，沿海大、内陆小，山丘区大于平原区。年降水量800mm的等值线，大体为流域湿润和半湿润区的分界线。此线西起伏牛山北部，经叶县横贯豫东平原和淮北平原，沿途有周口、项城、亳州、微山，再过沂蒙山区的北坡折向东出域。此线以南大于800mm，属于湿润区，以北小于800mm，属于半湿润区。淮河流域多年平均降水深等值线图 (1956—2000年) 见附图2。

降水量的地区变幅为600～1400mm。其高值区位于淮南大别山区淠河上游，以安徽省前畈为中心，年降水量最大达1500mm以上；西部的桐柏山区和伏牛山区的年降水量在1000～1200mm之间，东北部沂蒙山区处于本流域纬度最高处，由于地形及邻海原因年降水量可达850～900mm；广阔的平原和河谷地带，为降水量低值区，其中淮北平原降水量为600～800mm，以河南省中牟为中心的低值区年降水量小于650mm。

(二) 降水的年内分配

淮河流域降水量的年内分配很不均匀，往往集中在几个月内，基本上决定了一年降水的丰枯。淮河上游和淮南雨季一般集中在 5—8 月，其他地区在 6—9 月。多年平均最大连续四个月的降水量为 400～800mm，占年降水量的 50％～80％。降水集中的程度自南向北递增，淮南山丘区及淮河干流范围内集中程度最低，为 50％～60％；伏牛山区、豫东、淮北和淮河下游平原为 60％～70％；沂沭泗河水系为 70％～80％，是集中程度最高的地区。

淮河流域春季（3—5 月）降水量为 178mm，夏季（6—8 月）降水量为 468mm，秋（9—11 月）、冬（12 月至次年 2 月）两季分别为 168mm 和 61mm。汛期（6—9 月）由于盛行的西南季风输入大量的暖湿空气，这一时期的降水在全年中所占的比重最大，约占全年降水量的 63％，冬季降水量最小，不到全年降水量的 10％。一年中的最大月降水量一般出现在 6—8 月中，分别占比为 12％、76％、12％。6 月、7 月、8 月平均降水量分别占全年降水量的 13％、24％、17％。淮河流域最大月与最小月降水量之比值，最大达 35 倍左右，出现在泰沂山区，最小为 5 倍左右，出现在淮南山丘区。

（三）降水的年际变化

淮河流域降水量一年中不仅各月间差异很大，年际间降水量变化幅度也较大，主要表现为年际丰枯变化频繁，最大与最小年降水量比值较大，年降水量变差系数较大等特点。

淮河流域各站最大年降水量与最小年降水量的比值一般为 2～6，大致呈现山丘区比值小，平原区比值大的特点，比值最大为涡阳站的 6.06。最大与最小年降水量的极差大多在 600～1500mm 之间，极差最大的吴店站，1954 年降水量为 2993.8mm，1978 年降水量为 808.4mm，极差达 2185.4mm。

淮河流域年降水量的变差系数（C_v）在 0.25～0.30 之间，总趋势从南往北增加，降水量较小的平原区大于降水量较大的山丘区。淮南山区与沂蒙山区 C_v 值一般小于 0.25，为低值区；沙颍河、洪汝河、涡河及苏北里下河等平原地区 C_v 值大于 0.30，为高值区。季、月降水量的年际变化比年的大，如 3—5 月降水量的 C_v 值一般在 0.40～0.60 之间。

三、水资源

根据 1956—2000 年系列计算成果，淮河流域水资源总量为 794.4 亿 m^3（其中淮河水系 583.8 亿 m^3、沂沭泗河水系 210.6 亿 m^3），地表水资源量 595 亿 m^3，浅层地下水资源量 338 亿 m^3，重复计算水量为 139 亿 m^3，产水系数 0.25。

（一）地表水资源

淮河流域地表水资源地区分布是南部大北部小，山区大平原小，沿海大内陆小。淮河以南及上游山丘区，年径流深为300～1000mm；淮河以北地区，年径流深为50～300mm，并自南向北递减。流域南部的大别山区，是年径流深最大的地区，其量值超过1000mm，北部沿黄河地区为年径流深最小的地区，其量值仅为50～100mm，南北相差10～20倍；西部伏牛山区年径流深为400mm，而东部沿海地区年径流深为250mm，东西相差1.6倍多。山丘区为淮河流域年径流深的高值区，最高区位于大别山白马尖顶峰的东南坡，年径流深达1000mm。平原区为年径流深的低值区，豫东平原北部沿黄一带和南四湖湖西平原区，年径流深仅50～100mm，为淮河流域年径流深的最低区；淮河王家坝以下沿淮、淮河以北及淮河下游平原，年径流深100～250mm，为年径流深的次低区。淮河流域多年平均径流深等值线图（1956—2000年）见附图3。

淮河流域地表径流量呈现汛期十分集中、季径流变化大、最大与最小月径流相差悬殊等特点。全年径流量主要集中在汛期6—9月，各地区河流汛期径流量占全年径流量的53％～80％，其中淮河以南地区占53％，淮河以北地区占70％左右，沂沭泗地区占80％左右。河流径流以夏季最大，占全年径流量的46％～70％；冬季径流最小，只占年径流量的5％～9％。最大、最小月径流量相差悬殊，最大月（淮河以南及沂沭泗地区为7月，淮河以北地区为8月）径流量占年径流量的比例为20％～37％，而最小月（淮河以南地区为12月，其他地区为1—4月）径流量仅为年径流量的1％～5％。

淮河流域地表径流的年际变化很大，最大年与最小年径流量相差悬殊。在淮河以南地区各河流最大年与最小年径流量的比值一般为3～10倍左右；淮河以北地区各河流一般达10～30倍，最大的超过40倍，且呈北部大于南部，平原大于山丘区的分布规律。全流域丰水年径流量最大可达1000亿 m³ 以上，而枯水年年径流量不及200亿 m³，仅为多年均值的29％，最大年与最小年径流量的比值为6.3。

（二）地下水资源❶

淮河流域多年平均浅层地下水资源（矿化度小于2g/L）总量达338亿 m³，

---

❶　一般认为，深层地下水作为战略储备，原则上不应利用。因此，本书中地下水均不包括深层地下水。

占淮河流域水资源总量的 25%（扣除与地表水资源量的重复水量 139 亿 m³）。淮河流域浅层地下水资源，受降水量、流域下垫面条件、地质及地层构造及人类活动等因素的影响，呈现出平原大于山丘区，山前平原大于一般平原，岩溶山丘大于一般山丘区，引黄地区大于非引黄地区等分布特点。

在流域平原区地面以下 40~60m 深度范围，蕴藏有丰富的浅层地下水资源，总量达到 257 亿 m³，占全流域浅层地下水资源总量的 76%。山丘区浅层地下水是指地表以下数十米至数百米深度范围的地下水，总量为 87 亿 m³（山丘区与平原区地下水资源量之间重复水量为 6 亿 m³），占全流域浅层地下水资源总量的 24%。

淮河及苏北灌溉总渠一线以北的广大平原区，拥有的浅层地下水资源量为 268 亿 m³，约占全流域浅层地下水资源的 80%，为淮河流域地下水资源的主要开发利用区域。该地区的浅层地下水资源模数在 16 万 m³/(km²·a)，是淮河流域浅层地下水资源最丰富的地区。

（三）水资源特点

1. 空间分布不均，年内、年际变化大

淮河流域地表水资源在地区上分布不均，总体上呈南部大、北部小及中间低两端高的态势；同纬度山区大于平原，平原地区沿海大、内陆小。径流深高的地区其值超过 1000mm（如大别山区），低的地区尚不到 100mm（如流域北部沿黄一带），南、北地区年径流深最大相差近 20 倍。

径流的年内分布和年际变化与降水量相似，但变化幅度较降水量更大。年径流量主要集中在 6—9 月，约占年径流量的 52%~87%，最大月径流一般出现在 7 月或 8 月，占年径流量的 18%~40%，径流汛期集中程度北方高于南方，且自南向北递增。最大年径流量与最小年径流量的比值一般为 5~40，呈现南部小，北部大，平原大于山区的规律。

2. 水资源地区分布与人口、土地资源分布不匹配

淮河流域山区的人口占流域总人口约 1/4，平原区占 3/4；山丘区耕地面积占总耕地面积 1/5，平原区占 4/5。人口和耕地的分布平原远大于山区，但水资源的分布却正好相反，山区大于平原。山丘区雨量丰沛，水资源丰富，但人口和耕地较少，平原区人口和耕地较多，水资源不足。人口、耕地与水资源地区分布不相匹配，对水资源开发利用尤为不利。

3. 水资源调蓄能力低

淮河流域平原面积大（占全流域面积的 69%），山丘区面积小（占全流域

面积的 31％），调节天然径流的能力低，水资源可利用率较低，不仅枯水年份水源不足，丰、平水年份的枯水季有时也有水源不足情况。

四、暴雨洪水

（一）暴雨

根据 1961—2009 年资料分析，1991 年是淮河流域年暴雨量❶最大的一年，1966 年是暴雨量最少的一年。从暴雨的年内各月分布情况看，主要集中在 6—9 月，大多数发生在 6—8 月，以 7 月最多，且强度大、范围广，持续时间长。6 月暴雨主要在淮南山区；7 月暴雨全流域出现的机遇大体相等；8 月西部伏牛山区、东北部沂蒙山区暴雨相对增多，同时受台风影响，东部沿海地区常出现台风暴雨，台风暴雨强度大，特别是单站雨量很大，但范围小，持续时间短。9 月流域各地暴雨减少。

淮河流域暴雨的类型主要有梅雨型暴雨、台风暴雨和局地暴雨，其中最主要的是梅雨型暴雨。引发暴雨的天气系统主要有切变线、低涡、低空急流和台风。淮河的梅雨多年平均开始日期为 6 月 19 日，结束为 7 月 10 日，梅雨期约 20d，长的可达一个半月，在梅雨期由切变线、低空急流等天气系统可造成连续性的暴雨，如 1954 年。梅雨过后，随着副高的第二次北跳，淮河流域受副高或大陆高压控制，持续性暴雨减少，但由于大气环流的变化，副高短期的进退，导致淮河流域也经常发生较大范围的暴雨。这类暴雨造成的洪水历时、范围不及梅雨期洪水，但其出现的频次多于梅雨期。台风对淮河流域影响几乎每年都有，时间多在 8 月，台风暴雨多发生在东部沿海，伸入流域内地的台风较少。

通过气候分析发现，淮河流域平均年暴雨量的三个高值中心分别位于上游淮南山区、沂蒙山区以及洪泽湖以东沿海，其他地区在一定的天气形势下也出现有强度大的暴雨。

（二）洪水

淮河洪水除沿海风暴潮外，主要为暴雨洪水。流域洪水大致可分三类：①由连续一个月左右的大面积暴雨形成的流域性洪水，量大而集中，对中下游威胁最大；②由连续两个月以上的长历时降水形成的洪水，整个汛期洪水总量

---

❶　年暴雨量是指年中符合暴雨标准的日降水量累计值。

很大但不集中，对淮河干流的影响不如前者严重；③由一两次大暴雨形成的局部地区洪水，洪水在暴雨中心地区很突出，但全流域洪水总量不算很大。

1. 淮河水系洪水

淮河洪水主要来自于淮河干流上游、淮南山区及伏牛山区。淮河干流上游山丘区，河道比降大，洪水汇集快，洪峰尖瘦。进入淮河中游后，干流河道比降平缓，沿河又有众多的湖泊、洼地，经调蓄后洪水过程明显变缓。中游左岸诸支流中，只有少数支流上游为山丘区，其他均为平原河道，河床泄量小，洪水下泄慢；中游右岸诸支流均为山丘区河流，河道短、比降大，洪水下泄快。因此，淮河干流中游的洪峰流量与上游和右岸支流的来水关系很大，但由于左岸诸支流集水面积明显大于右岸，因此左岸诸支流的来水对淮河干流中游的洪量影响较大。淮河下游洪泽湖中渡以下，往往由于洪泽湖下泄量大，加上区间来水而出现持续高水位状态；里下河地区则常因当地暴雨而造成洪涝。

淮河的流域性洪水往往是由于梅雨期长、连续大范围暴雨所致。一般在 6 月中旬至 7 月上旬，受梅雨期持续性暴雨的影响而产生持续时间长、范围大、洪水总量大的暴雨洪水，如 1931 年、1954 年、1991 年、2003 年、2007 年洪水。其特点是干支流洪水遭遇，淮河上游及中游右岸各支流连续出现多次洪峰，左岸支流洪水又持续汇入干流，造成干流出现历时长达一个月以上的洪水过程。

梅雨期后至 7 月下旬，暴雨所造成洪水的历时、范围均不及梅雨期洪水，但出现的频次要高于梅雨期。8 月受台风暴雨影响，其形成的洪水特点是范围小、历时短、强度大，如"75·8"洪汝河、沙颍河洪水。

淮河出现局部范围暴雨洪水的次数也较多，上中游山丘区的洪水对淮河中游干流也会造成大的洪水，但对下游的影响往往不大，如 1968 年、1969 年、1975 年洪水等。平原地区的暴雨对淮河干流影响不大，但会造成涝灾。

淮河干流与各支流洪水遭遇程度不一，其中以王家坝来水与蒋家集遭遇程度最高，淮干正阳关以上来水与沙颍河洪水的遭遇程度以及蚌埠（吴家渡）来水与涡河来水的遭遇度基本相当，因此淮南山丘区最易与淮河干流并发洪水。

2. 沂沭泗河水系洪水

从洪水组合上看，沂沭泗河水系洪水可分沂沭河、南四湖（包括泗河）和邳苍地区三部分。

沂沭河发源于沂蒙山，上中游均为山丘区，河道比降大，暴雨出现机会多，是沂沭泗河洪水的主要源地。沂沭河洪水汇集快，洪峰尖瘦，一次洪水过程仅为 2～3d，如集水面积 $10315km^2$ 的沂河临沂站，在上游暴雨后不到半天就可出现洪峰。沂沭河洪水经刘家道口和大官庄枢纽分流进入新沭河，经石梁河水库调节后，水势减缓。

南四湖承纳包括泗河在内的周边诸河来水。其中湖东支流多为山溪性河流，河短流急，洪水随涨随落；湖西支流流经黄泛平原，泄水能力低，洪水过程平缓。由于南四湖出口泄量所限，大洪水时往往湖区周围洪涝并发。

南四湖出口至骆马湖之间为邳苍地区，其北部为山区，洪水涨落快，是沂沭泗河水系洪水的又一个重要来源。

骆马湖汇集沂河、南四湖及邳苍地区来水，是沂沭泗河洪水重要的调蓄湖泊，其下游新沂河为平原人工河道，比降较缓，沿途又承接沭河等部分来水，因而洪水峰高量大，过程较长。20 世纪 50 年代以来，沂沭泗河水系各河同时发生大水的有 1957 年，先后出现大水的有 1963 年，沂沭河、邳苍地区出现大水的有 1974 年。与淮河水系洪水相比，沂沭泗河水系洪水出现的时间稍迟，洪水量小、历时短，但来势迅猛。

20 世纪 40 年代后期以来，随着大量水利工程的兴建，该水系的洪水特性变化较大。

五、干旱

淮河流域四季均可能出现干旱，春、秋、冬季最易发生干旱。造成干旱的根本原因是气象因素造成降水偏少。特别是汛期降水的多少，往往决定了当年的干旱与否。汛期干旱的气象成因主要有 4 个方面：①当年大气环流异常，汛前期西风带冷空气较强，汛中后期欧亚环流以纬向环流为主，冷空气偏弱，冷暖空气在淮河流域交汇的机会少。②东亚季风异常，西南季风开始偏弱，水汽输送位置偏南，汛后期季风爆发性增强，暖湿气流穿过淮河流域，被输送到华北到东北地区。③赤道辐合带异常，汛后期台风异常活跃，辐合带位置偏北，对副高北抬起到顶托作用。④赤道太平洋海温异常，研究表明，典型旱年赤道太平洋海温从春季至夏季处于厄尔尼诺衰减阶段，或是拉尼娜衰减阶段。

造成春季、秋季和冬季是最容易发生干旱的最主要原因是季风的作用，一是暖湿气流不活跃，受盛行的干冷气流影响为主，缺乏必要的水汽条件；二是冬季受强大的蒙古冷高压控制，冷空气占优势，无持续性降水条件。

从淮河流域干旱的时空分布特点分析，干旱主要有以下 4 种类型。

（一）典型大旱年型

典型大旱年往往是江淮梅雨期出现"空梅"或"少梅"的情况，汛期降水偏少，而年内冬、春季或秋季也出现降雨偏少的情况，使汛期湖泊、水库和河道蓄水不足，秋、冬季干流来水持续偏少，中小河流干涸，造成干旱，如1978 年、1988 年、2001 年等。

（二）连年干旱型

流域性大旱多年连旱现象也较突出，这种连旱情况不同于典型大旱年，各年降水都偏少，其中有一年干旱特别严重，导致连续 3～4 年出现旱灾。比如1959—1962 年（4 年），1986—1989 年（4 年），1999—2001 年（3 年）等。

（三）连季干旱型

由于季节的原因，在淮河流域如出现秋、冬季降水少的情况，则容易出现季节性干旱，而次年春季降水如果持续偏少，则导致连季干旱发生，如 2008年 10 月至 2009 年 3 月流域北部的大旱，2010 年 10 月至 2011 年 3 月流域性大旱。这种干旱往往也是典型干（大）旱年的前奏。

（四）区域性大旱型

这种类型干旱出现较多，全流域均可发生，主要出现在冬、春季或秋、冬季。流域的北部，特别是河南的开封、周口市，安徽的亳州市，山东的菏泽市是淮河流域区域性干旱频率的高发地区。如 2002 年南四湖流域发生的特大干旱，汛期降水比常年偏少近 6 成，全年降水偏少 4 成，导致南四湖干涸，发生严重的生态危机。

第二节　地　形　地　貌

一、地形地貌

淮河流域形态自北向南呈较为规则的平行四边形，东西长约 700km，南北平均宽约 400km。地形大体上由西北向东南倾斜，南部、西部及东北部为山丘区，分别是伏牛山、桐柏山、大别山和沂蒙山，东部濒临黄海，山海之间为广阔的平原，山丘区面积约占流域总面积的 1/3，平原和湖泊的面积约占总面积的2/3。

淮河流域西部和西南部山丘区是秦岭山脉向东延伸的余脉。西部伏牛山、桐柏山区海拔一般为 200～500m，流域最高峰尧山（石人山）海拔 2153m，位于

伏牛山区沙颍河的上游；南部大别山，一般海拔为 300~500m，淠河上游白马
尖海拔 1774m；东北部沂蒙山区，一般海拔为 200~500m，沂河上游龟蒙顶海拔
1155m。丘陵区分布在山区的延伸部分，西部海拔一般为 100~200m，南部海拔
一般为 50~100m，东北部一般为 100m 左右。淮河干流以北广阔平原地面也是
西北高，东南低，海拔一般为 15~50m；南四湖湖西为黄泛平原，一般海拔为
30~50m；淮河下游里下河地区为河网区，海拔一般为 2~10m。

　　流域内除山区、丘陵和平原外，还有为数众多、星罗棋布的湖泊、洼地，
是淮河滞洪、行洪地带。淮河流域各种地形面积及其所占流域面积比例见表
1-2。

表 1-2　　　　　　　淮河流域各种地形面积及其所占流域面积比例表

地面海拔/m	面积/万 km²	比例/%
0~10	3.94	14.52
10~30	4.94	18.19
30~50	7.20	26.52
50~100	5.69	20.96
100~200	2.59	9.56
200~300	1.23	4.52
300~500	0.89	3.28
500~1000	0.54	2.00
>1000	0.12	0.45

　　注　数据来源于《淮河流域水利手册》（2003 年）。

　　淮河流域地貌处于全国第二级阶梯的前缘，大都属于第三级阶梯，地形总
趋势是西高东低。在漫长的地质历史演变过程中，受内外地质营力的作用，塑
造了多种地貌类型。根据地势和海拔，淮河流域地貌可分为山地、丘陵、平原、
洼地和湖泊五种类型地貌。在空间分布上，东北部为鲁中南断块山地，中部为
黄淮冲积、湖积、海积平原，西部和南部是山地和丘陵。地貌成因主要有流水
地貌、湖成地貌、海成地貌，此外还有零星的喀斯特地貌和火山熔岩地貌。淮
河流域各种地貌面积及其所占流域面积比例见表 1-3。

表 1-3　　　　　　　淮河流域各种地貌面积及其所占流域面积比例表

地貌类别	山地	丘陵	平原	洼地	湖泊	总计
面积/万 km²	3.82	4.81	14.77	2.60	1.00	27.00
比例/%	14.00	17.00	56.00	9.50	3.50	100

　　注　数据来源于《中国江河防洪丛书 淮河卷》（1992 年）。

二、形态分区

淮河流域地形地貌及其分布可分为 7 个区，见图 1-6。

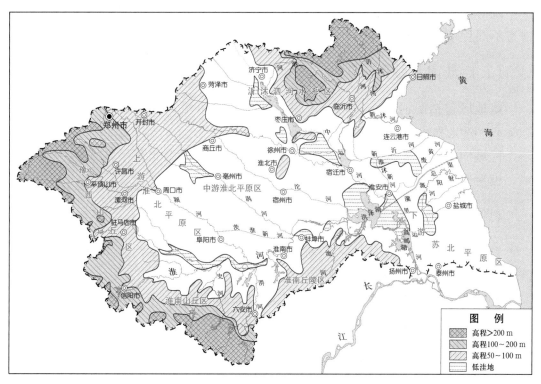

图 1-6 淮河流域地形地貌分区图

（注：来源于《中国江河防洪丛书 淮河卷》，中国水利水电出版社，1996）

（一）豫西山丘区

该地区主要包括京广铁路以西的嵩山、伏牛山、桐柏山及其丘陵区，面积约为 2.8 万 km²。嵩山主峰太室山海拔 1440m。伏牛山区尧山（石人山）海拔 2153m，是淮河流域最高山峰。桐柏山是淮河主干流发源地，属于淮阳山脉西段，主峰太白顶，海拔 1140m。

这一地区为淮河上游和洪汝河、沙颍河两大支流洪水的主要发源地。由于地势高、河道深，水灾一般不严重。但在雨季，特别是遇到特大暴雨，也常出现洪水灾害。北部为贾鲁河上游，有深度不同的黄土覆盖，水源奇缺。

（二）淮南山丘区

该地区包括淮河以南的大别山及其丘陵区，西接桐柏山，东连淠河以西的江淮丘陵，面积约为 2.8 万 km²。此地区为东西狭长地区，东西长约 250km，南北宽约 100km。大别山位于湖北、河南、安徽三省边境，山势为西北东南走向。大别山以东，冈丘连绵，是长江、淮河两大水系的分水岭。

该地区是淮南各主要支流的发源地。区域内气候温和，雨量充沛，降水集中，既有利于林木和水稻的生长，又经常有山洪暴发，各支流两侧及沿淮洼地常有不同程度的洪涝灾害。

（三）淮南丘陵区

该地区包括潩河以东、入江水道以西，淮河干流以南的丘陵区。东西长约 280km，南北宽约 70km，面积约为 1.9 万 km²。

区域内每遇旱年或枯水季节，水资源明显不足，而北部沿淮又多为湖泊洼地，极易遭受水灾。

（四）上游淮北平原区

该地区包括淮河以北，京广铁路以东，沙颍河、贾鲁河、洪汝河的下游地区，面积约为 2.8 万 km²。地形由西北向东南倾斜。

此区域北部为黄泛平原。周口与上蔡以东地势低洼，河道平缓，排水不畅，每遇较大降雨或来水，就会造成洪涝灾害。

（五）中游淮北平原区

该地区包括淮河以北、颍河以东、废黄河以南地区，面积约为 6.1 万 km²。地形由西北向东南倾斜。

这个地区历史上曾长期遭受黄河洪水泛滥，河道排水系统受到严重破坏，水流不畅，属于平原易涝地区。南部沿淮约有 1 万 km² 的面积，地势低洼，属淮河洪水泛滥范围，是淮北大堤重点保护区域。

（六）下游苏北平原区

该地区包括洪泽湖及入江水道以东、废黄河以南、通扬运河以北地区，面积约为 2.6 万 km²。本地区雨水大都直接东流入海。地面高程一般都在 2～4m，而以兴化地区最低。该地区天然排水不畅，并受淮河洪水和黄海潮水的严重威胁。

（七）沂沭泗河水系区

该地区包括废黄河以北的全部沂沭泗水系，面积为 8 万 km²，其中平原区占 50%，山丘区占 31%，湖泊占 19%。平原区主要是南四湖湖西及新沂河两岸，山丘区主要是沂蒙山区，湖泊主要是南四湖和骆马湖。

三、特点

(一) 复杂多样

淮河流域地形复杂，地貌类型多样，不仅包含山地、丘陵、平原、洼地、湖泊等5种类型的地貌，而且按照地质构造的不同，这些地貌类型又可进一步细划为多种类型的地貌。如山地又分为起伏山地、喀斯特山地、熔岩山地等；丘陵分为起伏丘陵、喀斯特丘陵、熔岩丘陵等；平原分为侵蚀平原、堆积平原、冲洪积平原、河谷平原和泛滥平原等，详见表1-4。

表1-4　　　　　　　　　　淮河流域地貌类型表

地　貌　类　型		面积/万 km^2	比例/%
山地	起伏山地	2.435	8.971
	喀斯特山地	0.196	0.722
	熔岩山地	0.001	0.004
丘陵	起伏丘陵	1.558	5.741
	喀斯特丘陵	0.128	0.470
	熔岩丘陵	0.092	0.341
平原	侵蚀平原	0.376	1.386
	堆积平原	1.455	5.359
	冲洪积平原	8.024	29.565
	河谷平原	1.826	6.730
	泛滥平原	0.848	3.126

注　数据来源于《淮河流域水利手册》(2003年)。

(二) 层次分明

在空间上，淮河流域自上而下以阶梯式分布，地形呈现出明显的层次性：上游地区，高山丘陵起伏，水系发达，支流众多；中游地区，平原广阔，地势平缓，水流汇集滞蓄；下游地区，地势低洼，大小湖泊星罗棋布，水网交错，渠道纵横。

(三) 平原广阔

淮河流域平原宽广，面积约为流域总面积的2/3。从平原地貌形态上看，与山丘相连的平原地区大多为洪积平原、冲洪积平原或冲积扇过渡区；中游淮北平原是黄淮冲积平原；到流域的下游，平原地貌形态过渡为湖积平原、三角洲平原、海积平原，平原类型分布依次从高到低，逐渐递变。

第三节　河　流　水　系

一、水系变迁

淮河是一条古老的河流，水系历经变迁形成目前的格局。淮河水系的变迁大体上可以分为三个时期。

第一个时期是黄河夺淮以前。约在公元前 21 世纪，传说大禹治水十三年，三过家门而不入，因治水有功，继舜后成为部落联盟首领。据《史记·殷本纪》中记载，当时大禹治水的活动范围是"东为江，北为济，西为河，南为淮"四条大河，古称四渎。我国古籍《禹贡》《山海经》《周礼·职方》和《尔雅》中都有关于古代淮河水系的描述。古代地理著作《禹贡》中记载有："导淮自桐柏，东会于泗、沂，东入于海"，描述了淮河流域的形态。北魏《水经注》记述：北岸主要支流有汝水、颍水、涡水、濉水、汴水等；南岸有油水、泇水、淝水、决水（史河）、北水（淠河）等。这一形势一直延续到 12 世纪 90 年代，当时的淮河出桐柏山，流经河南、安徽两省，进入江苏，注入黄海（见图 1−7）。古淮河干流在洪泽湖以西大致与今淮河相似，古代没有洪泽湖，在洪泽湖一带分布有洼地浅泊，但未连成片。淮河干流经盱眙后折向东北，经淮阴向东，在今响水县云梯关入黄海。在古代淮河流域内，还有上百个大大小小的湖泊，它们大都散布在支流沿岸和支流入淮处，济水、泗水之间和江淮尾闾之间，其中著名的古泽有荥泽、圃田、孟诸、菏泽、沛泽和射阳湖等。春秋战国前，淮河与长江不相通，与黄河之间有济水、泗水通过菏水、汴水、濉水相连，当时的淮河流域范围与现在的大致差不多。春秋后期，由于政治和经济的需要，人工运河相继出现，到汉代已形成了沟通江、淮、河、济的水运网。根据《史记》记载，黄河泛淮，最早是公元前 168 年（汉文帝时期）。从西汉至北宋，黄河十多次南泛，虽对淮河各水系没有形成破坏性的影响，但侵夺了济水，使济水不复存在，淮河流域面积有一定的扩展。

第二个时期是黄河夺淮时期。1194 年黄河夺淮，1855 年北徙，这个时期淮河南泛频繁，进入长期夺淮时期。黄河洪水携带大量泥沙，在豫东、鲁西

图 1-7 古代淮河流域水系图

(注：来源于《淮河水利简史》)

南、皖北、苏北诸河道和湖泊中淤积，使淮河水系遭受了巨大的破坏。由于黄河长期在淮北、苏北等平原地区泛流，形成了泗水、汴水、濉水、涡河、颍河5道泛道，淮阴以下的淮河古道、徐州以下的泗水古道，皆被黄河所侵夺。特别是淮阴以下的淮河古道，成为各泛道黄河洪水入海的门户。由于黄强淮弱，黄高淮低，淮河和沂沭泗河水系的排水出路受到阻碍，终于在江苏省盱眙和淮阴之间的低洼地带逐渐形成了洪泽湖；徐州以下的泗水古道被侵夺，在山东省境内的泗水也被废黄河阻隔，泗水沿岸的洼地和小湖泊逐渐形成了南四湖；在泗水和沂水交汇处逐渐形成了骆马湖。此外，还由于黄河的南泛，淹没淤平了为数众多的湖泊和洼地。

第三个时期是黄河北徙后到现在。黄河于1855年（清咸丰五年）在河南兰考县境内向北决口，改道经山东大清河入海，结束了长达662年的夺淮历史。淮河入海古道已淤积成一条高出地面的废黄河，成为淮河与沂沭泗河水系的分水岭。沂水、沭水、泗水入淮受阻，沂水改入骆马湖经六塘河入海；泗水被迫通过运河排水系统进入苏北各河；沭水东流经蔷薇河再穿盐河至临洪口入海。这个时期的淮河流域变化很小，只有局部的小变化，如梁山境内梁济运河的上游黄河南岸部分地区，原属黄河流域，因黄河河身不断淤高，这部分地区的河道改道由梁济运河流入南四湖，成为淮河流域。

黄河夺淮使淮河流域发生了三个重大变化：一是黄泛不仅改变了淮河中下游地区的地形地貌，使淮河水系干支流河道产生巨大的变迁，而且大量泥沙通过淮河下游河道排入黄海，使得黄河、淮河下游三角洲向东延伸，海岸线向东延伸约 60～80km，形成现在的海岸线，增大了淮河流域面积；二是淮河入海故道淤塞，壅积成为洪泽湖，淮河被迫改从洪泽湖东南角的三河改道入长江；三是从河南兰考以东经徐州、淮阴至废黄河口，淤成了一条高出地面几米的废黄河，把淮河流域分为淮河与沂沭泗河两个水系。

二、水系现状

淮河流域以废黄河分界，分为淮河和沂沭泗河两大水系，废黄河以南为淮河水系，以北为沂沭泗河水系。两大水系间有韩庄运河（中运河）、徐洪河、分淮入沂水道沟通。

（一）淮河水系

淮河发源于河南省南部的桐柏山，流向大致由西向东，经过河南省南部，安徽省与江苏省北部，纳百川洪水，注入洪泽湖，经过洪泽湖调蓄，洪水分两路下泄，大部分由洪泽湖南部三河闸，经入江水道，至扬州东南的三江营汇入长江；其余部分由洪泽湖湖东的高良涧闸，经苏北灌溉总渠至扁担港注入黄海。当遭遇特大洪水时，相机开启洪泽湖上的二河闸，利用入海水道分泄洪水，以减轻下游地区的防洪压力。入海水道与苏北灌溉总渠并行，居其北侧，洪水也由扁担港注入黄海。淮河水系集水面积 19 万 km²，占流域总面积的71%。淮河全长约 1000km，总落差 200m，平均比降 0.2‰。

淮河干流从桐柏山淮源至河南、安徽两省交界的洪河口为上游，流域面积3.06 万 km²，河长约 360km，落差 178m，占淮河总落差的 87%，河段平均比降约 0.5‰。淮河上游支流大多发源于桐柏山、大别山和淮阳山脉，南岸支流一般以接近平行的流向自西南向东北汇入干流，如浉河、小潢河、竹竿河、寨河、潢河、白鹭河等。淮河上游段穿行于山地和丘陵之间，具有山溪性河流的特点，河床比降较大，水流湍急，暴涨暴落，其支流大都源短流急，流域面积不大。

从洪河口到洪泽湖出口处的中渡是淮河的中游，中渡以上流域面积 15.82万 km²，河长约 490km，落差 16m，平均比降 0.03‰。淮河的北岸和黄河之间，是一个地面向东南倾斜的平原，洪汝河、颍河、西淝河、涡河、北淝河等支流都沿着这个倾斜面流向淮河，除了洪汝河和颍河发源于伏牛山外，其余大都发源于黄河南堤下，呈西北、东南向平行注入淮河。淮河南岸的支流主要有史灌河、淠河、东淝河、池河等，长度比北岸支流要短，形成一个不对称的羽状水系，对淮河中游的水文特征有重大影响。淮河中游的正阳关，是淮河上中游山区洪水汇集的地点，古有"七十二水归正阳"之说。各支流注入干流的汇流点附近又往往有湖泊存在，支流下游河湖不分，如南岸淠河下游的城西湖，东淝河下游的瓦埠湖，池河下游的仙女湖；北岸北淝河下游的四方湖。此外，在淮河干流北岸，当有支流注入时，一些低洼地也潴水成湖，如唐垛湖，焦岗湖等，这些湖泊大都是过去黄河洪水泛滥侵入淮河时，带来大量泥沙，使淮河干流河床淤高，加上洪水的顶托作用，各支流下游排水困难而滞蓄成湖的。

从洪泽湖出口处的中渡到长江边三江营的入江水道是淮河的下游，流域面积 1.65 万 km^2，河长约 150km，落差 7m，平均比降 0.04‰。洪泽湖以下淮河下游的排水出路，除入江水道以外，还有苏北灌溉总渠和向新沂河相机分洪的淮沭新河，以及 2003 年建成的入海水道。下游运河以东的里下河和滨海地区，流域面积 2.24 万 km^2，各河道直接入海，较大的有射阳河、新洋港、黄沙港、斗龙港等。

（二）沂沭泗河水系

沂沭泗河水系由沂河、沭河、泗河 3 条河流水系组成，发源于山东省沂蒙山，位于淮河流域东北部，大都属于江苏、山东两省，沂沭泗河水系集水面积约 8 万 km^2，占流域总面积的 29%。

沂河发源于沂源县鲁山南麓，自北向南流经山东临沂、江苏徐州，在江苏省新沂市入骆马湖。沂河临沂以上为山丘区，临沂以下为平原区。沂河在彭道口和江风口辟有分沂入沭水道和邳苍分洪道，可分别分泄沂河洪水入沭河和中运河。沂河全长 333km，流域面积 11820km^2，共有一级支流 44 条，其中流域面积大于 100km^2 的支流有 16 条，较大支流有坊河、东汶河等。

沭河发源于沂山南麓泰薄顶，自北向东南流经大官庄至江苏新沂市口头入新沂河（在大官庄以下称老沭河），全长 300km，流域面积 6400km^2。在大官庄分出一支向东南经石梁河水库至临洪口入海，称新沭河，新沭河流域面积 2850km^2。沭河流域面积大于 100km^2 的支流有 21 条。

沂沭通过分沂入沭水道沟通，在发生较大洪水的情况下，必要时沂沭河经分沂入沭水道、新沭河就近东调入海。

泗河发源于山东省新泰市蒙山太平顶西麓，古代泗水曾是淮河下游最大的支流，在江苏淮阴（现淮安）入淮河。12 世纪黄河夺淮以来，泗河几经演变，形成目前的由泗河、南四湖、韩庄运河、中运河、骆马湖组成的泗运河水系格局。现状的泗河在山东邹城市入南四湖，全长 159km，流域面积 2338km²；流经南四湖，经韩庄闸控制后，由韩庄运河、中运河入骆马湖，骆马湖皂河闸以上流域面积 3.88 万 km²；骆马湖向东经嶂山闸控制后由新沂河入海。

沂沭泗河水系还有一些独流入海的河道，如灌河、盐河、废黄河、古泊善后河、绣针河等。

三、主要支流和湖泊

（一）主要支流

在淮河水系中，支流众多。南岸支流都发源于山区或丘陵，流程较短，具有山区河道特征。北岸支流除洪汝河、沙颍河发源于伏牛山区外，其他大都发源于黄河南堤，一般都源远流长，具有平原河道特征。流域面积在 1000km² 的支流共 23 条，在北岸有洪汝河、谷河、沙颍河、西淝河、茨淮新河、茨河、涡河、澪潼河（怀洪新河）、新汴河、濉河、安河等 11 条；南岸有浉河、竹竿河、潢河、白露河、史灌河、沣河、汲河、淠河、东淝河、窑河、池河、白塔河等 12 条。流域面积大于 10000km² 的支流只有洪汝河、沙颍河、涡河、澪潼河 4 条。

沙颍河是淮河最大的支流，流域面积接近 3.69 万 km²，发源于伏牛山区，流经河南平顶山、漯河、周口及安徽阜阳等市，于安徽省颍上县沫河口汇入淮河，河长 618km。沙颍河周口以上流域面积 25800km²，分沙河、颍河、贾鲁河，上游建有白沙、昭平台、白龟山、孤石滩等大型水库。周口以下流域面积 14000km² 为平原区，主要排水支流有汾泉河、黑茨河、新蔡河和新运河。

涡河是淮河第二大支流，发源于河南省开封市尉氏县，东南流经河南开封及安徽亳州、蚌埠等市，在怀远县城涡河口老元塘注入淮河。河道全长 382km，系纯平原性河流。

洪汝河是淮河上游北岸较大支流，全长 326km。其上游小洪河源出河南省伏牛山脉祖师庙南麓，东南流向，至班台与右岸支流汝河汇合，南流至淮滨县洪河口入淮。班台以下称洪河或大洪河，其左岸有洪河分洪道，流经安徽省阜南县，于王家坝以下入濛河分洪道。

在沂沭泗河水系中，流域面积大于 1000km² 的骨干排水河道有 26 条，主要是东鱼河、洙赵新河、梁济运河、复兴河、万福河、大沙河、洸府河、房亭河、不牢河、新沂河、新沭河、灌河等。

淮河流域主要支流特征值统计表见表 1-5。

表 1-5　　　　　　　　　　淮河流域主要支流特征值统计表

水系	河名	站名或河段	集水面积/km²	河长/km	河道比降/‰
淮河	洪汝河	五沟营	1555	92	1.90
		班台	11663	240	1.00～0.60
		洪河口	12390	326	
	沙颍河	漯河	12150	230	1.20
		界首	29290	412	0.77
		颍河口	36900	618	
	史灌河	蒋家集	5930	172	9.20
		三河尖	6880	211	21.00
	潢河	潢川	2050	100	8.80
		汇河口	2400	134	
	淠河	横排头	4370	118	28.60
		淠河口	6450	248	14.60
	东淝河	东淝河口	4200	122	
	涡河	玄武	4070	148	1.00
		涡河口	15890	382	
	新汴河	团结闸	6562	228	0.91
		汇河口	6640	244	
	池河	明光	3470	124	1.70
		池河口	5021	182	2.30
沂沭泗河	东鱼河	鱼城	5988	145	0.94
		西姚	5926	172	
	洙赵新河	入湖口	4206	141	2.10～0.20
	梁济运河	后营	3208	79	0.23
		李集	3372	88	1.30～0.38
	东汶河	新安庄	2428	132	14.30
	祊河	顾家圈	3376	135	11.10

注　数据来源于《淮河流域水利手册》（2003 年）。

（二）主要湖泊

淮河流域水系中还有很多湖泊，其水面面积约为 $7000km^2$，约占流域总面积的 3.5％。湖泊总蓄水能力 280 亿 m^3，兴利库容 66 亿 m^3。较大的湖泊有淮河水系城西湖、城东湖、瓦埠湖、洪泽湖、高邮湖、宝应湖等；沂沭泗河水系南四湖、骆马湖等，蓄水面积超过 $1000km^2$ 的有洪泽湖、南四湖。

洪泽湖是淮河流域中最大的湖泊，是南水北调东线工程的过水通道。它承转淮河上中游约 15.82 万 km² 来水，设计蓄水量为 135 亿 m³，是我国四大淡水湖之一，也是我国目前人工修筑的最大平原水库之一，它是集调节淮河洪水，供给农田灌溉、航运、工业和生活用水于一体，并结合发电和水产养殖等综合利用型湖泊。洪泽湖属过水性湖泊，水域面积随水位波动较大。在正常蓄水位 13.0m 时，面积达 2152km²，蓄水量为 41 亿 m³。湖水位 16.0m 时，蓄水 111.20 亿 m³。洪泽湖死水位 11.30m，湖底高程一般在 10m，最低处 7.5m 左右。湖底高程高出东侧平原 4～8m，所以又称为"悬湖"。

高邮湖是横跨安徽、江苏两省内陆淡水湖，属浅水型湖泊，为淮河入江水道。高邮湖水位 5.70m 时，蓄水总面积达 661km²，蓄水量为 8.82 亿 m³。当水位高达 9.50m 时，蓄水总量增加至 37.80 亿 m³。

南四湖由南阳、独山、昭阳、微山 4 个湖泊连接而成，是我国第五大淡水湖，也是一个综合利用湖泊。南四湖是一个南北狭长形湖泊，湖区南北长 126km，东西宽 5～25km，中部建有二级坝枢纽工程，将南四湖分为上下两级，当上级湖水位达 36.50m 时，相应蓄水量为 23.10 亿 m³；下级湖水位达 36.00m 时，相应蓄水量为 34.10 亿 m³；相应总蓄水量达 57.20 亿 m³。南四湖韩庄闸以上流域面积为 3.17 万 km²，汇集山东、江苏、河南、安徽四省来水，湖西平原区面积为 2.05 万 km²，湖东山区面积 9921km²，湖区面积为 1266km²。南四湖入湖河流有 50 多条，呈辐聚状集中于湖，来水经调蓄后，经韩庄运河、伊家河和不牢河 3 个出口流出，注入中运河。

骆马湖位于江苏省，湖水面积 260km²，湖面最大宽度 20km，湖底高程 18～21m。当蓄水位为 23.0m 时，平均水深 3.32m，最深等深线东南部水深 5.5m，库容量为 9.0 亿 m³；当蓄水位达到 25.0m，相应蓄水量为 15.0 亿 m³。骆马湖汇集中运河以及沂河来水，经嶂山闸、皂河闸、六塘河闸泄出，分别进入新沂河和中运河。

淮河流域主要湖泊特征值统计表见表 1－6。

表 1－6　　　　　　　　淮河流域主要湖泊特征值统计表

水系	湖名	蓄水位/m	蓄水面积/km²	蓄水量/亿 m³	洪水位/m	相应蓄水量/亿 m³	死水位/m	湖最低高程/m
淮河	洪泽湖	13.00	2152	41.00	16.00	111.20	11.30	10.00
	高邮湖	5.70	661	8.82	9.50	37.80	5.00	4.00
	邵伯湖	4.50	120	0.83	8.50	7.88	3.80	1.00
沂沭泗河	南四湖（上）	34.20	582	7.96	36.50	23.10	33.00	31.60
	南四湖（下）	32.50	572	8.00	36.00	34.10	31.50	30.00
	骆马湖	23.00	375	9.00	25.00	15.00	20.50	19.00

注　1. 数据来源于《淮河流域水利手册》（2003 年）。
　　　2. 高程系统为废黄河高程。

第四节　水　旱　灾　害

一、水灾[1]

（一）历史上的水灾

根据古文献记载，在远古传说中的尧、舜、禹时代，中原大地（含淮河流域大部分地区）就不断有大洪水发生，出现洪水灾害。基于淮河历史上受黄河夺淮的影响，以下将历史上的水灾分为黄河夺淮以前、黄河夺淮时期和黄河北徙以后3个时期叙述。

1. 黄河夺淮以前

有关古籍对南宋以前淮河流域水旱灾害记载的比较少，据初步统计，从公元前185年（西汉高祖三年）至公元1118年（北宋政和八年）的1303年中，淮河流域共发生较大洪水灾害96次。根据河南、安徽、江苏、山东四省的历史水灾资料统计，从公元前185年（西汉高祖三年）至公元1194年（南宋绍熙五年）的1379年中，共发生洪涝灾害有175年，平均每8年发生1次，较大洪涝灾害112次，其中黄河决溢14次，平均12.3年发生1次较大水灾。洪涝灾害发生的次数以唐、宋时期最多，分别是46次和78次，占总数的26%和45%。黄河夺淮前淮河流域不同时期洪涝灾害统计表见表1-7。

表1-7　　　　　黄河夺淮前淮河流域不同时期洪涝灾害统计表

朝代	年份	洪涝灾害年（次）数						合计
		三省及以上受灾		二省受灾		一省受灾		
		年数	其中黄河洪水	年数	其中黄河洪水	年数	其中黄河洪水	
汉	公元前185—公元219	1	1	2	1	8		11
三国	220—280	1				1		2
晋	281—419	3		2		6		11
南北朝	420—580	2		2		8		12

---

[1]　在淮河流域一般认为河流漫溢或堤防溃决造成的灾害为洪灾，因当地降雨无法及时排出而引发的积水灾害为涝灾。由于洪灾与涝灾没有严格的定义，实际操作中又很难严格区分，加之历史上的洪涝是很少分开的，因此本书中的"洪灾"和"涝灾"统称为"水灾"。

续表

| 朝代 | 年份 | 洪涝灾害年（次）数 | | | | | | 合计 |
| | | 三省及以上受灾 | | 二省受灾 | | 一省受灾 | | |
		年数	其中黄河洪水	年数	其中黄河洪水	年数	其中黄河洪水	
隋	581—617	3						3
唐	618—906	8		16		22	3	46
五代	907—959			4	3	8	8	12
宋	960—1194	10	7	20	7	48	26	78
合计		**28**	**8**	**46**	**11**	**101**	**37**	**175**

注　数据来源于《淮河流域片水旱灾害分析》。洪涝灾害年（次）数含1194年。

在发生洪涝灾害的175年中，来自淮河本水系的洪涝灾害119年，占灾害年数的68%，平均约12年发生1次；来自黄河洪水灾害56年，占32%，平均约25年发生1次，其中唐（含唐朝）以前发生5次，五代与宋时期发生51次，可见在唐及以前黄河河道相对稳定，淮河流域的水灾受黄河决溢的影响相对不重。

2. 黄河夺淮时期

从1195年至1855年（清咸丰五年）黄河夺淮的661年中，淮河流域共发生较大洪水灾害268次（其中黄河决溢水灾149次），平均2.5年发生一次较大洪水灾害，除去黄河决溢水灾，淮河流域本身洪水造成的水灾，平均5.6年发生一次。

（1）1195—1400年。这个时期包括元朝全部和宋、明的部分年代，共计206年。在宋朝的83年中，共发生洪涝灾害12年，平均7年1次，全是淮河本水系的洪涝灾害。在元朝的88年中，共发生洪涝灾害57年，平均1.3年一次，其中黄泛洪水灾害40年，平均约2年1次。在明朝的32年中共发生洪涝灾害14年，平均约2年1次，其中有黄泛洪水灾害13年，可见该时期淮河流域的水灾主要是黄泛洪灾。淮河流域1195—1400年洪涝灾害统计表见表1-8。

（2）1401—1855年。该时期包括明、清两代的主要时期，共计455年。在此时期，淮河流域发生水灾223次，其中大洪水和特大洪水灾害45年，四省同年受灾的特大洪水13年，三省同年受灾的大洪水32年。淮河流域1401—1855年特大洪水及大洪水洪涝灾害统计表见表1-9。

表 1-8　　　　　　　　　　淮河流域 1195—1400 年洪涝灾害统计表

朝代	年份	洪涝灾害/a						合计
		三省及以上受灾		二省受灾		一省受灾		
		年数	其中黄河洪水	年数	其中黄河洪水	年数	其中黄河洪水	
宋	1195—1278			3		9		12
元	1279—1367	11	9	12	12	34	19	57
明	1368—1400	2	2	3	3	9	8	14
合计		**13**	**11**	**18**	**15**	**52**	**27**	**83**

注　数据来源于《淮河流域片水旱灾害分析》。

表 1-9　　　淮河流域 1401—1855 年特大洪水及大洪水洪涝灾害统计表

朝代	年份	受灾范围		成灾原因		
		四省	三省	淮河洪涝	黄河决溢	黄河决溢与淮河洪涝
明	1401—1643	7	13	2	4	14
清	1644—1855	6	19	4	6	15
合计		**13**	**32**	**6**	**10**	**29**

注　数据来源于《淮河流域片水旱灾害分析》。

从表 1-9 可见，此时期淮河流域 45 年的特大洪水和大洪水，来自淮河本身的洪涝灾害 6 年，来自黄河决口 10 年，黄河决溢和淮河洪涝并发成灾 29年，黄泛与黄淮合灾两者合计 39 年，占总数 45 年的 87%，说明这个时期的特大洪水与大洪水的灾害主要来自黄河洪水，其次是淮河本身的洪涝灾害。

其中 1593 年发生的洪水是有记载以来的特大洪水，流域内四省普遍严重受灾。

3. 黄河北徙以后

从清末至新中国成立前，黄河虽然北徙，结束了 662 年的夺淮历史，但是黄河夺淮给淮河流域造成的水系混乱、出海无路、入江不畅的格局未发生变化，洪涝旱灾害频繁的状况仍未改变。据统计，这个时期全流域共发生洪涝灾害 85 次，平均 1.1 年发生一次洪涝灾害，几乎是年年有灾；发生较大的洪涝灾害为 47 次，其中淮河水系发生较大洪涝灾害 30 次，沂沭泗河水系发生较大水灾 8 次，黄河泛淮水灾 9 次，平均 2 年发生 1 次较大的洪涝灾害。

在这个时期内，淮河水系发生的特大洪涝灾害年有 1866 年、1887 年、1889 年、1898 年、1906 年、1916 年、1921 年、1931 年和 1938 年；沂沭泗河水系有 1890 年、1909 年、1911 年、1914 年和 1947 年。

（二）当代水灾

新中国成立后，流域四省开展了大规模的治淮运动，基本建成了除害兴利的水利工程体系，抗洪减灾效益巨大，洪涝灾害大大减轻。但由于黄河夺淮祸根很难在短期内彻底消除，加上不利的气候因素，流域内洪涝灾害时有发生。

从 1949[1] 年至 2010 年的 62 年中，淮河流域遭受洪涝灾害成灾面积在 2000 万亩以上的年份有 31 年，占统计年数的 50％；年平均成灾面积在 3000 万亩、4000 万亩和 5000 万亩以上的年份分别为 15 年、11 年和 7 年，分别占统计年数的 24.2％、17.7％和 11.3％；年成灾面积超过 6000 万亩的有 1954 年、1956 年、1963 年、1991 年和 2003 年，平均约 12 年出现 1 次。62 年的年平均水灾成灾面积达 2529.0 万亩，1949—1960 年期间平均水灾成灾面积最大，达 3203.7 万亩。62 年的年平均水灾成灾率（成灾面积与同期耕地面积的比）达 12.1％，其中 20 世纪 60 年代的成灾率最高，达 15.6％，说明淮河流域的洪涝灾害仍很严重。淮河流域 1949—2010 年水灾成灾面积、统计表、年平均水灾成灾率分别见表 1-10 和图 1-8。

表 1-10　　　　淮河流域 1949—2010 年水灾成灾面积统计表　　　　单位：万亩

年　　份	河南	安徽	江苏	山东	全流域
1949	322.4	604.4	1986.7	469.9	3383.4
1950	942.4	2293.0	1172.0	280.0	4687.4
1951	332.7	362.4	368.0	568.0	1631.1
1952	637.1	1028.0	470.7	108.7	2244.5
1953	748.4	115.6	356.1	791.6	2011.7
1954	1538.7	2620.5	1543.3	420.6	6123.1
1955	637.0	346.3	614.8	319.9	1918.0
1956	2058.2	2356.2	1391.0	427.0	6232.4
1957	1960.4	473.2	908.3	2112.0	5453.9
1958	269.5	356.6	229.0	557.3	1412.4
1959	53.6	42.0	—	216.9	312.5
1960	398.0	447.0	293.1	1046.9	2185.0
1961	168.5	374.0	276.3	466.6	1285.4
1962	489.3	1242.5	1487.4	860.4	4079.6

---

[1]　山东解放区组织实施的导沭整沂工程始于新中国成立前的 1949 年 4 月。

年　　份	河南	安徽	江苏	山东	全流域
1963	3422.4	3799.8	892.4	2009.6	10124.2
1964	2540.4	1331.2	235.6	1425.5	5532.7
1965	1279.2	1172.2	1009.9	348.0	3809.3
1966	303.7	83.4	—	2.3	389.4
1967	79.2	196.3	—	136.6	412.1
1968	386.2	384.6	—	38.9	809.7
1969	245.6	501.3	—	123.7	870.6
1970	66.4	272.7	276.8	439.8	1055.7
1971	209.4	472.1	413.3	357.0	1451.8
1972	282.3	1001.0	91.1	158.5	1532.9
1973	202.4	328.6	18.5	216.4	765.9
1974	121.2	479.6	830.0	557.1	1987.9
1975	1526.9	921.3	84.3	233.2	2765.7
1976	432.2	39.9	36.0	231.8	739.9
1977	272.1	141.3	—	102.2	515.6
1978	114.9	42.9	40.0	230.6	428.4
1979	1142.0	1469.3	911.2	272.0	3794.5
1980	624.1	1164.8	556.5	143.4	2488.8
1981	25.1	121.0	29.0	67.2	242.3
1982	2695.4	1365.1	543.3	208.2	4812.0
1983	460.4	596.0	1076.1	72.2	2204.7
1984	2200.4	1182.3	521.6	502.8	4407.1
1985	1019.5	612.0	519.8	733.7	2885.5
1986	79.5	219.0	781.4	44.8	1124.7
1987	304.3	443.6	382.1	60.0	1190.0
1988	69.8	20.8	27.8	73.0	191.4
1989	472.4	302.0	1429.7	23.8	2227.9
1990	76.1	271.4	1084.4	647.1	2079.0
1991	839.0	2328.0	2403.3	454.0	6024.3
1992	488.0	47.0	884.0	67.0	1486.0
1993	146.0	73.0	1244.0	1119.0	2582.0
1994	306.3	0.8	—	181.7	488.8
1995	54.0	126.9	62.0	106.0	348.9
1996	352.0	1412.4	336.9	78.7	2180.0

续表

年 份		河南	安徽	江苏	山东	全流域
1997		63.7	385.2	738.8	269.2	1456.9
1998		765.5	1753.7	265.8	343.5	3128.5
1999		21.7	—	—	—	21.7
2000		1235.6	272.0	586.2	14.1	2107.9
2001		1854.2	61.4	67.2	32.9	2015.7
2002		196.5	43.8	9.0	2065.8	2315.1
2003		4858.2	3359.3	1966.2	1490.0	11673.7
2004		1053.8	84.0	14.3	560.0	1712.1
2005		59.3	1370.6	369.2	293.7	2092.8
2006		72.0	607.5	1295.7	147.0	2122.2
2007		262.5	1224.6	44.9	48.2	1580.2
2008		90.3	359.0	—	355.7	805.0
2009		24.8	113.0	86.7	416.9	641.4
2010		629.9	284.4	123.9	325.5	1363.7
1949—1960	平均	824.9	920.4	848.5	609.9	3203.7
	最大年	2058.2	2620.5	1986.7	2112.0	6232.4
1961—1970	平均	898.1	935.8	696.4	585.1	3115.4
	最大年	3422.4	3799.8	1487.4	2009.6	10124.2
1971—1980	平均	492.8	606.1	331.2	250.2	1680.3
	最大年	1526.9	1469.3	911.2	557.1	3794.5
1981—1990	平均	740.3	513.3	639.5	243.3	2136.4
	最大年	2695.4	1365.1	1429.7	733.7	4812.0
1991—2000	平均	427.2	711.0	815.1	292.6	2245.9
	最大年	1235.6	2328.0	2403.3	1119.0	6024.3
2001—2010	平均	910.2	750.8	441.9	573.6	2676.4
	最大年	4858.2	3359.3	1966.2	2065.8	11673.7
1949—2000	平均	682.3	745.0	668.4	406.6	2502.4
	最大年	3422.4	3799.8	2403.3	2112.0	10124.2
1949—2010	平均	719.1	746.0	629.9	434.0	2529.0
	最大年	4858.2	3799.8	2403.3	2112.0	11673.7

注 1. 2000 年以前（含 2000 年）数据来源于《淮河流域片水旱灾害分析》；2001—2010 年数据来源于《治淮汇刊（年鉴）》。

2. 流域合计不包含缺资料省份。各省年代平均值按有资料实际年份计算；流域年代平均值为四省均值总和。

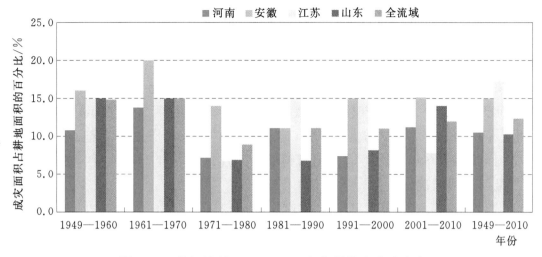

图 1-8　淮河流域 1949—2010 年年平均水灾成灾率

二、旱灾

(一) 历史上的旱灾

据流域内各种文献和地方志记载，淮河流域历史上旱灾发生频率高，受灾范围大，而且灾情惨重。"淮水竭，井泉枯""赤地千里""民无食大饥，人相食"等大旱饥荒，史不绝书。明末崇祯年间 (1637—1641 年)，河南、山东两省连续 4 年大旱。据河南省水利厅史志办统计资料，全省约有 70 个县的县志上有"人相食，饿殍载道"等记载，淮河流域的县占多数。在淮河中、下游皖、苏两省的灾情也相当严重。

1952 年，历史地理学家陈桥驿在《淮河流域》一书中对淮河流域各个历史时期的水旱灾害做过分析研究和统计，从战国末期秦王政元年（公元前 246 年）到中华人民共和国成立 (1949 年)，共计 2194 年，淮河流域共发生旱灾 915 次，据此计算，平均每世纪发生旱灾约为 42 次，平均 2.4 年就有 1 次旱灾。其中以 10 世纪和 17 世纪旱灾年数最多，达 68 次，平均 3 年有 2 年旱灾；10—11 世纪和 15—19 世纪的旱灾发生率均超过 50%，平均不到 2 年就出现 1 次旱灾。可见，淮河流域历史上旱灾之频繁。

治淮委员会原总工程师王祖烈对淮河流域 1470 年以前和 1470—1949 年的旱灾分析统计，得出如下主要结论。

1470 年以前的主要旱灾。淮河流域在 1470 年以前的旱灾记载较少，在此时期内发生较重大旱灾的年份有公元前 1763 年（商汤二十一年）、公元前 624 年（周襄王二十八年）、公元前 190 年（汉惠帝五年）、公元 75 年（汉永丰十八年）、公元76年（汉建初元年）、471年（宋泰始七年）、589年（隋开皇九年）、617年（隋大业十三年）、668年（唐总章元年）、687年（唐垂拱三年）、707年（唐神龙三年）、785年（唐贞元元年）、953年（后周广顺三年）、989年（宋端拱二年）、1191年（宋绍熙二年）、1279年（元至元十六年）、1329年（元天历二年）、1372年（明洪武五年）、1433年（明宣德八年）、1455年（明景泰六年）等，在各地县志均有记载。据不完全的历史旱灾记载，认为：①淮河流域1470年以前的旱灾相当频繁。②连续干旱年时有发生。③曾多次出现淮河涸竭情况。

1470—1949年的主要旱灾。对1470—1949年计480年间旱灾情况，每个省选取两个代表地点进行分析，即河南省的郑州和信阳，安徽省的蚌埠和阜阳，江苏省的徐州和扬州，山东省的菏泽和临沂；灾情分旱、大旱和特大旱3类。据统计，480年中共发生大旱灾和特大旱灾45年，平均11年发生一次。其中4省同年受旱的有13年，3省同年受旱的有8年，2省同年受旱的有13年，有11年只有1省受旱。在45年大旱年中，连续2～3年受灾的有6次，其中1588—1589年、1664—1665年、1856—1857年和1876—1877年为连续2年受灾，1639—1641年和1927—1929年为连续3年受灾。

（二）当代旱灾

据统计，从1949年至2010年的62年中，淮河流域每年旱灾成灾面积在2000万亩以上的年份有22年，占统计年数的35.5%；年成灾面积在3000万亩、4000万亩和5000万亩以上的年数分别为15年、12年和6年，分别占统计年数的24.2%、19.4%和9.7%，年成灾面积在6000万亩以上的有1959年、1994年、1999年、2000年和2001年，平均约12年发生1次。

62年的年平均旱灾成灾面积达2351.1万亩，20世纪90年代的成灾面积最大，达4105.7万亩。62年的年平均旱灾成灾率（成灾面积与同期耕地面积的比）为11.5%，且呈上升趋势，其中90年代的成灾率最高，达22.1%，说明淮河流域的旱灾仍很严重，仍在威胁着流域4省社会经济的发展。淮河流域1949—2010年旱灾成灾面积统计表见表1-11，1949—2010年间不同时期平均旱灾成灾率见图1-9。

表1-11　　　　淮河流域1949—2010年旱灾成灾面积统计表　　　　单位：万亩

年　　份	河南	安徽	江苏	山东	全流域
1949	4.7	74.0	—	355.0	433.7
1950	33.8	96.0	—	78.0	207.8

续表

年　　份	河南	安徽	江苏	山东	全流域
1951	56.6	175.0	66.2	31.0	329.2
1952	309.5	368.0	122.9	218.0	1018.4
1953	60.7	1373.0	391.1	1767.0	3591.8
1954	90.5	264.0	0	98.0	452.5
1955	101.9	64.0	52.8	115.0	333.7
1956	120.2	20.0	50.3	19.0	209.5
1957	78.2	229.0	0	930.0	1237.2
1958	31.5	1001.0	0	660.0	1692.5
1959	1415.0	2645.0	1023.9	1100.0	6183.9
1960	1802.1	534.0	65.3	360.0	2761.4
1961	2468.3	1038.0	629.5	845.0	4980.7
1962	813.7	1128.0	670.8	766.0	3378.5
1963	579.2	161.0	—	176.0	916.2
1964	163.5	608.0	127.0	—	898.5
1965	209.8	220.0	50.0	606.0	1085.8
1966	931.1	2001.3	316.0	1601.0	4849.4
1967	13.9	367.0	—	444.0	824.9
1968	237.5	145.0	—	1204.0	1586.5
1969	261.2	78.0	—	—	339.2
1970	93.4	69.0	—	133.0	295.4
1971	166.8	75.0	—	58.0	299.8
1972	402.1	112.0	—	408.0	922.1
1973	301.6	507.0	—	381.0	1189.6
1974	532.6	348.0	—	471.0	1351.6
1975	56.6	69.0	—	217.0	342.6
1976	1505.0	981.0	—	526.0	3012.0
1977	655.9	1071.0	—	1161.0	2887.9
1978	895.1	1799.0	921.9	489.0	4105.0
1979	458.5	600.0	89.7	429.0	1577.2
1980	139.2	33.5	311.3	279.0	763.0
1981	949.8	303.3	366.3	665.0	2284.4
1982	786.5	166.1	240.4	558.0	1750.9
1983	61.2	54.3	612.8	1041.0	1769.3
1984	80.8	240.7	75.2	277.0	673.6

年　　份		河南	安徽	江苏	山东	全流域
1985		782.3	554.3	85.0	286.0	1707.6
1986		2872.8	530.5	121.1	855.0	4379.4
1987		711.7	251.4	615.5	531.0	2109.5
1988		2102.9	818.1	1604.5	1383.0	5908.5
1989		183.7	290.2	1302.3	1029.0	2805.1
1990		225.6	303.4	190.5	102.0	821.5
1991		1346.1	861.9	298.6	198.0	2704.6
1992		2654.4	995.5	1010.7	275.0	4935.6
1993		943.0	207.0	376.4	252.0	1778.5
1994		1990.5	2773.8	2522.7	270.0	7557.0
1995		1005.9	619.3	695.2	226.0	2546.4
1996		294.3	662.0	511.5	348.0	1815.8
1997		1222.4	1120.7	840.7	884.0	4067.8
1998		445.5	553.0	—	288.0	1286.5
1999		3113.2	1599.1	841.8	470.0	6024.1
2000		1873.3	2119.6	2062.2	1268.0	7323.1
2001		3626.1	2592.2	546.0	189.3	6953.6
2002		613.4	738.2	537.8	36.3	1925.7
2003		21.9	50.0	—	219.0	290.9
2004		167.3	317.6	55.7	184.2	724.8
2005		455.4	146.0	716.6	10.5	1328.5
2006		1.8	271.7	369.3	142.7	785.5
2007		13.1	72.6	593.9	14.4	694.0
2008		340.5	261.9	161.0	74.7	838.1
2009		201.8	74.3	305.9	1173.6	1755.6
2010		14.6	—	59.0	—	73.6
1949—1960	平均	342.1	570.3	253.2	477.6	1643.1
	最大年	1802.1	2645.0	1023.9	1767.0	6183.9
1961—1970	平均	577.2	581.5	358.6	721.9	2239.2
	最大年	2468.3	2001.3	670.8	1601.0	4980.7
1971—1980	平均	511.3	559.6	441.0	441.9	1953.8
	最大年	1505.0	1799.0	921.9	1161.0	4105.0
1981—1990	平均	875.7	351.2	521.3	672.7	2421.0
	最大年	2872.8	818.1	1604.5	1383.0	5908.5

续表

年　份		河南	安徽	江苏	山东	全流域
1991—2000	平均	1488.9	1151.2	1017.8	447.9	4105.7
	最大年	3113.2	2773.8	2522.7	1268.0	7557.0
2001—2010	平均	545.6	502.7	371.7	227.2	1647.2
	最大年	3626.1	2592.2	716.6	1173.6	6953.6
1949—2000	平均	743.0	640.0	566.5	542.6	2492.1
	最大年	3113.2	2773.8	2522.7	1767.0	7557.0
1949—2010	平均	711.2	619.7	525.7	494.5	2351.1
	最大年	3626.1	2773.8	2522.7	1767.0	7557.0

注　1. 2000 年以前（含 2000 年）数据来源于《淮河流域片水旱灾害分析》，2001—2010 年数据来源于《治淮汇刊（年鉴）》。

　　2. 流域合计不包含缺资料省份。各省年代平均值按有资料实际年份计算；流域年代平均值为四省均值总和。

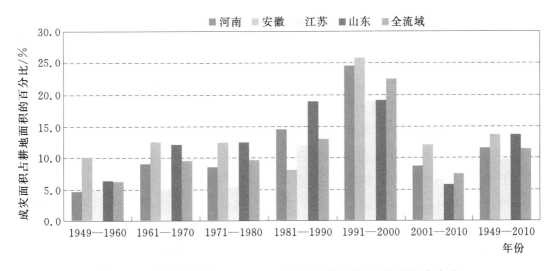

图 1-9　淮河流域 1949—2010 年间不同时期平均旱灾成灾率

三、水旱灾害成因及特点

（一）水旱灾害的成因分析

　　水旱灾害的形成与影响因素众多而复杂，但大体上可以分为自然因素与社会因素两大类。自然因素包括流域气候条件和地理环境，社会因素主要指人类社会的发展与经济活动等。

1. 过渡带气候是流域水旱灾害的决定因素

淮河流域地处我国亚热带多雨区和北方暖温带少雨区之间的气候过渡带，由于气候态的脆弱性，导致淮河气候不稳定、易变，天气气候变化剧烈，造成降雨时空分布不均。全流域降雨分布的规律是南部大、北部小；山区大，平原小；沿海大，内地小。南部大别山区，是全流域降雨最多的地区，年平均降水量达1500mm，北部沿黄地区年平均降雨量仅600~800mm，是全流域降水最少的地方。

降雨年际变化也很大，多雨年和少雨年降水量比值相差较大，山区可达3~4倍，平原区可达4~5倍。连续丰水年或枯水年时有发生。在年内分配上，夏季降雨量占全年降水量的60%，冬季降水量只占10%。这种气候和降雨的特点，极易发生水旱等自然灾害。

2. 特殊的地理环境是流域孕灾的客观原因

淮河流域地形和水系是一个典型的不对称扇形结构，大体由西北向东南倾斜，淮河上游为山丘区，河道坡降陡，为0.5‰，洪水汇集快，历时短，涨势迅猛；中下游为平原、湖泊、洼地，坡降变小，仅为0.03‰和0.04‰，河道下泄能力不足以及时下泄洪水，使淮河干流高水位持续时间长，加之80%以上的耕地集中于此，而且有7000万亩耕地位于洪水位或潮水位以下，约有1.2亿亩耕地属于低洼易涝地，这种特殊的地理环境是淮河流域发生涝灾的重要原因。尤其是当暴雨由北向南移时，如1991年洪水，淮北平原的洪水进入淮河干流后再与淮南山区的洪水遭遇，灾情更为严重。

地理环境对旱灾也有影响。淮河流域的耕地集中在平原地区，可用水资源与实际需水量矛盾突出。加之，降水、蒸发与作物需水量不适应，淮河以北的蒸发能力远大于降水量，干旱指数大于1.0，导致旱情加重。

3. 黄河夺淮的影响是流域灾害加重的主要原因

在黄河夺淮的662年间，不仅改变了淮北平原的地形、地貌，破坏了淮河干支流的排水系统，使河道、湖泊普遍淤高，蓄滞洪水能力降低，而且破坏了古代农田水利排灌工程，降低了人们抵抗水旱灾害的能力。以1194年黄河夺淮和1855年黄河北徙为节点，则黄河夺淮前的公元前185年到1194年，淮河流域平均12.3年发生1次较大水灾，从1195年至1855年，平均2.5年发生1次较大水灾，1856年至1948年平均2年发生1次较大水灾。新中国成立后，虽未发生黄河决溢影响淮河的情况，但历史上黄河夺淮的影响是深远的，减轻或消除其影响是长期而艰巨的。

4. 人类活动是流域水旱灾害发展的诱因

人类活动对水旱灾害的影响表现在两个方面：一方面，全流域的防洪抗旱采用了大量的工程与非工程措施，显著减小了灾害损失；另一方面，某些灾害完全是人为因素造成的，如曹操"以水代兵"，泗水灌下邳城；南宋杜充决开黄河和民国时期黄河花园口决口，使黄水遍地漫流。这些不仅造成了深重的灾难，而且迫使河流改道，打乱了原有水系。

随着社会经济的快速发展，城镇化进程的不断推进，人口的持续增长，人与水争地的矛盾也在不断激化，河湖滩地的围垦、种植，行洪滩地的违章建设等，严重影响了河道泄流能力和湖泊的滞蓄洪能力；水土资源的流失、水环境的恶化、水资源的过度开发利用、城市发展缺乏科学规划，势必加剧水资源的供需矛盾，使水旱灾害的灾情加重。

（二）水旱灾害的特点

1. 淮河流域自古以来水旱灾害频发，随着流域内人口的增加而加重，而黄河夺淮进一步加重了洪涝灾害

据统计，公元前 246 年至 2010 年的 2256 年中，共发生洪涝灾害 1007 次，旱灾 938 次，几乎是年年有灾。2256 年中发生流域性的水旱灾害 339 次（水灾 268 次，旱灾 71 次），平均 6.7 年 1 次。自 1194 年黄河南决夺淮后，水灾更加频繁，13—19 世纪发生流域性水旱灾害 165 次，平均 4.2 年 1 次。

淮河流域古近代水旱灾害，不仅频繁发生，而且受灾范围大，灾情惨重。旱则"赤地千时"，涝则"遍野行船"。1639—1641 年明末大旱范围很广，淮河流域处于旱情中心地带，从 1639 年开始流域即出现大面积干旱，河湖干涸，1640 年旱情加剧，5—8 月滴雨未下，造成严重饥荒，草根树皮食之殆尽，继则人相食，旱情严重地区饿殍载道，百里无人烟，到 1641 年旱情继续发展，流域内饿死、疫死人口"十之八九"，大旱持续 3 年之久。1591—1595 年连续 5 年大涝，尤其是 1593 年特大涝灾，流域大部分地区遍野行船，积涝时间长达 6～7 个月，灾况极为严重，流域内有 18 个州县有"人相食"的记载。

新中国成立后，水旱灾害的威胁依然存在。1963 年特大涝灾，全流域成灾面积超过 1 亿亩；1975 年洪水，河南与安徽两省受灾人口超过 1 千万人，死亡 26399 人；1991 年洪水，全流域受灾人口 5423 万人，受灾面积 6024 万亩，直接经济损失 340 亿元。全流域旱灾成灾面积超过 4000 万亩的有 12 年，超过 6000 万亩的还有 5 年，1994 年旱灾成灾面积达 7557 万亩，700 万人饮水困难，1998—2001 年，连续 3 年干旱，全流域旱灾累积成灾面积达 2.03 亿亩，平均每年成灾约 6767 万亩。可见，淮河流域无论是旱灾还是水灾，其灾情都是极其严重的。

2. 水灾与旱灾发生的几率大体相当

自公元前 246 年至 2010 年，水灾的发生率为 44.75%，平均 2.2 年发生 1 次，大水灾发生率为 11.8%，平均 8.4 年发生 1 次；旱灾的发生率为 41.7%，平均 2.4 年发生 1 次，大旱灾发生率为 3.1%，平均 32 年发生 1 次。总体上是水灾多于旱灾。但不同历史阶段水旱灾害发生的频率差异较大，且有显著的集中期。不同世纪水旱灾害发生年数分布图见图 1-10。从图 1-10 中可见，10—11 世纪、16—17 世纪的旱灾相对较多，这 4 个世纪的旱灾发生率平均达 66%，即三年两旱。水灾在 14—19 世纪也相当集中，水灾发生率平均达 86.2%，集中了 20 个世纪水灾总数的 52.7%。

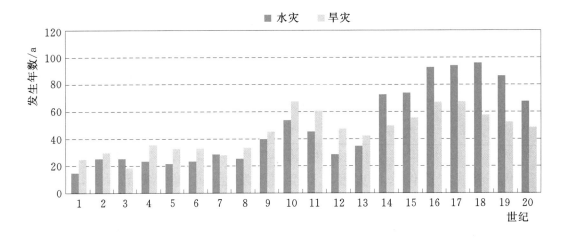

图 1-10 不同世纪水旱灾害发生年数分布图

(注：来源于《淮河流域片水旱灾害分析》)

对新中国成立后水灾和旱灾发生的频率分析的结论也类似，1949—2000 年间，水灾成灾面积在 3000 万亩以上的年份有 15 年，旱灾成灾面积在 3000 万亩以上的年份有 15 年，年成灾面积在 4000 万亩及以上的年数也类似，可见水旱灾害发生的几率几乎相当，旱灾的几率略小。

但对同时期水旱灾害造成的成灾面积及与耕地面积比率进行对比，发现 20 世纪 70 年代以后，由旱灾造成的受灾面积和成灾率逐步大于洪涝灾害，尤其是到 90 年代，旱灾平均成灾面积达 4105 万亩，是水灾成灾面积 2245.9 万亩的近 2 倍；旱灾成灾率达 22.1%，而水灾的成灾率为 11.0%。淮河流域不同时期水旱灾害成灾面积对比表见表 1-12。

表 1 - 12　　　　　　　淮河流域不同时期水旱灾害成灾面积对比表　　　　　　单位：万亩

年　份	统计值	水灾成灾面积	旱灾成灾面积
1949—1960	平均	3203.7	1643.1
	最大年	6232.4	6183.9
1961—1970	平均	3115.4	2239.2
	最大年	10124.2	4980.7
1971—1980	平均	1680.3	1953.8
	最大年	3794.5	4105.0
1981—1990	平均	2136.4	2421.0
	最大年	4812.0	5908.5
1991—2000	平均	2245.9	4105.7
	最大年	6024.3	7557.0
2001—2010	平均	2676.4	1647.2
	最大年	11673.7	6953.6
1949—2000	平均	2502.4	2492.1
	最大年	10124.2	7557.0
1949—2010	平均	2529.0	2351.1
	最大年	11673.7	7557.0

注　2000 年以前（含 2000 年）数据来源于《淮河流域片水旱灾害分析》，2001—2010 年数据来源于《治淮汇刊（年鉴）》。

3. 旱涝交替，连旱连涝，且持续时间长

受气候周期性波动影响，旱涝呈阶段性交替演变，且持续时间长。1635—1679 年的 45 年旱灾频发，流域性大旱和旱、蝗灾 13 年，特大干旱 3 年；1725—1764 年的 40 年是涝灾高频期，流域性大涝 22 年，其中 1740—1757 年，18 年当中大涝占了 13 年，再如 1815—1851 年 37 年，又是涝灾集中时期，大涝 16 年；1918—1962 年又是一个明显的干旱期。旱、涝连年发生的机会较多，流域性大涝如 1577—1581 年（5 年）、1593—1595 年（3 年）、1601—1603 年（3 年）、1740—1743 年（4 年）、1745—1747 年（3 年）、1753—1757 年（5 年）、1815—1817 年（3 年）、1819—1821 年（3 年）、1831—1833 年（3 年）、1954—1957 年（4 年）、1989—1991 年（3 年）；大旱也是如此，如 1508—1509 年（2 年）、1652—1654 年（3 年）、1639—1641 年（3 年）、1927—1929 年（3 年）、1934—1936 年（3 年）、1941—1943 年（3 年）、1959—1962 年（4 年）、1986—1989 年（4 年）、1999—2001 年（3 年）。流域性大涝持续时间可达 3～5 年，大旱持续时间可达 2～4 年。

第五节 流 域 特 点

一、地处南北气候过渡带，极易发生洪涝旱灾害

淮河流域是我国南北气候、高低纬度和海陆相三种过渡带的重叠区域，气候变化幅度大，灾害性天气发生的频率高；受东亚季风影响，流域的年际降水变化大，年内降水分布也极不均匀；洪、涝、旱及风暴潮灾害频繁发生，且经常出现连旱、连涝或旱涝急转。

二、地势低平，蓄排水条件差

淮河流域平原面积广阔，占流域总面积的 2/3，地形平缓，淮北平原地面高程一般为 15～50m，淮河下游平原地面高程一般为 2～10m。淮河干流河道比降平缓，平均比降洪河口以上为 0.5‰，洪河口至中渡为 0.03‰，中渡至三江营为 0.04‰。淮河两岸支流呈不对称扇形分布，淮南支流源短流急，遇有暴雨，洪水汹涌而下，先行占据淮河河槽，淮北支流面大坡缓，汇流缓慢，易受干流洪水顶托。

由于地势低平，山区面积小，拦蓄洪水的条件差。广大平原地区地面高程大多低于干支流洪水位，受洪水顶托影响严重，加之人水争地矛盾突出，无序开发，侵占河湖，减小了河湖的调蓄能力，更加恶化了蓄排水条件。

三、水资源总量不足，供需矛盾突出

淮河流域水资源总量为 794.4 亿 m^3，人均水资源量不足 $500m^3$，是水资源严重短缺地区。水资源的时空分布不均和变化剧烈，70%左右的径流集中在汛期 6—9 月，最大年径流量是最小年径流量的 6 倍，使水资源短缺的形势更加突出。水资源分布与流域人口和耕地分布、矿产和能源资源开发等生产力布局不协调，山丘区水资源量相对丰富而用水需求相对较小，平原地区人均和亩均水资源量小但用水需求大。河流调节能力低，开发利用难度大。水污染问题尚未得到有效遏制。

四、人水地之间及区域之间矛盾突出，协调难度大

淮河流域平均人口密度是全国的 4 倍多，人均水资源占有量只有全国平均水平的 1/4，且水资源分布与流域人口和耕地分布、矿产和能源开发等生产力布局不匹配，经济社会发展与水环境承载能力不协调，与资源环境保护的矛盾突出。淮河流域农业人口占总人口的 67%，对土地的依赖程度高。沿淮湖泊洼地原为淮河洪水滞蓄场所，由于人多地少，历史上就不断围垦河湖，减少了洪水滞蓄场所，降低了面上洪涝水滞蓄能力，增加了干流排水压力。同时，干支流排水不畅，影响到上下游、左右岸的利益，造成区域之间水事矛盾突出，地区利益协调难度大，增加了治理的复杂性。

五、黄河夺淮影响深远，增加了淮河治理难度

淮河原是水系畅通、独流入海的河道，12 世纪以后，黄河长期夺淮，改变了流域原有水系形态，淮河失去入海尾闾，被迫改道入江，淮北支流河道、湖沼多遭淤积，沂、沭、泗诸河排水出路受阻，中小河流河道泄流能力减小、排水困难。历史上黄河夺淮，使淮河中游自然水系发生巨大变化，影响深远，加重了水患，增加了淮河治理的难度。

第二章

流域水资源及开发利用 *

第一节 流 域 水 资 源

一、地表水资源量

（一）水资源分区及水文系列

在中国的水资源区划中，淮河流域共划分为 4 个水资源二级区、12 个水资源三级区。二级区包括：淮河上游区（王家坝以上）、淮河中游区（王家坝至洪泽湖出口）、淮河下游区（洪泽湖出口以下）和沂沭泗河区。三级区包括王家坝以上北岸、王家坝以上南岸、王蚌区间北岸、王蚌区间南岸、蚌洪区间北岸、蚌洪区间南岸、高天区、里下河区、南四湖区、中运河区、沂沭河区、日赣区。

淮河流域水资源分区表和分区图见表 2 - 1 和图 2 - 1。

表 2 - 1　　　　　　　　　　淮河流域水资源分区表

二级区		三级区		省级行政区划	
名称	面积 /万 km²	名称	面积 /万 km²	省份	面积 /万 km²
淮河上游区（王家坝以上）	3.059	王家坝以上北岸	1.598	河南	1.561
				安徽	0.037
		王家坝以上南岸	1.461	湖北	0.140
				河南	1.321

---

* 本章资料除特别说明外，均摘自《淮河流域及山东半岛水资源综合规划》。

二级区		三级区		省级行政区划	
名称	面积/万 km²	名称	面积/万 km²	省份	面积/万 km²
淮河中游区（王家坝至洪泽湖出口）	12.878	王蚌区间北岸	6.571	河南	4.648
				安徽	1.923
		王蚌区间南岸	2.456	河南	0.424
				安徽	2.032
		蚌洪区间北岸	3.045	河南	0.516
				安徽	1.751
				江苏	0.778
		蚌洪区间南岸	0.805	安徽	0.694
				江苏	0.111
淮河下游区（洪泽湖出口以下）	3.066	高天区	0.737	安徽	0.194
				江苏	0.543
		里下河区	2.329	江苏	2.329
沂沭泗河区	7.891	南四湖区	3.250	河南	0.173
				安徽	0.030
				江苏	0.339
				山东	2.708
		中运河区	0.969	江苏	0.555
				山东	0.414
		沂沭河区	3.267	江苏	1.548
				山东	1.719
		日赣区	0.405	江苏	0.141
				山东	0.264

多次研究表明，淮河流域的水文特性，以 1956—2000 年系列代表性较好，本书也选用此系列为代表。

（二）降水量

1. 1956—2000 年同步系列降水量

淮河流域年平均降水量 2353 亿 m³，相应降水深 874.9mm，其中淮河水系年均降水量 1731 亿 m³，相应降水深 910.9mm；沂沭泗河水系年均降水量

622亿 m³，相应降水深 788.4mm。

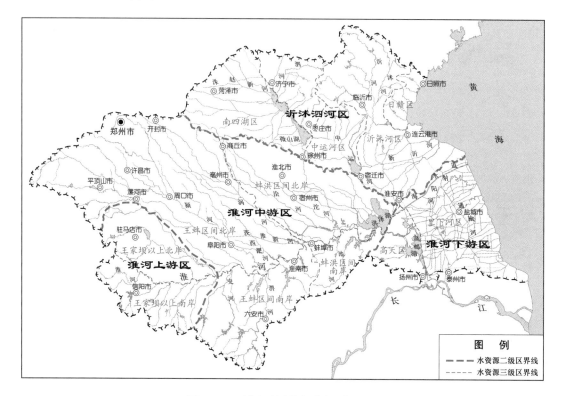

图 2-1　淮河流域水资源分区图

12个水资源三级区中，王蚌区间南岸降水深最大，为 1117.9mm。王家坝以上南岸、王蚌区间南岸、高天区和里下河区，多年平均降水深超过 1000mm，是淮河流域降水最为丰富的地区。王家坝以上北岸、蚌洪区间北岸、蚌洪区间南岸、中运河区、沂沭河区和日赣区年均降水深在 800～1000mm，这 6 个三级区，除蚌洪区间北岸北部地区在 800mm 等值线以北外，其他地区都在 800mm 等值线以南，处于湿润带，降水相对较为丰富。王蚌区间北岸、南四湖区年均降水深小于 800mm，除王蚌区间北岸南部地区在 800mm 等值线以南外，大部分地区在 800mm 等值线以北，处于降水量过渡带，降水偏少。三级区降水深符合南部大、北部小、山区大、平原小的降水分布规律。

2. 不同年代降水量变化趋势

通过对不同年代降水量的分析表明，淮河水系 20 世纪 50 年代降水量最丰，60—90 年代基本接近于多年平均情况，其中 70 年代相对偏枯。沂沭泗河水系 20 世纪 50 年代最丰，60 年代偏丰，70 年代持平，80—90 年代连续偏枯，其中以 80 年代最枯，比正常年份偏枯达 9.7%。从各省情况来看，湖北、河南、安徽和江苏降水量均值的年代变化与淮河水系基本一致，山东则与沂沭泗河水系一致。

（三）水资源量

1. 1956—2000 年天然径流系列

淮河流域 1956—2000 年多年平均年天然径流量 594.7 亿 m^3，相应径流深 221.1mm，最大为 1956 年 1160 亿 m^3，最小为 1966 年 161.2 亿 m^3，倍比为 7.2，其中淮河水系 1956—2000 年多年平均年天然径流量为 452.1 亿 m^3，相应年平均径流深 237.9mm，沂沭泗河水系为 142.6 亿 m^3，相应年平均径流深 180.7mm。淮河流域 1956—2000 年各水资源分区天然径流量见表 2-2。

表 2-2   淮河流域 1956—2000 年各水资源分区天然径流量

水资源分区 （水系、流域）	计算面积 /km²	多年平均水资源量/亿 m³	
		1956—2000 年	1980—2000 年
王家坝以上北岸	15983	39.7	39.0
王家坝以上南岸	14605	63.1	63.8
王蚌区间北岸	65707	90.9	87.6
王蚌区间南岸	24570	108.1	112.4
蚌洪区间北岸	30455	48.4	47.4
蚌洪区间南岸	8052	19.5	21.1
高天区	7368	18.1	18.6
里下河区	23292	64.3	64.2
南四湖区	32503	26.3	18.7
中运河区	9695	21.9	19.5
沂沭河区	32673	83.7	75.3
日赣区	4054	10.7	8.6
淮河上游	30588	102.8	102.8
淮河中游	128784	266.9	268.5
淮河下游	30660	82.4	82.8
淮河水系	190032	452.1	454.1
沂沭泗河	78925	142.6	122.1
淮河流域	268957	594.7	576.2

以各省的径流深看，1956—2000 年多年平均径流深湖北省最大，为 393.2mm，安徽省其次，为 263.8mm，山东省最小，为 166.1mm。淮河流域 1956—2000 年各省水资源量统计表见表 2-3。

表 2 - 3　　　　　　淮河流域 1956—2000 年各省水资源量统计表

时　段	省份	计算面积 /km²	径流量 /亿 m³	径流深 /mm
1956—2000 年	湖北	1400	5.50	393.2
	河南	86428	178.1	206.1
	安徽	66626	175.7	263.8
	江苏	63455	150.6	237.4
	山东	51048	84.8	166.1
1980—2000 年	湖北	1400	5.8	412.9
	河南	86428	173.6	200.9
	安徽	66626	180.7	271.2
	江苏	63455	146.4	230.8
	山东	51048	69.7	136.5

2. 不同频率年径流量

根据 1956—2000 年天然年径流系列，用矩法计算均值和变差系数 C_v，统一采用 $C_s = 2C_v$，在均值和 C_s/C_v 倍比不变的条件下，通过 P - Ⅲ型曲线适线确定 C_v 值。适线时主要按平、枯水年点据的趋势定线，特大、特小值不作处理，由均值、C_v 和 C_s 求得不同频率的年径流值。淮河流域二级区不同频率年径流量计算成果表见表 2 - 4。

表 2 - 4　　　　　　淮河流域二级区不同频率年径流量计算成果表

水资源分区 （水系、流域）	计算面积 /km²	统计参数			不同频率年径流量/亿 m³			
		年均值 /亿 m³	C_v	C_s/C_v	20%	50%	75%	95%
淮河上游区	30588	102.8	0.58	2	146.7	91.5	59.0	27.8
淮河中游区	128784	266.9	0.49	2	366.3	245.9	171.2	93.7
淮河下游区	30660	82.4	0.73	2	125.6	69.6	38.1	10.2
淮河水系	190032	452.1	0.52	2	629.2	412.0	279.8	145.9
沂沭泗河	78925	142.6	0.49	2	195.8	131.4	91.5	50.1
淮河流域	268957	594.7	0.48	2	812.2	549.7	386.0	214.6

由表 2 - 4 中 1956—2000 年天然年径流系列不同频率计算成果可见，$P = 20\%$ 淮河流域年径流量为 812.2 亿 m³，比多年平均偏大 36.57%，$P = 95\%$ 为 214.6 亿 m³，比多年平均偏小 63.92%。

3. 主要河流地表水资源量

河流地表水资源量用河流控制站的天然径流量加上未控区（控制站以下至河口之间的未控面积）天然径流量计算。

淮河 1956—2000 年系列平均年径流量 449.5 亿 m^3，相应径流深 236.6mm，平均年降水量 1730 亿 m^3，相应降水深 910.9mm，径流系数 0.26。1991 年径流量最大，达 1017.1 亿 m^3；1978 年径流量最小，仅 57.7 亿 m^3。径流年内分配不均，60% 以上的径流集中在 6—9 月，12 月至次年 3 月径流量仅占全年的 10% 左右；地区差异大，淮河以南径流量丰沛，淮北北部大部分地区地表水资源匮乏；年际变化大，系列中典型丰水年有 1956 年和 1991 年，典型枯水年有 1966 年和 1978 年。

洪汝河、沙颍河、涡河为淮河北岸的三条主要河流，自西北向东南流经河南、安徽两省，汇入淮河干流。

洪汝河 1956—2000 年系列年平均径流量 30.2 亿 m^3，相应径流深 244.0mm，多年平均降水深 915.0mm，径流系数 0.27。最大年径流量 88.5 亿 m^3，出现在 1956 年；最小年径流量 2.81 亿 m^3，出现在 1966 年。上游伏牛山区，降水深 900～1200mm，径流深 400mm 左右，水资源量相对于下游平原区丰富。1975 年是洪河的典型丰水年，该年不仅径流量大，而且年内分配极为不均，8 月径流量占全年径流量 87.4 亿 m^3 的 73%。

沙颍河 1956—2000 年系列年平均径流量 55.0 亿 m^3，相应径流深 149.7mm。最大年径流量 143.9 亿 m^3，出现在 1964 年；最小年径流量 13.1 亿 m^3，出现在 1966 年。

涡河是典型平原型河道。1956—2000 年系列年平均径流量 14.0 亿 m^3，相应径流深 88.1mm，年平均降水深 750mm，径流系数 0.097。最大年径流量 63.5 亿 m^3，出现在 1963 年；最小年径流量 3.5 亿 m^3，出现在 1966 年。

史灌河与淠河是淮河南岸的两条主要河流，发源于大别山区。

史灌河流经安徽、河南两省。1956—2000 年系列年平均径流量 36.1 亿 m^3，相应径流深 523.3mm，年平均降水深 1240mm，径流系数 0.42。最大年径流量 75.2 亿 m^3，最小年径流量 9.3 亿 m^3。

淠河在安徽境内。1956—2000 年系列年平均径流量 39.5 亿 m^3，相应径流深 657.9mm，年平均降水深 1310mm 左右；径流系数 0.50。最大年径流量 84.4 亿 m^3，最小年径流量 14.3 亿 m^3。

沂河、沭河发源于沂蒙山，是沂沭泗河水系的两条最大河流。两河干流自北向南平行而下，流经山东和江苏两省，最后经新沂河和新沭河入海。沂河临沂和沭河大官庄以上以山丘区为主，降水深 850mm 左右，径流系数为 0.30。

沂河 1956—2000 年系列多年平均年径流量为 28.2 亿 m³，最大年径流量为 64.3 亿 m³，出现在 1963 年；最小年径流为 6.0 亿 m³，出现在 1989 年。

沭河多年平均年径流量为 15.2 亿 m³，最大年径流量为 30.7 亿 m³，出现在 1974 年；最小年径流量为 3.4 亿 m³，发生在 1989 年。

淮河及其主要支流和主要控制站 1956—2000 年系列径流量特征值见表 2-5。

表 2-5　　淮河及其主要支流和主要控制站 1956—2000 年系列径流量特征值

河流	控制站	集水面积 /km²	天然年径流量								
			多年平均		不同频率年径流量/亿 m³				最大		最小	
			径流量 /亿 m³	径流深 /mm	20%	50%	75%	95%	径流量 /亿 m³	出现 年份	径流量 /亿 m³	出现 年份
淮河	息县	10190	42.9	420.9	60.2	38.8	25.9	13.1	95.7	1956	10.4	1999
	淮滨	16005	62.4	390.0	87.2	56.7	38.2	19.6	133.6	1956	17.7	1966
	王家坝	30630	101.8	332.4	143.0	92.1	61.5	31.0	238.8	1956	22.7	1966
	鲁台子	88630	255.1	287.8	351.7	234.2	161.7	87.1	526.3	1956	77.7	1966
	蚌埠	121330	304.9	251.3	428.1	275.9	184.1	92.9	649.0	1956	68.2	1978
	中渡	158160	367.1	232.1	519.8	329.5	216.1	105.4	829.3	1956	66.5	1978
	全河合计	190032	449.5	236.6	647.1	396.9	251.2	114.2	1017.1	1991	57.7	1978
洪汝河	班台	11280	27.6	244.6	41.9	22.6	12.4	4.2	81.8	1975	2.7	1966
	全河合计	12380	30.2	244.0	45.9	24.8	13.6	4.6	88.5	1956	2.8	1966
沙颍河	周口	25800	38.0	147.4	52.9	34.7	23.5	12.3	119.8	1964	9.0	1966
	阜阳	35246	52.3	148.3	73.4	47.3	31.6	15.9	138.6	1964	12.0	1966
	全河合计	36728	55.0	149.7	76.5	50.1	34.6	17.8	143.9	1964	13.1	1966
涡河	蒙城	15475	13.2	85.5	18.3	12.1	8.3	4.4	61.4	1963	3.1	1966
	全河合计	15905	14.0	88.1	19.3	12.9	8.9	4.8	63.5	1963	3.5	1966
史灌河	梅山	1970	13.8	698.6	18.3	12.9	9.5	5.7	29.6	1991	3.9	1978
	蒋家集	5930	31.4	530.2	42.3	29.2	20.6	11.7	65.9	1991	7.9	1978
	全河合计	6889	36.1	523.3	48.8	33.5	23.9	13.7	75.2	1991	9.3	1978
淠河	佛子岭	1840	15.7	852.7	19.8	15.1	12.0	8.3	33.3	1991	7.4	1978
	响洪甸	1431	11.0	768.1	14.3	10.5	7.7	5.1	22.7	1991	3.5	1978
	横排头	4370	33.9	776.1	43.5	32.5	25.1	16.6	67.2	1991	12.5	1978
	全河合计	6000	39.5	657.9	51.0	37.7	28.9	18.9	84.4	1991	14.3	1978

河流	控制站	集水面积/km²	天然年径流量								
			多年平均		不同频率年径流量/亿 m³				最大		最小	
			径流量/亿 m³	径流深/mm	20%	50%	75%	95%	径流量/亿 m³	出现年份	径流量/亿 m³	出现年份
沂河	葛沟	5565	14.4	258.6	21.0	12.5	7.7	3.3	41.8	1964	2.2	1989
	临沂	10315	27.0	261.8	38.6	24.0	15.5	7.3	62.2	1964	5.5	1989
	全河合计	10772	28.2	261.6	40.1	25.2	16.4	7.8	64.3	1963	6.0	1989
沭河	莒县	1676	3.6	212.4	5.4	2.9	1.6	0.5	8.4	1964	0.3	1968
	大官庄	4529	12.0	264.9	16.9	10.9	7.2	3.6	24.4	1974	2.4	1989
	全河合计	5747	15.2	264.7	21.2	13.8	9.3	4.8	30.7	1974	3.4	1989

（四）入海、入江和引江、引黄水量

1. 入海水量[1]

淮河流域入海水量仅指直接泄入到黄海的水量，不包括通过长江间接下泄到黄海的水量。淮河流域 1956—2000 年系列多年平均入海水量为 286.2 亿 m³，最大年（1963 年）入海水量为 536.6 亿 m³，是最小年（1978 年）89.7 亿 m³ 的 6 倍。淮河流域 1956—2000 年入海水量过程线见图 2-2。

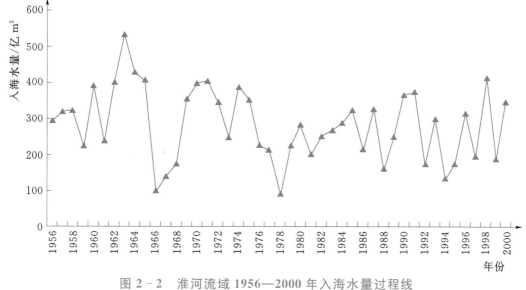

图 2-2　淮河流域 1956—2000 年入海水量过程线

[1]　由于缺乏引黄、引江退水量分析计算成果，以及退水量所占总入海水量比重较小的缘故，近似将计算的入海水量作为本流域的入海水量。

　　淮河流域20世纪80年代、90年代与50年代、60年代相比，入海水量有不同幅度的减少，由310多亿 m³ 减少到260亿 m³，减小约15%。入海水量减小一方面与降水减小有关，另一方面与流域耗水增大有关，对于有跨流域引水量的年份，还与跨流域引水量有关。

　　不同时期入海水量年内分配情况与天然径流年内分配大体一致。淮河流域连续最大4个月入海水量发生在6—9月，占全年的63%左右；连续最小4个月，出现在12月至次年3月，不足全年总量的14%。

2. 入江、引江水量

　　长江是淮河洪水的出路之一。据1956—2000年资料统计分析，淮河流域年均流入长江的水量为183亿 m³。入江水量最大为1991年，入江水量为615.4亿 m³，最小为1978年，入江水量为0。年入江水量与当年径流量丰枯与分配情况、湖库调节能力和人为调度有关，一般而言，径流大且集中的年份，入江水量大，如1956年、1991年和1998年等；年径流小或汛期集中程度相对偏低的年份，入江水量小，如1966年、1978年和1994年等。入江水量年内分配主要受降雨的影响，其次受湖库调节能力的影响。连续最大4个月入江水量为140.2亿 m³，出现在7—10月。

　　淮河下游历年入江水量过程线见图2-3。

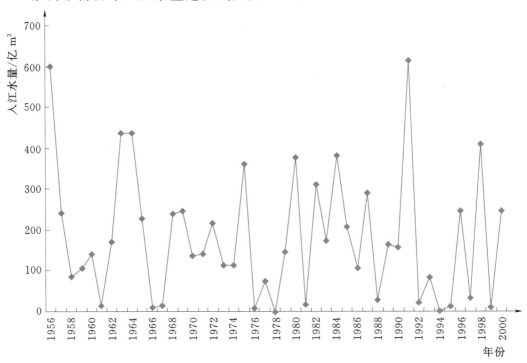

图 2-3　淮河下游历年入江水量过程线

　　湖北省从淮河上游引取少量水量进入长江流域，安徽省从 1957 年开始从淮河中游引取水量供给合肥市，并呈增加趋势。

　　长江也是淮河流域枯水季节生产和生活的重要水源地。淮河流域 1956—2000 年多年平均引江水量为 41.8 亿 m³，引江水量的年际变化，除受天然降水的影响外，还受引水工程规模的制约。最大年引江水量为 1978 年的 113.2 亿 m³，最小为 1963 年的 4.14 亿 m³。随着工农业生产和城乡居民生活用水的增加，引江水量也在不断加大，20 世纪 50—60 年代每年引水量 10 多亿 m³，70—80 年代增加到 50 亿 m³，到 90 年代达到 61.6 亿 m³。淮河流域历年引江水量过程线见图 2-4。

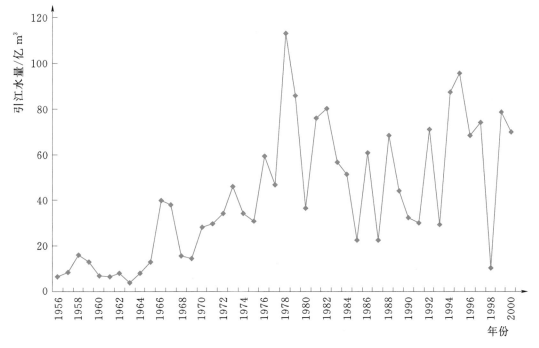

图 2-4　淮河流域历年引江水量过程线

　　引江水量年内分配主要受作物生长期用水的影响，其次受降水及库湖调蓄的影响。最大连续四个月引江水量出现在 5—8 月，占年总量的 54%，最小连续四个月引江水量出现在 11 月至次年 2 月，占年总量的 18%。

3. 引黄水量

　　河南和山东两省靠近淮河流域北部地区常引黄河水作为补充水源。河南省引黄主要集中在贾鲁河和惠济河上游，山东省引黄水量分布在南四湖湖西地区。

　　淮河流域 1956—1979 年引黄水量年均为 20.9 亿 m³，其中河南省 13.48 亿 m³、山东省 7.42 亿 m³。1980—2000 年引黄水量年均为 21.04 亿 m³，其中河南省 7.68 亿 m³、山东省 13.36 亿 m³。淮河流域 1980—2000 年历年引黄水量见表 2−6。

表 2−6　　　　　　淮河流域 1980—2000 年历年引黄水量　　　　　　单位：亿 m³

年　份	贾鲁河	惠济河	南四湖湖西区	淮河流域
1980	3.98	7.84	9.9	21.72
1981	3.49	7.16	14.5	25.15
1982	3.36	3.98	11.6	18.94
1983	2.07	4.44	15.2	21.71
1984	2.09	8.02	14.5	24.61
1985	1.95	4.96	9.6	16.51
1986	2.16	5.00	13.6	20.76
1987	2.37	4.78	16.2	23.35
1988	2.43	8.07	16.9	27.40
1989	1.97	4.94	17.0	23.91
1990	2.21	6.75	13.5	22.46
1991	3.44	6.06	14.5	24.00
1992	2.14	5.70	12.6	20.44
1993	2.24	2.71	15.4	20.35
1994	1.99	4.80	11.3	18.09
1995	2.39	4.96	12.9	20.25
1996	2.20	4.80	14.3	21.30
1997	2.63	3.66	16.2	22.49
1998	1.94	3.05	12.8	17.79
1999	1.90	4.53	11.1	17.53
2000	1.83	4.25	7.0	13.08
平均	2.42	5.26	13.36	21.04
最大	3.98	8.07	17.0	27.40
最小	1.83	2.71	7.0	13.08

（五）出、入省境水量❶

淮河流域涉及的湖北、河南、安徽、江苏、山东五省中，湖北省位于淮河

---

❶　出、入省境水量，是指流域内各省实际发生的进、出省地表径流总量，包括省与省之间进出水量和入海水量，但不包括引江、入江和引黄水量。

最上游，只有出省水量。南四湖区内，河南、安徽和江苏有少量径流进入山东省内，因数量太小未统计，所以山东省也无入省水量。河南、安徽和江苏，既有入省水量，又有出省水量。彼此接壤的两省之间，上游省的出省水量就是下游省的入省水量。

湖北省多年平均出省水量约 5.0 亿 m^3，占其天然径流量的 91%，全部流入河南省。

河南省入省河流主要有浉河、竹竿河和史河等，多年平均入省水量 12.0 亿 m^3，其中由湖北省流入 5.0 亿 m^3，安徽省流入 7.0 亿 m^3。出省河流主要有史河、淮河、沙颍河、涡河、包浍河和沱河等，多年平均出省水量 165.3 亿 m^3，全部流入安徽省。

安徽省入省河流主要有河南省的出省河流和江苏省的奎河等，多年平均入省水量 168.2 亿 m^3，其中由河南省流入 165.3 亿 m^3，江苏省流入 2.9 亿 m^3。出省河流主要有史河、淮河、怀洪新河、新汴河、新濉河和白塔河等，多年平均出省水量 300.5 亿 m^3，其中有 293.5 亿 m^3 流入江苏省，7.0 亿 m^3 流进河南省。

江苏省入省河流主要有安徽省出省河流（除史河外）和来自山东省的沂河、沭河、韩庄运河等，多年平均入省水量 352.2 亿 m^3，其中由安徽省流入 293.5 亿 m^3，山东省流入 58.7 亿 m^3。多年平均出省水量 466.0 亿 m^3，除 2.9 亿 m^3 流入安徽省外，其余全部流入黄海（河南、安徽、江苏流入山东南四湖的水量未统计）。

山东省多年平均出省水量 62.6 亿 m^3，其中有 58.7 亿 m^3 流入江苏省，其余流入黄海。

过境水量的年际变化和年内分配与天然径流的年际变化基本一致。淮河流域各省 1956—2000 年系列出、入省水量统计特征值见表 2-7。

表 2-7　　　　　淮河流域各省 1956—2000 年系列出、入省
水量统计特征值　　　　　　　　　　　单位：亿 m^3

省份	类别	平均径流量	最大		最小	
			径流量	出现年份	径流量	出现年份
湖北	出省	5.0	11.9	1956	0.7	1961
河南	入省	12.0	34.1	1956	3.4	1966
	出省	165.3	421.7	1956	29.8	1966
安徽	入省	168.2	425.6	1956	30.6	1966
	出省	300.5	727.9	1956	37.3	1978

续表

省份	类别	平均径流量	最大		最小	
			径流量	出现年份	径流量	出现年份
江苏	入省	352.2	865.0	1963	61.7	1978
	出省	466.0	996.0	1991	88.7	1978
山东	出省	62.6	533.4	1964	12.1	1989

二、地下水资源量

（一）地下水类型

淮河流域浅层地下水包括平原区和山丘区浅层地下水。平原区浅层地下水是指从地面到 $40\sim60m$ 深度范围内第四系孔隙水；山丘区表面覆盖较薄松散层或基岩裸露，地下水类型在一般山丘区主要为基岩裂隙水，在岩溶山丘区为岩溶水，其次为零星分布的第四系孔隙水。

（二）地下水资源

淮河流域平原区多年平均浅层（$M\leqslant2g/L$）地下水资源量 257 亿 m^3。微咸水（$M=2\sim5g/L$）地下水资源量为 6.4 亿 m^3，主要分布在江苏和山东省的沿海地区。

淮河流域山丘区多年平均地下水资源量为 87.0 亿 m^3。

淮河流域地下水资源量为区内平原区地下水资源量与山丘区地下水资源量之和，扣除重复计算量。淮河流域区多年平均年浅层地下水资源量淡水为 338 亿 m^3。

三、水资源总量

淮河流域各分区统一到近期下垫面条件下 1956—2000 年的多年平均水资源总量 794.4 亿 m^3。淮河流域二级区及各省水资源总量见表 2-8。

---

❶ 根据全国水资源规划工作中的有关要求，深层地下水作为战略储备，原则上不得利用。因此，本书中地下水均不包括深层地下水。

表 2-8　　　　　　　　　　　淮河流域二级区及各省水资源总量

分区		多年平均					不同频率水资源总量 /亿 m³				产水系数
		降水量 /亿 m³	地表 水资源量 /亿 m³	地下水		水资源总量 /亿 m³	20%	50%	75%	95%	
				资源量 /亿 m³	不重复量 /亿 m³						
二级区	淮河上游	309	102.8	44.7	18.3	121.1	167	111	77	41.4	0.39
	淮河中游	1112	266.9	168	104	370.9	486	351	263	165	0.33
	淮河下游	310	82.4	25.8	9.4	91.8	134	84.9	52.3	15.4	0.30
	沂沭泗河	622	142.6	99.6	68.0	210.6	277	200	150	93.7	0.34
淮河流域	湖北省	16	5.5	1.1	0	5.5	7.76	4.96	3.28	1.63	0.35
	河南省	728	178.1	117	67.8	245.9	325	232	172	105	0.34
	安徽省	628	175.7	89.4	50.4	226.1	295	215	162	103	0.36
	江苏省	600	150.6	69.4	42.4	193.0	274	173	113	54.8	0.32
	山东省	381	84.8	61.2	39.1	123.9	167	116	83.1	48.4	0.32
	小计	2353	594.7	338.1	199.7	794.4	1042	752	564	353	0.34

四、水资源承载能力

(一) 主要河流水资源可利用量

地表水资源可利用量为多年平均地表水资源量减去不可以被利用水量（河道生态环境用水量）和不可能被利用水量（汛期下泄洪水量）。地表水资源可利用量是反映流域和河流水资源承载能力的重要指标。

1. 估算方法

地表水资源可利用量估算有倒算法和正算法。

（1）倒算法。用多年平均水资源量减去不可以被利用水量和不可能被利用水量中的汛期下泄洪水量的多年平均值，得出多年平均水资源可利用量。倒算法一般用于北方水资源紧缺地区，计算公式为

$$W_可 = W_资 - W_生态 - W_弃水$$

式中　$W_可$——地表水资源可利用量；

　　　$W_资$——地表水资源量；

　　　$W_生态$——河道内最小生态与环境用水量；

　　　$W_弃水$——汛期难于控制利用的下泄洪水量。

不可以被利用水量。通常也称作河道内最小生态与环境用水量，或简称为生态环境用水。它不允许被利用，以免造成生态与环境恶化及被破坏的严重后果。河道内最小生态与环境用水量，主要包括维持河道基本功能的需水量（包括防止河道断流、保持水体一定的自净能力、河道冲沙输沙以及维持河湖水生生物生存的水量等）；通河湖泊湿地需水量（包括湖泊、沼泽地需水）；河口生态与环境需水量（包括冲淤保港、防潮压碱及河口生物需水等）。河道内最小生态与环境用水，采用多年平均天然径流百分数法估算，即用多年平均的天然年径流量乘以一定的百分比。

不可能被利用水量。通常也称之为汛期难于控制利用的下泄洪水量。是指受种种因素和条件的限制，无法被利用的水量。主要包括：超出工程最大调蓄能力和供水能力的洪水量；在可预见时期内受工程经济技术性影响不可能被利用的水量；以及在可预见的时期内超出最大用水需求的水量。汛期难于控制利用下泄洪水量，采用天然径流量长系列资料逐年计算。

（2）正算法。根据工程最大供水能力或最大用水需求的分析成果，以用水消耗系数（耗水率）折算出相应的可供河道外一次性利用的水量。对于大江大河上游或支流水资源开发利用难度较大的山区，以及沿海独流入海河流，计算公式为

$$W_{可} = k_{用} W_{供}$$

式中　$k_{用}$——用水消耗系数；

　　　$W_{供}$——工程最大供水能力。

对于大江大河下游地区，其计算公式为

$$W_{可} = k_{用} W_{最大用}$$

式中　$W_{最大用}$——最大用水需求量。

2. 估算成果

淮河流域地表水可利用量选用洪汝河（班台站）、沙颍河（周口站、阜阳站）、涡河（蒙城站）、史河（蒋家集站）、淠河（横排头站）、淮河（王家坝站、蚌埠站、中渡站）、沂河（临沂站）、沭河（大官庄站）等河流控制站进行估算。

河道内生态环境用水量计算采用天然年径流量百分比法。考虑到史河、淠河的产汇流条件类似于南方地区河流和洪泽湖本身生态用水较大等因素，将蒋家集、横排头和中渡控制断面以上的生态环境用水，按天然年径流量的 20% 计算。其他河流生态环境用水，按天然年径流量的 15% 计算。

汛期难于控制利用下泄洪水量选用河流控制站以上汛期难于控制利用下泄水量，各选用站汛期时段、最大调蓄和耗用水量的选定情况如下。

（1）史灌河、淠河和淮河上游选取 5—9 月为汛期时段，洪汝河、沙颍河、涡河、沂沭河、淮河中下游选取 6—9 月为汛期时段。汛期时段与当地洪水下泄时间段同步。

（2）班台、王家坝、蚌埠、中渡、蒋家集、周口、临沂和大官庄等站，均用 1991—2000 年汛期调蓄和耗用水量系列中的最大值，进行历年汛期难于控制利用洪水调算，没有对最大调蓄和耗用水量进行修正或调整。

（3）蒙城站、横排头站和阜阳站，也是用 1991—2000 年汛期调蓄和耗用水量系列中的最大值，进行历年汛期难于控制利用洪水调算，但对最大调蓄和耗用水量进行了适当调整，原因是这三个站的调蓄和耗用水量受跨流域或区间引水影响比较严重。

淮河流域主要河流地表水资源可利用量计算成果见表 2-9。

表 2-9　　　　　　　　淮河流域主要河流地表水资源可利用量计算成果

河流	区间	面积/km²	多年平均天然径流量/亿 m³	地表水资源可利用量/亿 m³	地表水资源可利用率/%	备注
淮河	王家坝以上	30630	101.8	33.5	32.9	
	蚌埠以上	121330	304.9	128.3	42.1	
	中渡以上	158160	367.1	178.4	48.6	
	全河	190032	449.5	217.9	48.2	
洪汝河		12380	30.2	9.1	30.1	
沙颍河		36728	55.0	25.8	46.7	
涡河		15905	14.0	5.9	42.0	
史灌河		6889	36.1	20.2	55.5	
淠河		6000	39.5	23.7	59.9	
沂河		10772	28.2	14.2	50.5	山东省内
沭河		5747	15.2	6.8	45.0	山东省内

（二）地下水水资源可利用量

地下水资源可利用量为平原区浅层地下水可开采量。

平原区浅层地下水可开采量以 1980—2000 年平均总补给量为基础，采用可开采系数法确定。可开采系数值，用实际开采系数进行合理性分析后确定。河南、安徽、江苏省采用 0.61～0.71，山东省采用 0.78～0.82。

淮河流域地下水资源可利用量 190.4 亿 m³，见表 2-10。

(三) 流域水资源可利用总量

水资源可利用总量用地表水资源可利用量与浅层地下水资源可开采量相加再扣除两者之间重复计算量估算。

淮河流域水资源可利用总量为 445.4 亿 m³，水资源可利用总量成果见表 2-10。

表 2-10　　　　　　　　　　淮河流域水资源可利用总量成果

分区	地表 水资源量 /亿 m³	水资源总量 /亿 m³	地表水 可利用量 /亿 m³	地表水 可利用率 /%	地下水 可开采量 /亿 m³	可利用总量 /亿 m³	水资源 可利用率 /%
王家坝以上	101.8	121.1	33.5	32.9	18.7	51.3	42.4
蚌埠以上	304.9	387.4	128.3	42.1	79.5	200.7	51.8
中渡以上	367.1	491.8	178.4	48.6	107.4	277.2	56.4
淮河水系	452.1	583.6	217.9	48.2	122.7	322.9	55.3
沂沭泗河水系	142.6	210.8	71.6	50.2	67.7	122.5	58.1
淮河流域	594.7	794.4	289.5	48.7	190.4	445.4	56.1

注　山东省沂沭泗地区地下水可利用量包括山丘区地下水实际开采量。

五、水资源特点

(一) 年内分配集中、年际变化大

淮河流域降水量年内分配具有汛期集中、季节分配不均匀和最大最小月相差悬殊等特点。汛期 (6—9 月) 由于大量暖湿空气随季风输入，降水量大且集中程度高，多年平均汛期降水 400～900mm，占全年降水量的 50%～75%。降水集中程度自南往北递增。淮河以南山丘区集中程度较低，为 50%～60%；沂沭泗河水系上中游集中程度较高，达 70%～75%。多年平均以 7 月降水量最多，在 140～270mm，占全年的 15%～30%。最小月降水多出现在 1 月，降水量一般为 5～40mm，占年降水量的 1%～3%。同站最大月降水量是最小月

的 5～35 倍，其倍数自南向北递增。

淮河流域降水量年际变化较大，根据 1956—2000 年资料统计，最大与最小降水量的比值为 3～6 倍。偏丰水年流域平均降水量约为平水年的 1.3 倍，偏枯年的 1.5 倍，枯水年的 1.8 倍；枯水年流域平均降水量约为平水年的 70%，偏枯水年降水量约为平水年的 80%。

径流的年际变化比降水量年际变化更为剧烈。①淮河流域最大年与最小年径流量的比值一般为 5～40 倍，呈现南部小，北部大，平原大于山区的规律。淮河水系一般为 5～25 倍左右，沂沭泗河水系一般为 10～25 倍。②径流量的年内分配较降水量更不均匀。年径流量主要集中在汛期 6—9 月，约占全年的 52%～87%。径流汛期集中程度，北方高于南方。③最大月径流量一般出现在 7 月或 8 月，最大月径流量占年径流量的百分比一般为 18%～40%，且自南向北递增。最小月径流占年径流量的比例一般为 0.6%～3.3%，地区上变化很小，淮河以南一般出现在 12 月，其他地区在 1—3 月。

淮河流域降水量时空分布不均，使得洪涝和旱灾频繁发生。据统计，从 1949—2000 年的 52 年间，由丰枯变化而造成的旱涝灾害有 41 年，占统计年数的 78%，平均 1.3 年发生一次。1954—1965 年为偏丰水段，1966—1979 年为偏枯水段。其中属较重洪涝级以上的有 1954 年、1956 年、1962 年、1982 年、1991 年、1998 年，大旱级以上的有 1959 年、1966 年、1978 年、1994 年和 1997 年，平均 3～4 年发生一次较重的旱涝灾害。

（二）水资源地区分布不均，人口与水、土资源分布不匹配

淮河流域地表水资源地区分布不均，总的趋势是南部大、北部小，同纬度山区大于平原，平原地区沿海大、内陆小。

淮河流域多年平均年径流深 221mm，地区变幅为 50～1000mm。南部大别山区雨量丰富、地表水较多，径流深 600～1000mm；淮河以北径流深由南向北逐步递减，为半干旱地区，地表水缺乏，多年平均径流深 80～150mm；北部沿黄河平原区径流深 50mm 左右，南北最大相差 20 倍。东部滨海地区径流深 250mm 左右，西部伏牛山区 300～400mm，东西相差约 150mm，由于中部平原径流深只有 100～200mm，因此东西向径流深又呈中间低两端高的态势。

淮河流域山区人口占淮河流域总人口的 1/4，平原区占 3/4。山丘区耕地面积为淮河流域总耕地面积的 1/5，平原区为 4/5。山丘区雨量丰沛，水资源丰富，人口和耕地较少，平原区人口和耕地较多，水资源不足。水资源量地区分布与耕地、人口分布不相匹配，对水资源开发利用不利。

第二节　水资源开发利用状况

一、新中国成立前水资源开发利用状况

淮河流域是我国开展农业灌溉最早的地区之一。在远古时期，氏族部落多沿河边、湖边居住，人们在求生存、发展的过程中逐渐形成和发展了灌溉和供水技术。在与自然作斗争的过程中，发明了凿井技术，开发利用地下水。西汉及以后逐步出现了土水井、陶圈水井、小砖圈井等新技术，并出现了利用管道输水浇灌农田。

春秋战国时期，由于铁器的广泛应用，社会生产力迅速发展，淮河流域出现了我国最早的水利灌溉工程。楚国令尹孙叔敖在今河南固始一带建立了期思雩娄灌区、在今安徽寿县修建了芍陂（今安丰塘）等。其中芍陂兴建的最早，有人称它为"淮河水利之冠"，经过历代整修，灌田万顷，灌排自如，至今仍在发挥着巨大灌溉效益。北魏时期芍陂灌区示意图见图2-5。

两汉时期是我国古代农田水利大规模建设的重要时期。汉朝初期，推行"以农为本"的休养生息政策，大兴水利，在各地兴修了一大批灌溉工程，出现了"用事者争言水利"的局面，形成了我国历史上第一次农田水利建设高潮。东汉末年，在三国曹魏时期，开展了大规模的屯田事业。

唐宋时期，淮河流域已成为我国主要的经济区之一，这两个朝代对发展农田水利灌溉十分重视，在两淮兴建、整修了许多陂塘灌溉工程，对发展农业，繁荣经济起到重要作用。南宋、金和元代，黄河夺淮后，黄水不断南泛，夺涡、颍两河入淮，南泛深入到淮河流域腹地，淮北广大地区不断遭黄水灾害，打乱了淮河水系，破坏了原有的农田水利工程设施。从此，淮河以北的农田水利工程日渐衰败。

明朝初年，为了恢复战后农业，巩固新王朝统治地位，也推行重农政策，大兴屯田。河南固始县的清河灌区与堪河灌区，安徽省寿县的芍陂灌区工程，怀远县的郭陂塘、九里塘、盘塘蓄水工程，江苏省兴化县的南、北塘，高邮县东河塘蓄水灌溉工程等，也得到了恢复和发展。淮北多受黄河泛滥影响，很少有较大的农田水利工程。

到了清朝，黄河对淮河中下游干支流造成了严重淤塞，为了保漕，不得不治黄，继续采用"蓄清刷黄"的办法，黄河和淮河下游经康熙、乾隆等的治

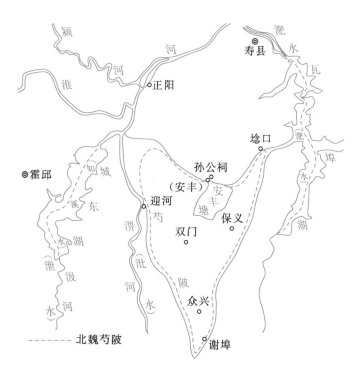

图 2－5　北魏时期芍陂灌区示意图
（注：来源于《淮河水利简史》）

理，得到了暂时的安流。清代淮河流域的农田水利工程主要集中在疏浚排涝河道和部分支流筑堤防洪，以除害为主，几乎没有搞什么灌溉工程。

发展水运历史是淮河流域水资源开发利用的另一个重要方面。春秋战国时期，各诸侯国由于政治、经济改革以及军事争夺的需要，相继开挖了沟通长江、淮河、黄河的人工运河，如沟通江淮的邗沟、沟通商鲁的菏水和鸿沟等，发展了航运。隋、元代分别开凿南北大运河，沟通了海河、黄河、淮河、长江、钱塘江五大水系，运河之长，工程之艰巨，通航范围之大，都是史无前例的。元代兴建的京杭大运河经修整至今仍在发挥作用。

虽然淮河流域水资源开发利用的历史很悠久，但从总体上看，新中国成立前水资源开发用主要是通过拦蓄地表水和抽取地下水用于农田灌溉，受不同历史时期的生产力发展水平和生产关系的限制，水资源开发利用水平较低。据统计，新中国成立前淮河流域的有效灌溉面积仅 1200 万亩，主要灌溉水稻，年水资源利用量为 100 亿～120 亿 m^3。

二、新中国成立后水资源开发利用状况

新中国成立后，淮河流域水资源开发利用得到快速发展，大致可分为 3 个

阶段。

（一）防洪除涝兼顾灌溉发展时期（1950—1979 年）

新中国成立后，随着治淮建设工作的发展，农业灌溉发展迅速，用水量增加，水资源开发利用量呈逐年增加趋势。1950—1957 年，淮河上中游利用已建成的 7 座大型水库，下游利用洪泽湖蓄水，南四湖地区提、引河湖水发展农田灌溉。根据当时的实灌面积估算，年平均水资源利用量为 120 亿～140 亿 m^3。1958—1970 年，上中游主要利用山丘区已建成的 5000 多座大中小型水库蓄水，兴建了淠史杭灌区等灌溉工程，下游江苏省利用建成的江都抽水站一站、二站抽引江水（抽江 $250m^3/s$、自流引江 $120m^3/s$）；广大淮北平原开始打井，开发利用地下水；河南、山东两省沿黄地区，开始引用黄河水。根据实灌面积估算，年均水资源利用量约为 150 亿～240 亿 m^3。1971—1977 年，增建了鲇鱼山、孤石滩等大型水库，下游建成了江都抽水三站、四站，并对原有各类灌溉设施进行续建配套，较多地增打了机、电井，这一时期年均水资源利用量约为 320 亿 m^3。1976 年以后，淮北平原地区水资源开发利用步伐明显加快，特别是 1977 年以后，淮河流域兴起机、电井建设高潮，农田灌溉面积首次突破 8000 万亩，水资源开发利用量增至 400 亿 m^3 以上。1978 年淮河流域继续打井建站，因当年淮河流域大旱，水资源开发利用量创历史新高，达到 490 多亿 m^3，为新中国成立 39 年来水资源利用最多的一年。

淮河流域是新中国成立以来，全国最早开始综合治理的流域，已修了大量的蓄、引、抽、提、输、调水利工程，初步具有既能开发利用地表水与地下水，又能跨水系跨流域调水，江淮、沂沭泗及黄水并用的水资源开发利用工程体系。期间，农业发展最为突出，有效灌溉面积从 1200 万亩发展到 1.1 亿亩，占全部耕地面积的 55%；需水量从 20 世纪 50 年代初的 120 亿 m^3 左右增长至 400 亿 m^3 左右，增加约 280 亿 m^3。

（二）供水目标多元发展时期（1980—2000 年）

1978 年大旱，淮河蚌埠闸断流 200 多天，流域内大面积农田受旱，安徽淮南、蚌埠两城市及沿淮居民生活用水和工矿企业用水告急，水资源开发利用对国民经济各部门的保障作用突显，各行各业逐步开始重视水资源利用与保护。之后，兴建了很多蓄、引、抽、提、输、调水工程，淮河流域水资源开发利用工程体系得到进一步完善，供、用水量持续增加。

1980—2000 年期间，农业年供水量较稳定，年均 350 亿 m^3 左右，平均约占总供水量的 80%。城镇生产、生活用水呈上升趋势，2000 年城镇生产、生活用水与 1980 年相比，分别增加了 1.91 倍、1.04 倍。

淮河流域 1980—2000 年水资源利用情况见表 2-11。

表 2-11　　　　　淮河流域 1980—2000 年水资源利用情况　　　单位：亿 m³

年份	供　水　量					用　水　量				
	当地地表水	跨流域调水	地下水	其他	总供水	农业	城镇生产	生活	生态	总用水
1980	328.74	19.48	84.75	0.04	433.01	380.13	30.30	22.41	0.17	433.01
1985	305.03	18.03	68.23	0.06	391.35	323.58	40.49	27.06	0.22	391.35
1990	302.58	34.40	97.04	0.02	434.04	344.45	56.55	32.60	0.44	434.04
1995	248.58	108.83	131.60	0.09	489.10	371.83	77.69	38.95	0.63	489.10
2000	275.52	77.15	149.86	0.32	502.85	367.92	88.04	45.82	1.07	502.85

注　本表对 2000 年以前数据进行了一致性处理。

（三）供水能力持续发展时期（2001—2010 年）

至 21 世纪初，淮河流域修建的大量水利工程，已初步形成淮水、沂沭泗水、江水、黄水并用的水资源利用工程体系。现状水资源开发利用率为 43.9%，现状当地地表水开发利用率为 40.6%，中等干旱以上年份，淮河流域地表水资源供水量已经接近当年地表水资源量，已严重挤占河道、湖泊生态、环境用水。淮河流域现状浅层地下水开发利用率为 69.8%。至 2010 年淮河流域年供水能力 606 亿 m³，比 1985 年年供水能力增加了约 100 亿 m³。地表水源工程分为蓄水、引水、提水和调水工程，现状供水能力 457 亿 m³，地下水源现状供水能力为 149 亿 m³。

淮河流域 2001—2010 年水资源利用情况见表 2-12。

表 2-12　　　　　淮河流域 2001—2010 年水资源利用情况　　　单位：亿 m³

年份	供　水　量					用　水　量				
	当地地表水	跨流域调水	地下水	其他	总供水	农业	城镇生产	生活	生态	总用水
2001	295.21	95.49	145.24	0.86	536.80	407.75	89.58	39.43	0.04	536.80
2002	296.87	89.26	143.53	0.76	530.42	400.32	89.30	40.48	0.32	530.42
2003	248.63	43.29	118.32	0.63	410.87	273.95	89.89	43.06	3.97	410.87
2004	316.19	50.41	125.94	0.66	493.20	353.04	93.07	43.89	3.20	493.20
2005	306.16	50.26	122.64	0.58	479.64	329.32	101.87	44.82	3.63	479.64
2006	330.68	56.35	133.79	0.79	521.61	368.62	103.92	44.95	4.12	521.61

续表

年份	供　水　量					用　水　量				
	当地地表水	跨流域调水	地下水	其他	总供水	农业	城镇生产	生活	生态	总用水
2007	316.62	37.38	132.19	0.90	487.08	338.84	96.12	47.47	4.65	487.08
2008	335.10	65.12	142.64	1.36	544.22	393.24	95.57	48.62	6.79	544.22
2009	347.87	75.18	147.64	1.44	572.13	420.10	96.02	49.72	6.29	572.13
2010	345.39	81.94	142.87	1.49	571.69	417.98	97.16	49.84	6.71	571.69

受资源、水质条件等因素的影响，历年各种供水水源供水量在总供水量中比重变化较大。供水结构变化的趋势是当地地表水供水比重下降、地下水供水比重增加；跨流域调水比重逐步增加，年际变化较大；其他水源供水总量较小但增势较快。淮河流域 2010 年总供水量比 1980 年增加了 138.7 亿 m³，年均增长率 0.9%。总供水量中地表水供水量占 74.7%；地下水供水量占 25%；污水处理回用、雨水集蓄利用等其他水源利用量仅占 0.3%。到 2010 年，全流域当地地表水供水量占总供水量比重已由 1980 年的 75.9% 减少到 60%，地下水供水量的比重由 1980 年的 19.6% 上升到 25%，跨流域调水供水量的比重由 1980 年的 4.5% 上升到 14.3%。

农业用水受丰枯年变化较大，近 10 年平均占总用水量的 73%。城镇生产、生活用水迅速增长，在总用水中的比例持续上升，由 1980 年的 13.2% 上升到 2010 年的 25.7%，年均用水量增长率为 0.4%。2010 年城镇生产、生活用水与 1980 年相比，分别增加了 2.21 倍、1.22 倍。1980 年和 2010 年用水结构比较图见图 2-6。

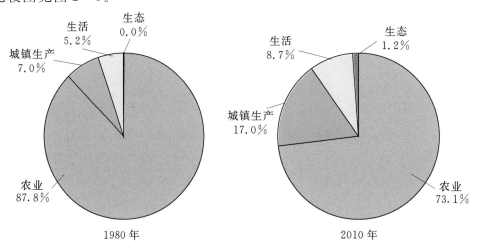

图 2-6　1980 年和 2010 年用水结构比较图

第三节 水资源供需分析

一、面临的形势和问题

（1）淮河流域水资源总量人均亩均水资源占有量少，年际年内变化大，开发利用难度大，水资源短缺将是长期面临的形势。

（2）淮河流域工业废水排放达标率不高，城市污水处理率较低，非点源污染日渐突出且缺乏有效的防治措施，致使水污染问题仍很突出，已威胁供水安全。

（3）淮河流域水资源开发利用的基础设施建设滞后于经济社会发展的需要，尚未形成水资源合理配置体系，开发过度与不足并存。

（4）淮河流域近 20 年来水资源利用效率虽有所提高，但与国际先进水平相比，仍有一定的提高空间，用水结构需进一步调整。

（5）淮河流域径流人工控制程度较高，水资源开发利用程度较高，过度用水、盲目围垦使湖泊容积减少甚至萎缩消失，地下水超采致使局部地区出现地面沉降和大面积漏斗，致使水生态系统安全受到威胁。

（6）省际河湖敏感地区多，水资源管理难度大。

二、水资源需求预测

水资源需求预测是在强化节水模式下预测淮河流域各规划水平年生活、生产、河道外生态需水量。

（一）城乡生活需水预测

1. 城镇居民生活需水预测

淮河流域 2008 年（基准年，下同）城镇居民人口为 5784 万人，居民生活需水定额为 95.1L/（人·d），城镇生活需水量为 20.1 亿 m^3，预测到 2030 年，淮河流域城镇人口增长为 11203 万人，居民生活用水水平将提高到 134.9L/（人·d），较基准年增长 42%，居民生活需水量将达到 55.1 亿 m^3，较基准年增加 35.1 亿 m^3，增长 175%。

2. 农村居民生活需水预测

淮河流域 2008 年农村居民人口为 10985 万人，居民生活需水定额为

67.1L/(人·d)，农村生活需水量为 26.9 亿 m³，预测到 2030 年，淮河流域农村人口降低到 7967 万人，居民生活用水水平提高到 98.4L/(人·d)，居民生活需水量达到 28.6 亿 m³，增长 6.3%。淮河流域居民生活需水预测成果见表 2-13。

表 2-13　　　　　　　　　淮河流域居民生活需水预测成果

水平年	城镇			农村			需水量合计 /亿 m³
	人口 /万人	定额 /[L/(人·d)]	需水量 /亿 m³	人口 /万人	定额 /[L/(人·d)]	需水量 /亿 m³	
基准年	5784	95.1	20.1	10985	67.1	26.9	47.0
2020 年	9161	125.1	41.8	9275	88.4	29.9	71.7
2030 年	11203	134.9	55.1	7967	98.4	28.6	83.7

（二）生产需水预测

1. 城镇生产需水预测

城镇生产包括工业、建筑业和第三产业。

（1）工业需水预测。基准年工业需水量以基准年实际用水量为基础，适当调整部分不合理用水及未满足用水。规划水平年流域工业需水预测是在工业增加值基础上，采用定额法、弹性系数法及用水增长率法综合分析预测工业需水量。

淮河流域基准年工业增加值 6876 亿元，需水定额 127.1m³/万元，工业需水量为 87.4 亿 m³，预测到 2030 年，淮河流域工业增加值将增长为 31651 亿元，需水定额降低为 35.3 m³/万元，较基准年降低 60%，预测工业需水量增长到 111.8 亿 m³，较基准年增加 24.4 亿 m³，增幅为 22%。

（2）建筑业和第三产业需水预测。淮河流域 2008 年建筑业增加值 921 亿元，需水定额 26.7m³/万元，需水量为 2.5 亿 m³，预测到 2030 年，淮河流域建筑业增加值将增长为 4089 亿元，需水定额降低为 7.3 m³/万元，较基准年降低 73%，预测建筑业需水量增长到 3.0 亿 m³，较基准年增加 0.5 亿 m³。

淮河流域基准年第三产业增加值 5211 亿元，需水定额 12.3m³/万元，需水量为 6.3 亿 m³，预测到 2030 年，淮河流域第三产业增加值将增长为 32895 亿元，需水定额降低为 5.7 m³/万元，较基准年降低 54%，预测第三产业需水量将快速增长到 18.9 亿 m³，较基准年增加 12.6 亿 m³。淮河流域城镇生产需水预测成果见表 2-14。

表 2-14 淮河流域城镇生产需水预测成果

水平年	工业			建筑业			第三产业			需水量合计/亿 m³
	增加值/亿元	定额/(m³/万元)	需水量/亿 m³	增加值/亿元	定额/(m³/万元)	需水量/亿 m³	增加值/亿元	定额/(m³/万元)	需水量/亿 m³	
基准年	6876	127.1	87.4	921	26.7	2.5	5211	12.3	6.3	96.2
2020 年	17937	56.8	102.0	2523	10.3	2.6	16333	9.1	14.9	119.5
2030 年	31651	35.3	111.8	4089	7.3	3.0	32895	5.7	18.9	133.7

2. 农村生产需水预测

农业需水量由农田灌溉需水量和林牧渔畜需水量两部分组成，其中农田灌溉需水量采用长系列法计算，灌溉面积采用农田有效灌溉面积，综合灌溉定额根据 1956—2000 年长系列逐月单作物灌溉净定额、作物结构及灌溉水利用系数分析确定。

基准年淮河流域农田灌溉需水，以基准年实际作物种植结构、有效灌溉面积、灌溉水利用系数为基础计算基准年农田灌溉需水量；规划水平年农田灌溉需水预测，根据规划水平年作物种植结构、灌溉水利用系数计算规划水平年农田灌溉需水量。

自基准年至 2030 年，淮河流域农田有效灌溉面积由 13786 万亩增长为 14446 万亩，灌溉定额由 299.5m³/亩降低到 258.1m³/亩，定额降低 14%，需水量由 412.9 亿 m³ 降低到 372.9 亿 m³，降幅为 10%，农田灌溉需水呈负增长趋势。

淮河流域林牧渔畜需水量呈稳步增长趋势，由基准年的 42.8 亿 m³，增长到 2030 年的 48.3 亿 m³，增幅为 11%。淮河流域农村生产需水预测成果见表 2-15。

表 2-15 淮河流域农村生产需水预测成果

水平年	农田			林牧渔畜需水量/亿 m³	需水量合计/亿 m³
	有效灌溉面积/万亩	灌溉定额/(m³/亩)	需水量/亿 m³		
基准年	13786	299.5	412.9	42.8	455.7
2020 年	14263	271.3	386.9	46.9	433.8
2030 年	14446	258.1	372.9	48.3	421.2

（三）河道外生态需水预测

河道外生态环境需水量，是指保护、修复或建设某区域的生态环境需要人工补充的绿化、环境卫生需水量和为维持一定水面湖泊、沼泽、湿地补水量，按城镇生态环境需水和农村湖泊沼泽湿地生态环境补水分别分析计算。淮河流域河道外生态需水预测成果见表2-16。

表2-16　　　　　　　淮河流域河道外生态需水预测成果　　　　　单位：亿 m³

水平年	城　镇	农　村	合　计
基准年	2.30	2.18	4.48
2020 年	4.62	2.18	6.80
2030 年	6.16	2.18	8.34

（四）需水总量

2030 年，淮河流域多年平均河道外需水量为 646.9 亿 m³，比基准年增加 43.5 亿 m³。实现农业需水负增长，工业和生活需水缓慢增长，用水结构趋于合理，农业、工业、生活及河道外生态建设用水比例由基准年的 76∶14∶9∶1 转化为 65∶17∶16∶1。新增需水量主要分布在淮河中游区。

淮河流域各行业多年平均需水量见表2-17，不同保证率年份需水量见表 2-18。

表2-17　　　　　　　淮河流域各行业多年平均需水量　　　　　单位：亿 m³

水平年	各行业需水量				
	生活	农业	工业	河道外生态	合计
基准年	55.8	455.7	87.4	4.5	603.4
2020 年	89.2	433.8	102.0	6.8	631.8
2030 年	105.6	421.2	111.8	8.3	646.9

注　表中生活需水量包括城乡居民生活、建筑业及第三产业需水量。

表2-18　　　　　　　淮河流域不同保证率年份需水量　　　　　单位：亿 m³

年型	水平年	淮河流域	淮河上游区	淮河中游区	淮河下游区	沂沭泗河区
多年平均	基准年	603.4	37.3	252.6	122.8	190.7
	2020 年	631.8	43.5	272.9	119.4	196.0
	2030 年	646.9	46.3	282.2	119.0	199.4
平水年	基准年	584.1	32.1	247.7	106.4	197.9
	2020 年	614.1	43.0	263.8	120.9	186.4
	2030 年	623.0	44.5	285.4	99.9	193.2

续表

年型	水平年	淮河流域	淮河上游区	淮河中游区	淮河下游区	沂沭泗河区
中等 干旱年	基准年	639.6	35.4	267.4	135.4	201.4
	2020年	663.6	47.5	295.8	126.1	194.2
	2030年	659.0	46.6	292.3	119.0	201.1
特枯 干旱年	基准年	746.8	44.8	298.7	161.0	242.3
	2020年	745.7	50.9	318.9	160.7	215.2
	2030年	747.5	53.8	332.7	152.2	208.8

注　平水年相当于50%保证率年份，中等干旱年相当于75%保证率年份，特枯干旱年相当于95%保证率年份。

三、供水预测

根据淮河流域水资源条件，结合经济社会对水资源的需求，统筹考虑与防洪除涝的关系，进行供水工程规划。按规划水平年工况长系列（1956—2000年）调算规划水平年供水量。

淮河流域各类供水工程基准年多年平均可供水量为552.5亿 m³。由于各地水资源条件差异较大，现状水资源开发利用程度不一，总体来说，下游水资源开发利用程度高于上游，东部高于西部，全区开发潜力已不大，部分地区甚至超用水资源，挤占了部分生态用水。因此，未来供水除需考虑尚有开发利用潜力的地区进行合理开发外，还需要通过跨流域调水和区域水资源合理配置以及水源置换，退还挤占的生态用水和超采的地下水。

2020年，规划实施南水北调东线二期工程、南水北调中线一期工程、引江济淮一期工程，实施前坪水库、江巷水库、庄里水库等大型蓄水工程及一批中小型蓄水工程，实施一批引水工程、提水工程和地下水工程。预计淮河流域2020年多年平均可供水量预计可达到609.1亿 m³，比基准年增加56.6亿 m³。

2030年，规划实施南水北调东线三期工程、南水北调中线二期工程、引江济淮二期工程，相机实施江苏省沿海引江水道工程，实施双侯水库等大型蓄水工程及一批中小型蓄水工程，实施一批中小型引提水工程和地下水工程。预计淮河流域2030年多年平均可供水量将达到641.6亿 m³，比基准年增加89.1亿 m³。

规划到2030年，多年平均地表水在退还现状挤占的3.1亿 m³河道内生态用水的同时增加供水量11.7亿 m³；在对多年平均6.5亿 m³不合理的地下水开采量进行压采的同时，进一步减少地下水多年平均开采量7.5亿 m³；增加跨流域调水多年平均供水量73亿 m³；结合水源条件和用户状况，增加污水处理回用、雨水集蓄、微咸水等其他水源多年平均供水 11.7 亿 m³。

在淮河流域 2030 年供水增量中，淮河水系多年平均增加 69.6 亿 m³，沂沭泗河水系多年平均增加 19.5 亿 m³，增供水量主要来源于外流域调水。

淮河流域供水量预测成果见表 2-19，淮河流域水资源二级区可供水量预测成果见表 2-20。

表 2-19　　　　　　　　　淮河流域供水量预测成果　　　　　　　　单位：亿 m³

水平年	年型	地表	地下	外调	其他	合计
基准年	多年平均	346.3	119.4	86.6	0.2	552.5
	平水年	359.5	116.8	63.8	0.2	540.3
	中等干旱年	356.2	125.0	90.9	0.2	572.3
	特枯干旱年	310.6	131.9	144.5	0.2	587.2
2020 年	多年平均	350.8	112.0	134.6	11.7	609.1
	平水年	328.6	112.1	140.9	11.5	593.1
	中等干旱年	340.3	123.9	150.5	16.6	631.3
	特枯干旱年	317.2	136.7	225.0	17.7	696.6
2030 年	多年平均	358.2	111.9	159.6	11.9	641.6
	平水年	361.3	113.4	134.6	12.4	621.7
	中等干旱年	359.0	114.1	167.6	11.4	652.1
	特枯干旱年	311.5	137.9	255.0	23.1	727.5

注　平水年相当于 50% 保证率年份，中等干旱年相当于 75% 保证率年份，特枯干旱年相当于 95% 保证率年份。

表 2-20　　　　　淮河流域水资源二级区可供水量预测成果　　　　　单位：亿 m³

年型	水平年	淮河流域	淮河上游区	淮河中游区	淮河下游区	沂沭泗河区
多年平均	基准年	552.5	36.8	217.4	120.1	178.2
	2020 年	609.1	41.4	259.5	117.8	190.4
	2030 年	641.6	45.2	280.2	118.5	197.7
平水年	基准年	540.3	31.9	213.4	106.1	188.9
	2020 年	593.1	41.1	251.2	119.8	181.0
	2030 年	621.7	44.3	284.6	99.9	192.9
中等干旱年	基准年	572.3	34.1	224.5	134.6	179.1
	2020 年	631.3	45.9	274.1	124.7	186.6
	2030 年	652.1	44.7	290.2	119.0	198.2
特枯干旱年	基准年	587.2	43.2	224.0	131.9	188.1
	2020 年	696.6	45.9	292.5	155.2	203.0
	2030 年	727.5	46.6	327.7	149.0	204.0

注　平水年相当于 50% 保证率年份，中等干旱年相当于 75% 保证率年份，特枯干旱年相当于 95% 保证率年份。

四、供需平衡

基准年淮河流域多年平均河道外经济社会需水量 603.4 亿 m³，可供水量 552.5 亿 m³，缺水量 50.9 亿 m³，缺水率 8.4%。当遭遇中等干旱年份时，淮河流域需水 639.1 亿 m³，可供水量 571.8 亿 m³，缺水达到 67.3 亿 m³，供需缺口较大，缺水率达到 10.5%；当遭遇特枯干旱年份时，淮河流域需水 746.3 亿 m³，可供水量 586.7 亿 m³，供需缺口达到 159.6 亿 m³，缺水率达到 21.4%，供需缺口急速放大，供需矛盾突出，生活、生产和生态用水安全将受到严重威胁。

在强化节水、进一步挖潜配套现有水源和适度开发新水源、合理配置水资源的基础上，未来的缺水量将逐渐减少，同时超采的地下水和挤占的河道内生态用水将逐步得到退还。到 2020 年淮河流域多年平均缺水率由基准年的 8.4% 降低为 3.6%，中等干旱年供需缺口降低至 4.9%，特枯干旱年供需缺口缩小至 6.6%，国民经济各行业用水需求基本得到保障。预计到 2030 年淮河区多年平均供需缺口将进一步降低至 1.0% 以下，中等干旱年及特枯干旱年水资源供需缺口也缩小至 1.1%～2.7%，基本实现水资源供需平衡，国民经济各行业用水需求得到有效保障。

淮河流域水资源供需平衡分析成果见表 2-21。

表 2-21　　　　　　　　　　淮河流域水资源供需平衡分析成果

水平年	年型	需水量 /亿 m³	供水量 /亿 m³	缺水量 /亿 m³	缺水率 /%
基准年	多年平均	603.4	552.5	50.9	8.4
	平水年	583.6	539.8	43.8	7.5
	中等干旱年	639.1	571.8	67.3	10.5
	特枯干旱年	746.3	586.7	159.6	21.4
2020 年	多年平均	631.8	609.1	22.7	3.6
	平水年	614.1	593.1	21.0	3.4
	中等干旱年	663.6	631.3	32.3	4.9
	特枯干旱年	745.7	696.6	49.1	6.6
2030 年	多年平均	646.9	641.6	5.3	0.8
	平水年	623.0	621.7	1.3	0.2
	中等干旱年	659.0	652.1	6.9	1.1
	特枯干旱年	747.5	727.5	20.0	2.7

注　平水年相当于 50% 保证率年份，中等干旱年相当于 75% 保证率年份，特枯干旱年相当于 95% 保证率年份。

小　　结

　　淮河流域人均水资源量不足 500m³，属水资源严重短缺地区；流域水资源时空分布不均，具体表现为年内分配集中、年际变化大，人口与水、土资源分布不匹配。今后一个时期流域经济社会发展较快，对水资源需求非常旺盛，水资源短缺将是长期面临的形势。由于不同地区水资源条件差异较大，现状开发利用程度不一，但总体看，淮河流域水资源开发潜力已不大。因此，解决流域水资源供需矛盾，要开源节流并举，在强化节水、适度开发当地水资源潜力的同时，还要实施南水北调、引江济淮等跨流域调水工程。

第三章

流域水生态与水环境

第一节　流　域　水　生　态

一、水生态分区

淮河流域涉及的水生态一级区有华北东部温带亚湿润区和华南东部亚热带湿润区，涉及的水生态二级区有环渤海丘陵区，淮河平原区，大别山、桐柏山区，长江中下游平原区以及长江三角洲区。淮河流域水生态分区与水资源分区关系见表3－1。

表 3－1　　　　　　　　淮河流域水生态分区与水资源分区关系

水生态 一级区	水生态 二级区	水资源 二级区	水资源 三级区	备注	面积 /万 km²
华北 东部温带 亚湿润区	环渤海 丘陵区	沂沭泗河	南四湖区	湖东及湖区	1.03
			沂沭河区	山东	1.72
			日赣区	山东	0.26
	淮河平原区	淮河上游王家坝以上	王家坝以上北岸		1.60
		淮河中游			12.88
		沂沭泗河	南四湖区	湖西	2.22
			中运河区		0.97
			沂沭河区	江苏	1.55
			日赣区	江苏	0.14

续表

水生态一级区	水生态二级区	水资源二级区	水资源三级区	备注	面积/万 km²
华南东部亚热带湿润区	大别山、桐柏山区	淮河上游王家坝以上	王家坝以上南岸		1.46
	长江中下游平原区	淮河下游	高天区		0.74
	长江三角洲区	淮河下游	里下河区		2.33

二、重要涉水生境分布

淮河流域现分布有内陆湿地类型自然保护区 31 个，面积共 5149.5km²，其中国家级自然保护区 1 个，省级自然保护区 16 个，市级及以下自然保护区 14 个，具体见表 3-2。

表 3-2　　　　　淮河流域各级内陆湿地类型自然保护区名录

序号	保护区名称	行政区域		面积/km²	主要保护对象	级别
1	四方湖湿地	安徽省	怀远县	100.5	珍稀水禽及其湿地生态系统	市级
2	沱湖		五河县	42.0	湿地生态系统及鸟类	省级
3	固镇县两河湿地		固镇县	60.0	湿地生态系统	市级
4	女山湖		明光市	210.0	湿地生态系统及水生动植物	省级
5	颍州西湖		阜阳市颍州区	110.0	湿地及水生生物	省级
6	八里河		颍上县	146.0	白鹳、白头鹤、大鸨、琵琶、鸳鸯等珍稀鸟类	省级
7	砀山黄河故道		砀山县	21.8	湿地生态系统和越冬水禽	省级
8	萧县黄河故道		萧县	63.2	湿地生态系统	省级
9	沱河		泗县	24.6	珍稀水禽及其生境	省级
10	东西湖		霍邱县	142.0	水鸟及其生境	省级
11	白龟山湿地	河南省	平顶山市	66.0	湿地及野生动物	省级
12	鲇鱼山		商城县	58.1	湿地生态系统	省级
13	固始淮河湿地		固始县	43.9	湿地生态系统	省级
14	淮滨淮南湿地		淮滨县	34.0	湿地生态系统	省级
15	宿鸭湖湿地		汝南县、驻马店市驿城区	167.0	湿地生态系统	省级

续表

序号	保护区名称	行政区域		面积/km²	主要保护对象	级别
16	南四湖	山东省	微山县	1275.5	大型草型湖泊湿地生态系统及雁、鸭等珍稀鸟类	省级
17	沂河		沂水县	400.0	饮用水源地	县级
18	会宝岭水库		苍山县	18.0	饮用水源地	县级
19	宋江湖湿地		郓城县	3.5	湿地生态系统及鸟类	县级
20	新沂骆马湖湿地	江苏省	新沂市	225.9	湿地生态系统	市级
21	黄墩湖		邳州市	53.3	湿地生态系统	县级
22	涟漪湖黄嘴白鹭		涟水县	34.3	黄嘴白鹭等鸟类	省级
23	洪泽湖东部湿地		洪泽县、淮安市淮阴区、盱眙县	540.0	湖泊湿地生态系统及珍禽	省级
24	陡湖湿地		盱眙县	41.0	湿地生态系统及鱼类繁殖地	市级
25	金湖湿地		金湖县	58.0	湿地生态系统	市级
26	运西		宝应县	175.0	湿地生态系统	市级
27	高邮绿洋湖		高邮市	5.2	湿地及野生动植物	县级
28	高邮湖湿地		高邮市	466.7	湿地生态系统	县级
29	扬州绿洋湖		江都市	3.3	鸟类等野生动物、森林及湿地	市级
30	宿迁骆马湖湿地		宿迁市	67.0	湿地生态系统、鸟类及鱼类产卵场	市级
31	泗洪洪泽湖湿地		泗洪县	493.7	湿地生态系统、大鸨等鸟类、鱼类产卵场及地质剖面	国家级

截至 2013 年年底，农业部先后公告了 6 批国家级水产种质资源保护区名录，淮河流域内陆国家级水产种质资源保护区 25 个，总面积为 1256.2km²，具体见表 3-3。

表 3-3   淮河流域国家级水产种质资源保护区名录

序号	名称	行政区域		面积/km²	主要保护对象
1	洪泽湖青虾河蚬国家级水产种质资源保护区	江苏省	盱眙县、泗阳县	40.0	青虾、河蚬
2	高邮湖大银鱼湖鲚国家级水产种质资源保护区		高邮市、金湖县	44.6	大银鱼、湖鲚
3	白马湖泥鳅沙塘鳢国家级水产种质资源保护区		洪泽县	16.7	泥鳅、沙塘鳢

续表

序号	名　　称	行政区域		面积/km²	主要保护对象
4	骆马湖国家级水产种质资源保护区	江苏省	宿迁市、新沂市	31.6	鲤鱼和鲫鱼
5	邵伯湖国家水产种质资源保护区		扬州市邗江区、江都市	46.4	三角帆蚌
6	射阳湖国家级水产种质资源保护区		宝应县	6.7	黄颡鱼、塘鳢、黄鳝、青虾、泥鳅、乌鳢
7	宝应湖国家级水产种质资源保护区		宝应县	7.9	河川沙塘鳢
8	洪泽湖银鱼国家级水产资源保护区		洪泽县	17.0	银鱼
9	骆马湖青虾国家级水产种质资源保护区		宿迁市宿城区	17.4	青虾
10	南四湖乌鳢青虾国家级水产种质资源保护区	山东省	微山县	666.6	乌鳢、青虾
11	泗水桃花水母国家级水产种质资源保护区		泗水县	1.1	桃花水母
12	光山青虾国家级水产种质资源保护区	河南省	光山县	15.5	光山青虾
13	宿鸭湖褶纹冠蚌国家级水产种质资源保护区		汝南县、驻马店市驿城区	164.8	褶纹冠蚌
14	南湾湖国家级水产种质资源保护区		信阳市	36.0	翘嘴鲌
15	泼河特有鱼类国家级水产种质资源保护区		新县和光山县	11.4	黄尾鲴
16	老鸦河花䱻国家级水产种质资源保护区		信阳市平桥区	6.5	花䱻
17	小潢河中华鳖国家级水产种质资源保护区		潢川县	20.0	中华鳖
18	汝河黄颡鱼国家级水产种质资源保护区		汝南县	13.4	汝河黄颡鱼
19	焦岗湖芡实国家级水产种质资源保护区	安徽省	淮南市毛集实验区	10.0	以芡实为主的水生生物种质资源
20	城西湖国家级水产种质资源保护区		霍邱县	13.3	青虾
21	城东湖国家级水产种质资源保护区		霍邱县	20.0	河蚬

续表

序号	名　　称	行政区域		面积/km²	主要保护对象
22	淮河淮南段长吻鮠国家级水产种质资源保护区	安徽省	凤台县	10.0	长吻鮠、江黄颡
23	池河翘嘴鲌国家级水产种质资源保护区		明光市	17.3	翘嘴鲌
24	长江河宽鳍鱲马口鱼国家级水产种质资源保护区		金寨县	18.0	宽鳍鱲、马口鱼
25	怀洪新河太湖新银鱼国家级水产种质资源保护区		五河县	4.0	太湖新银鱼

三、流域水生态现状评价

(一) 水生态调查

自 20 世纪 80 年代到目前，依托具体的研究项目开展了 4 次较大范围的流域水生态调查（见表 3－4）。其中 2008 年的调查涉及淮河流域主要水域，共 71 个采样断面，调查范围较广，本书以 2008 年的调查资料为主进行分析。

表 3－4　　　　　　　　淮河流域历次水生态调查情况

调查时间	调查范围	备　注
1982 年	淮河干流、河南省淮河流域十二座大型水库	成果包括：《淮河干流水产资源调查报告》《河南省淮河流域十二座大型水库渔业资源调查报告》
2006 年	淮河干流（包括淮河上游及以南部分大型水库）和淮北沙颍河、洪汝河、涡河三条主要支流及沂沭泗河水系沭河上的代表性闸坝	"淮河流域闸坝运行管理评估及优化调度对策研究"项目
2008 年	淮河干流、洪汝河、沙颍河、史河、淠河、涡河、南水北调东线输水干线、沂河、沭河及流域内的大型水库和重要湖泊	《淮河流域综合规划》修编
2011—2013 年	淮河干流（源头—洪泽湖口）、洪泽湖、沙颍河	"淮河流域重要河湖健康评估"项目

(二) 水生态现状评价

1. 评价方法及标准

水生态评价采用生物指数法对浮游植物、浮游动物、底栖动物群落结构和组成特点进行分析，其中生物指数包含多样性指数、均匀度指数、耐污指数等，最后采用灰关联评价模型模拟淮河流域重点水域的水生态健康状况。

参考国内外相关文献，结合淮河流域具体情况确定的生态评价标准见表3-5。

表3-5　　　　　　　　各生物指数（*BI*）对应的水生态健康状况

水生生物指数	水生态健康状况				
	病态	不健康	亚健康	健康	很健康
河流 Shannon-weaver 多样性指数 H	0	0~1	1~2	2~3	>3
水库 Shannon-weaver 多样性指数 H	0	0~0.5	0.5~1.5	1.5~2.5	>2.5
Margalef 种类丰富度指数 d	d 越大表示越健康				
Pielous 种类均匀度指数 J	J 越大表示越健康				
Simpson 指数 D	0	1~2	2~3	3~6	>6
污染耐受指数 PTI	>8.8	7.71~8.8	6.61~7.7	5.5~6.6	<5.5

2. 水生生物指数评价

水生生物指数主要用浮游植物、浮游动物和底栖动物三类进行评价。

（1）浮游植物评价。在所有71个采样断面中，汝河汝南断面的 Shannon-weaver 多样性指数 H 最大，达到1.18，包含的浮游植物门类有蓝藻门、硅藻门、裸藻门、绿藻门；沙颍河漯河断面、涡河横排头断面、洪泽湖老子山断面、洪泽湖成子湖断面、洪泽湖三河闸断面仅出现蓝藻门的植物，品种单一，Shannon-weaver 多样性指数 H 最低。71个断面浮游植物 Margalef 种类丰富度指数 d 和 Simpson 指数 D 的规律与 Shannon-weaver 多样性指数 H 一致。对于 Pielous 种类均匀度指数 J，淮河临淮关断面出现了蓝藻门和绿藻门两类浮游植物，数量基本相等，因此均匀度指数最高，达到1.0；沙颍河漯河、涡河横排头、洪泽湖老子山、洪泽湖成子湖、洪泽湖三河闸这5个断面均出现单一门类植物，因此均匀度指数最低。

（2）浮游动物评价。涡河蒙城断面的 Shannon-weaver 多样性指数 H 最大，达到1.67，包含的浮游动物种类有枝角类、桡足类及其幼体、轮虫、无节幼体、原生动物等；小洪河五沟营（仅出现轮虫）、灌河上石桥（仅出现原生动物）、南四湖独山岛（仅出现轮虫），品种单一，Shannon-weaver 多样性指数 H 最低。Margalef 种类丰富度指数 d 最大值出现在涡河马头，为5.85。

表3-6

淮河流域71个采样断面水生生物指数

编号	断面名称	浮游植物				浮游动物				底栖动物					综合				
		H	d	J	D	H	d	J	D	H	d	J	D	PTI	H	d	J	D	PTI
1	淮河明港	0.33	0.19	0.30	0.15	1.34	1.23	0.75	0.68	0.00	0.00	0.00	1.00	0.00	0.83	0.71	0.52	0.42	0.00
2	淮河息县	0.10	0.09	0.14	0.04	1.46	1.64	0.81	0.72	0.60	0.38	0.54	0.31	6.35	0.69	0.62	0.51	0.35	6.35
3	淮河淮滨	0.39	0.09	0.56	0.23	1.52	2.27	0.94	0.81	0.00	0.00	0.00	0.00	5.96	0.95	1.18	0.75	0.52	5.96
4	淮河南照	0.22	0.08	0.31	0.11	1.27	1.38	0.79	0.66	0.00	0.00	0.00	0.00	5.96	0.75	0.73	0.55	0.38	5.96
5	淮河鲁台子	0.38	0.08	0.55	0.22	1.23	1.19	0.76	0.91	0.00	0.00	0.00	0.00	5.96	0.80	0.64	0.66	0.56	5.96
6	淮河淮南上	0.07	0.08	0.10	0.02	1.59	1.76	0.99	0.85	0.00	0.00	0.00	0.00	5.96	0.83	0.92	0.54	0.44	5.96
7	淮河蚌埠闸上	0.25	0.19	0.23	0.11	1.50	2.71	0.84	0.91	0.00	0.00	0.00	0.00	5.96	0.88	1.45	0.53	0.51	5.96
8	淮河临淮关	0.69	0.12	1.00	0.50	1.27	1.68	0.79	0.80	0.41	0.21	0.59	0.24	5.98	0.69	0.55	0.74	0.45	5.98
9	淮河五河	0.19	0.09	0.28	0.09	1.54	2.16	0.86	0.82	0.56	0.23	0.81	0.38	6.00	0.71	0.68	0.69	0.41	6.00
10	淮河盱眙	0.33	0.09	0.48	0.19	1.50	1.50	0.93	0.78	0.00	0.00	0.00	1.00	0.00	0.92	0.80	0.71	0.48	0.00
11	淮河金湖	0.06	0.07	0.09	0.02	1.11	0.95	0.69	0.57	0.41	0.21	0.59	0.98	8.59	0.50	0.36	0.49	0.64	8.59
12	小洪河五沟营	0.44	0.16	0.40	0.24	0.00	0.00	0.00	0.00	0.64	0.15	0.93	0.88	7.96	0.43	0.12	0.56	0.50	7.96
13	小洪河玉皇庙	0.47	0.10	0.67	0.29	0.67	0.00	0.97	0.48	0.69	0.21	1.00	0.75	7.48	0.63	−1.21	0.91	0.57	7.48
14	汝河汝南	1.18	0.29	0.85	0.66	1.57	2.14	0.98	0.84	1.49	0.71	0.93	0.91	8.10	1.43	0.96	0.92	0.83	8.10
15	洪河班台	1.05	0.18	0.96	0.64	0.94	0.90	0.52	0.54	0.00	0.00	0.00	0.00	6.10	1.00	0.54	0.74	0.59	6.10
16	沙颍河平顶山	0.30	0.21	0.27	0.13	1.45	1.16	0.81	0.73	0.00	0.00	0.00	0.00	5.96	0.87	0.68	0.54	0.43	5.96
17	沙颍河漯河	0.00	0.00	0.00	0.00	0.81	1.33	0.74	0.46	0.48	0.31	0.44	0.25	6.21	0.45	0.49	0.41	0.24	6.21
18	沙颍河化行	0.49	0.20	0.44	0.24	1.24	1.90	0.90	0.69	0.35	0.20	0.50	0.20	5.98	0.61	0.62	0.59	0.33	5.98
19	沙颍河黄桥	1.08	0.16	0.98	0.65	0.69	0.79	0.49	0.35	0.60	0.31	0.55	0.34	6.54	0.74	0.39	0.64	0.42	6.54
20	沙颍河周口	0.74	0.16	0.67	0.48	0.80	0.85	0.58	0.45	0.60	0.35	0.55	0.33	6.53	0.68	0.43	0.58	0.40	6.53
21	沙颍河界首	0.52	0.24	0.37	0.30	0.50	0.57	0.45	0.30	0.69	0.23	1.00	0.50	6.03	0.60	0.32	0.71	0.40	6.03
22	沙颍河阜阳	0.59	0.16	0.53	0.38	0.24	0.43	0.17	0.10	0.00	0.00	0.00	0.00	5.96	0.41	0.30	0.35	0.24	5.96
23	沙颍河颍上	0.04	0.06	0.05	0.01	0.78	0.51	0.48	0.43	0.00	0.00	0.00	1.00	0.00	0.41	0.28	0.27	0.22	0.00

续表

编号	断面名称	浮游植物				浮游动物				底栖动物					综合				
		H	d	J	D	H	d	J	D	H	d	J	D	PTI	H	d	J	D	PTI
24	贾鲁河扶沟	0.62	0.07	0.89	0.43	0.02	0.20	0.03	1.00	0.41	0.21	0.59	0.26	9.09	0.36	0.17	0.53	0.49	9.09
25	贾鲁河周口	0.54	0.08	0.78	0.36	0.78	0.79	0.48	0.66	0.00	0.00	0.00	1.00	9.00	0.66	0.44	0.63	0.51	9.00
26	涡河太康	0.09	0.18	0.06	0.03	0.30	0.53	0.27	0.15	0.00	0.00	0.00	0.00	5.96	0.19	0.36	0.17	0.09	5.96
27	涡河亳州	0.15	0.08	0.22	0.07	0.52	0.31	0.38	0.97	0.22	0.17	0.32	0.11	6.14	0.34	0.20	0.30	0.52	6.14
28	涡河蒙城	0.10	0.07	0.15	0.04	1.67	1.14	0.93	0.81	0.00	0.00	0.00	0.00	5.96	0.89	0.61	0.54	0.43	5.96
29	涡河怀远	0.22	0.27	0.16	0.08	0.16	0.61	0.11	0.06	0.24	0.18	0.35	0.12	5.97	0.19	0.44	0.14	0.07	5.97
30	惠济河大王庙	0.24	0.14	0.21	0.11	1.23	0.87	0.77	0.67	0.00	0.00	0.00	1.00	0.00	0.73	0.50	0.49	0.39	0.00
31	包河张店	0.25	0.24	0.18	0.11	1.06	0.90	0.59	0.51	0.00	0.00	0.00	0.00	5.96	0.66	0.57	0.39	0.31	5.96
32	涤河固镇	0.14	0.08	0.20	0.06	1.13	0.51	0.82	0.64	0.41	0.21	0.59	0.24	5.98	0.63	0.30	0.51	0.35	5.98
33	沱河永城	0.13	0.12	0.12	0.06	0.62	0.56	0.39	0.28	0.00	0.00	0.00	0.00	5.96	0.38	0.34	0.25	0.17	5.96
34	新汴河泗县	0.32	0.13	0.29	0.16	0.93	0.55	0.58	0.48	0.04	0.13	0.05	0.01	5.98	0.62	0.34	0.43	0.32	5.98
35	浍河信阳	0.57	0.06	0.82	0.38	0.66	0.42	0.60	0.97	0.62	0.00	0.00	0.00	0.00	0.62	0.24	0.71	0.67	0.00
36	浔河横排头	0.00	0.00	0.00	0.00	0.34	0.00	0.00	0.73	0.00	0.00	0.00	0.00	6.10	0.17	0	0.5	0.25	6.10
37	颍河马头	0.49	0.18	0.44	0.29	1.28	5.85	0.92	0.70	0.62	0.00	0.00	0.00	5.96	0.88	3.01	0.68	0.49	5.96
38	颍河正阳关	0.49	0.18	0.44	0.27	1.38	2.00	0.77	0.71	0.00	0.00	0.00	0.00	5.96	0.93	1.09	0.61	0.49	5.96
39	史河叶集	0.54	0.09	0.78	0.35	0.58	1.05	0.53	0.30	0.00	0.17	0.28	0.09	6.06	0.38	0.37	0.47	0.21	6.06
40	灌河上石桥	0.87	0.19	0.79	0.52	0.20	0.81	0.18	0.00	0.20	0.18	0.90	0.43	6.06	0.53	0.14	0.65	0.35	6.06
41	东鱼河鸡泰	0.60	0.13	0.55	0.38	0.44	0.58	0.32	0.20	0.62	0.00	0.00	0.00	5.96	0.52	0.71	0.43	0.29	5.96
42	万福河孙庄	0.28	0.16	0.26	0.14	1.53	2.30	0.86	0.90	0.00	0.30	0.56	0.96	8.95	0.91	1.23	0.56	0.52	8.95
43	洙赵新河梁山闸	0.54	0.16	0.49	0.33	0.34	0.40	0.31	0.18	0.62	0.00	0.00	0.00	5.96	0.44	0.28	0.40	0.25	5.96
44	泗河兖州	0.79	0.19	0.72	0.50	0.20	0.81	0.18	0.08	0.00	0.00	0.00	0.00	5.96	0.49	0.50	0.45	0.29	5.96
45	沂河沂水	0.95	0.17	0.87	0.58	0.47	0.58	0.43	0.23	0.48	0.16	0.70	0.30	5.99	0.71	0.37	0.65	0.41	5.99
46	沂河沂南	0.72	0.18	0.66	0.50	0.33	1.08	0.24	0.14	0.00	0.00	0.00	1.00	0.00	0.52	0.63	0.45	0.32	0.00
47	沂河临沂	0.67	0.08	0.97	0.48	0.51	0.72	0.32	0.25	0.00	0.00	0.00	1.00	0.00	0.59	0.40	0.64	0.36	0.00

续表

编号	断面名称	浮游植物				浮游动物				底栖动物					综合				
		H	d	J	D	H	d	J	D	H	d	J	D	PTI	H	d	J	D	PTI
48	沂河港上	0.94	0.17	0.85	0.58	0.58	0.99	0.36	0.29	0.64	0.20	0.92	0.44	6.01	0.76	0.58	0.61	0.43	6.01
49	沭河莒县	0.54	0.11	0.78	0.36	1.34	2.49	0.84	0.71	0.66	0.50	0.48	0.32	7.92	0.94	1.30	0.81	0.53	7.92
50	沭河临沭	0.09	0.10	0.12	0.03	1.34	4.96	0.97	0.76	0.00	0.00	0.00	0.00	5.96	0.71	2.53	0.55	0.40	5.96
51	新沭河陈塘桥	0.66	0.19	0.60	0.40	1.10	3.05	0.80	0.60	0.00	0.00	0.00	1.00	0.00	0.88	1.62	0.70	0.50	0.00
52	运河江都	0.14	0.16	0.13	0.06	0.61	0.57	0.44	0.34	0.00	0.00	0.00	0.00	5.96	0.38	0.36	0.28	0.20	5.96
53	运河高邮	0.45	0.13	0.65	0.28	1.26	1.63	0.78	0.81	0.68	0.19	0.98	0.49	6.04	0.85	0.88	0.72	0.54	6.04
54	运河宝应	0.68	0.09	0.98	0.49	0.63	0.91	0.39	0.30	1.04	0.47	0.95	0.88	7.52	0.65	0.50	0.69	0.39	7.52
55	运河淮安	0.45	0.12	0.65	0.28	1.64	3.72	0.92	0.79	0.00	0.00	0.00	1.00	0.00	1.05	1.92	0.78	0.54	0.00
56	运河泗阳	0.03	0.08	0.05	0.01	1.21	1.01	0.75	0.65	0.35	0.20	0.50	0.20	6.19	0.62	0.55	0.40	0.33	6.19
57	运河宿迁	0.02	0.08	0.02	0.00	1.28	1.45	0.80	0.67	0.53	0.15	0.76	0.35	5.99	0.65	0.77	0.41	0.34	5.99
58	运河邳州	0.22	0.08	0.32	0.11	0.73	0.51	0.45	0.86	0.00	0.00	0.00	1.00	0.00	0.48	0.29	0.39	0.49	0.00
59	运河台儿庄	0.67	0.11	0.97	0.48	1.58	1.59	0.88	0.81	0.41	0.21	0.59	0.24	5.98	1.13	0.85	0.93	0.64	5.98
60	运河济宁	0.08	0.08	0.12	0.03	0.10	0.57	0.07	0.03	0.00	0.00	0.00	1.00	0.00	0.09	0.32	0.10	0.03	0.00
61	运河梁山	0.08	0.09	0.12	0.03	0.14	0.35	0.10	0.06	0.58	0.30	0.52	0.31	8.82	0.11	0.22	0.11	0.04	8.82
62	洪泽湖老子山	0.00	0.00	0.00	0.00	0.58	0.66	0.53	0.33	0.00	0.00	0.00	0.00	6.10	0.29	0.33	0.27	0.17	6.10
63	洪泽湖溧河洼	0.19	0.14	0.17	0.09	1.20	0.63	0.75	0.65	0.37	0.16	0.53	0.21	5.98	0.70	0.39	0.46	0.37	5.98
64	洪泽湖成子湖	0.00	0.00	0.00	0.00	1.05	0.41	0.76	0.56	0.00	0.00	0.00	0.00	5.96	0.52	0.20	0.38	0.28	5.96
65	洪泽湖二河闸	0.04	0.13	0.03	0.01	0.89	0.53	0.64	0.97	0.67	0.22	0.97	0.48	6.04	0.47	0.33	0.34	0.49	6.04
66	洪泽湖三河闸	0.00	0.06	0.00	0.00	0.96	0.92	0.69	0.84	1.12	0.43	0.81	0.63	7.13	0.48	0.49	0.35	0.42	7.13
67	南四湖微山岛	0.09	0.14	0.09	0.03	0.67	0.98	0.42	0.36	0.00	0.00	0.00	0.00	5.96	0.38	0.56	0.25	0.20	5.96
68	南四湖上级坝	0.02	0.08	0.03	0.01	0.47	0.41	0.43	0.29	0.66	0.20	0.95	0.86	7.87	0.25	0.24	0.23	0.15	7.87
69	南四湖下级坝	0.01	0.07	0.02	0.00	0.80	0.72	0.58	0.51	0.00	0.00	0.00	0.00	5.96	0.41	0.40	0.30	0.26	5.96
70	南四湖南阳湖	0.04	0.13	0.04	0.01	0.10	0.45	0.09	0.04	0.68	0.17	0.99	0.49	7.32	0.07	0.29	0.07	0.03	7.32
71	南四湖独山岛	0.07	0.06	0.10	0.03	0.07	0.00	0.00	0.00	0.00	0.00	0.00	1.00	0.00	0.04	0.03	0.05	0.01	0.00

注　H 为 Shannon-weaver 多样性指数；d 为 Margalef 种类丰富度指数；J 为 Pielous 种类均匀度指数；D 为 Simpson 指数；PTI 为污染耐受指数。

Simpson 指数 D 最大值出现在贾鲁河扶沟断面，为 1.0；最小值出现的断面与 Shannon-weaver 多样性指数 H 相同。对于 Pielous 种类均匀度指数 J，淮河淮南断面最大，为 0.99，主要浮游动物种类有：枝角类、桡足类及其幼体、轮虫、无节幼体、原生动物；最小值仍然出现在小洪河五沟营、灌河上石桥、南四湖独山岛这 3 个断面。

（3）底栖动物评价。汝河汝南断面的 Shannon-weaver 多样性指数 H 最大，达到 1.49，出现的底栖动物种类有寡毛纲、蛭纲、瓣鳃纲、腹足纲、昆虫幼虫等。Margalef 种类丰富度指数 d 最大值出现在汝河汝南断面，为 0.71。Simpson 指数 D 最大值出现在淮河盱眙断面，为 1.0。对于 Pielous 种类均匀度指数 J，小洪河玉皇庙断面出现了寡毛纲和腹足纲两类底栖动物，数量基本相等，因此均匀度指数最高，达到 1.0。

底栖动物污染耐受指数 PTI 是描述水生底栖动物对污染的耐受程度，其值越大表示指示水体污染越严重，水生态系统遭受破坏越严重。在 59 个采集到底栖动物的断面中，有 46 个断面水体受污染较轻（$PTI < 6.6$），贾鲁河扶沟、贾鲁河周口、万福河孙庄和运河梁山 4 个断面水体受到重度污染（$PTI > 8.8$），生态系统不稳定，其中贾鲁河扶沟断面污染最严重。

水生生物多样性总体评价最好的断面是汝河汝南，多样性最差的是南四湖独山岛断面；丰度最高的断面是溧河马头断面，丰度最差的仍是南四湖独山岛断面；水生生物物种均匀度指数最大的断面是运河台儿庄，各类物种分布最不均匀也是南四湖独山岛断面。

淮河流域 71 个采样断面水生生物指数见表 3-6。

（三）水生态健康状况评价

根据生态调查成果，进行水生态健康状况评价，结果见表 3-7。

表 3-7　　　　　　　　　淮河流域重要水域水生态健康状况评价

编号	断面名称	生态系统稳定性	水生态健康状况	编号	断面名称	生态系统稳定性	水生态健康状况
1	淮河明港	脆弱	亚健康	8	淮河临淮关	脆弱	亚健康
2	淮河息县	脆弱	亚健康	9	淮河五河	脆弱	亚健康
3	淮河淮滨	脆弱	亚健康	10	淮河盱眙	稳定	健康
4	淮河南照	脆弱	亚健康	11	淮河金湖	不稳定	不健康
5	淮河鲁台子	脆弱	亚健康	12	小洪河五沟营	不稳定	不健康
6	淮河淮南上	脆弱	亚健康	13	小洪河玉皇庙	不稳定	不健康
7	淮河蚌埠闸上	脆弱	亚健康	14	汝河汝南	脆弱	亚健康

续表

编号	断面名称	生态系统稳定性	水生态健康状况	编号	断面名称	生态系统稳定性	水生态健康状况
15	洪河班台	脆弱	亚健康	44	泗河兖州	脆弱	亚健康
16	沙颍河平顶山	脆弱	亚健康	45	沂河沂水	脆弱	亚健康
17	沙颍河漯河	脆弱	亚健康	46	沂河沂南	脆弱	亚健康
18	沙颍河化行	脆弱	亚健康	47	沂河临沂	脆弱	亚健康
19	沙颍河黄桥	脆弱	亚健康	48	沂河港上	脆弱	亚健康
20	沙颍河周口	脆弱	亚健康	49	沭河莒县	脆弱	亚健康
21	沙颍河界首	脆弱	亚健康	50	沭河临沭	稳定	健康
22	沙颍河阜阳	脆弱	亚健康	51	新沭河陈塘桥	稳定	健康
23	沙颍河颍上	脆弱	亚健康	52	运河江都	脆弱	亚健康
24	贾鲁河扶沟	不稳定	不健康	53	运河高邮	脆弱	亚健康
25	贾鲁河周口	不稳定	不健康	54	运河宝应	不稳定	不健康
26	涡河太康	脆弱	亚健康	55	运河淮安	稳定	健康
27	涡河亳州	不稳定	不健康	56	运河泗阳	脆弱	亚健康
28	涡河蒙城	脆弱	亚健康	57	运河宿迁	脆弱	亚健康
29	涡河怀远	脆弱	亚健康	58	运河邳州	脆弱	亚健康
30	惠济河大王庙	脆弱	亚健康	59	运河台儿庄	脆弱	亚健康
31	包河张店	脆弱	亚健康	60	运河济宁	脆弱	亚健康
32	浍河固镇	脆弱	亚健康	61	运河梁山	不稳定	不健康
33	沱河永城	脆弱	亚健康	62	洪泽湖老子山	不稳定	不健康
34	新汴河泗县	脆弱	亚健康	63	洪泽湖溧河洼	脆弱	亚健康
35	师河信阳	脆弱	亚健康	64	洪泽湖成子湖	不稳定	不健康
36	淠河横排头	脆弱	亚健康	65	洪泽湖二河闸	脆弱	亚健康
37	淠河马头	稳定	健康	66	洪泽湖三河闸	脆弱	亚健康
38	淠河正阳关	稳定	健康	67	南四湖微山岛	脆弱	亚健康
39	史河叶集	脆弱	亚健康	68	南四湖上级坝	不稳定	不健康
40	灌河上石桥	脆弱	亚健康	69	南四湖下级坝	脆弱	亚健康
41	东鱼河鸡黍	脆弱	亚健康	70	南四湖南阳湖	不稳定	不健康
42	万福河孙庄	脆弱	亚健康	71	南四湖独山岛	不稳定	不健康
43	洙赵新河梁山闸	脆弱	亚健康				

从评价结果可以看出，流域内除淮河盱眙、淠河马头、淠河正阳关、沭河临沭、新沭河陈塘桥、运河淮安河流生态系统健康外，其他断面都遭受到了一

定程度的破坏，其中破坏最严重的区域有：周口附近的沙颖河中游地区、南四湖地区和江苏省洪泽湖及运河段，这三片区域由于城市工业发达，人口密集，污染物大量排入河道，远远超过水体的纳污能力，导致水环境恶化，生态系统遭受严重损害，河流大多处于亚健康和不健康状态。淮河干流和沂河水系虽为亚健康状态，但由于水量较大，污染相对较轻，生态系统相对较好。

（四）鱼类评价

71 个调查断面，经采集鉴定有 23 种鱼类，隶属于 9 科。其中鲤科鱼类 14 种，占 60.9%；鳅科共 2 种，占 8.7%；其余 7 科共 7 种，占 30.4%，见表 3-8。由于采样安排在鱼类繁殖和活动频繁的 7 月，因此调查结果基本上反映了淮河流域鱼类资源现状。

表 3-8　　　　　　　　　　　　淮河流域主要水域的鱼类

水系	河名	采样点	鱼　　　类
淮河干流	淮河	明港	草鱼、鲤、鲢、鲫、鳘、油鳘、银鮈、蛇鮈
		息县	鲤、鲫、鲢、鳘、鳊、鳙
		淮滨	鲤、鲫、鳘、鲢、鳙、光泽黄颡鱼、蛇鮈、银鮈、蒙古鲌
		南照	鲤、鲫、鳘、草鱼、蛇鮈、蒙古鲌
		鲁台子	鲫、鳘、光泽黄颡鱼、蛇鮈、油鳘、银鮈、蒙古鲌、红鳍鲌、青梢鲌
		淮南上	鲤、鲫、鳘、光泽黄颡鱼、蛇鮈、蒙古鲌
		蚌埠闸上	鲤、鲫、鳊、草鱼、鲚、鳘、油鳘、银鮈、蛇鮈、子陵栉鰕鯱
		临淮关	鲤、鲫、鳘
		五河	鲤、鲫、鳘
		盱眙	鲤、鲫、鳘、鳊、草鱼、鲚、大鳍鱊、银鮈、无须鱊
	入江水道	金湖	鲤、鲫、鲢、鳘、鳊、鳙、草鱼、鲚、凤鲚、大鳍鱊、银鮈、无须鱊、蒙古鲌、鳜
洪汝河	小洪河	五沟营	鲤、鲫、鳘、蛇鮈
		玉皇庙	鲤、鲫、鳘
	汝河	汝南	鲤、鲫、鳘
	洪河	班台	鲤、鲫、鳘
沙颖河	沙河	平顶山	鲤、鲫、鳘、鳊、鳙、草鱼、大鳍鱊、无须鱊、银鮈、蒙古鲌
		漯河	鲤、鲫、鳘、油鳘、鳊、鳙、草鱼、大鳍鱊、无须鱊、银鮈、蒙古鲌、鳜
	颖河	化行	鲤、鲫、鳘
		黄桥	鲤、鲫、鳘

续表

水系	河名	采样点	鱼 类
沙颍河	颍河	周口	鲤、鲫、鳌、油鳌、蛇鮈
		界首	鲤、鲫、鳌
		阜阳	鲤、鲫、鳌
		颍上	鲤、鲫、鳌、银鮈、光泽黄颡鱼、鲚、凤鲚、高体鳑鲏、蛇鮈
	贾鲁河	扶沟	鲫、鳌、无须鱊
		周口	鲤、鲫、鳌、大鳍鱊、银鮈
涡河	涡河	太康	鲤、鲫、鳌
		亳州	鲤、鲫、鳌
		蒙城	鲤、鲫、鳌
		怀远	鲤、鲫、鳌
	惠济河	大王庙	鲤、鲫、鳌
包浍河	包河	张店	鲤、鲫、鳌
	浍河	固镇	鲤、鲫、鳌
沱河	沱河	永城	鲤、鲫、鳌
新汴河	新汴河	泗县	鲤、鲫、鳌
浉河	浉河	信阳	鲤、鲫、鳌
潢河	潢河	横排头闸	鲤、鲫、鳌、银鮈、蛇鮈、油鳌、赤眼鳟、草鱼、蒙古鲌
		马头	鲤、鲫、鲢、鳙、鳌、银鮈、蛇鮈、赤眼鳟、草鱼、蒙古鲌
		正阳	鲤、鲫、大鳍鱊、无须鱊、鳌、银鮈、蛇鮈、赤眼鳟、草鱼、蒙古鲌
史河	史河	叶集	鲤、鲫、鳌、银鮈、蛇鮈、赤眼鳟、草鱼、蒙古鲌
	灌河	上石桥	鲤、鲫、鳌、油鳌、大鳍鱊、银鮈、蛇鮈、赤眼鳟、草鱼、蒙古鲌、鳜
入南四湖支流	东鱼河	鸡黍	鲤、鲫、鳌、草鱼
	万福河	孙庄	银鮈、鲤、鲫、鳌
	洙赵新河	梁山闸	鲫、鲤、鳌
	泗河	兖州	鲤、鲫、鳌
沂河	沂河	沂水	鲤、鲫、草鱼、鳌、油鳌
		沂南	鲤、鲫、草鱼、鳌、油鳌
		临沂	鲤、鲫、草鱼、鳌、油鳌
		港上	鲤、鲫、草鱼、鳌、油鳌
沭河	沭河	莒县	鲤、鲫、草鱼、鳌、油鳌
		临沭	鲤、鲫、草鱼、鳌、油鳌
	新沭河	王庄	鲤、鲫、草鱼、鳌、油鳌

续表

水系	河名	采样点	鱼 类
南水北调东线	运河	江都	鲤、鲫、草鱼、鳌、油鳌、银鲌、蛇鮈、赤眼鳟、蒙古鲌
		高邮	鲤、鲫、草鱼、鳌、油鳌、大鳍鱊、银鲌、红鳍鲌
		宝应	鲤、鲫、草鱼、鳌、油鳌、蛇鮈、赤眼鳟、蒙古鲌
		淮安	鲤、鲫、草鱼、鳌、油鳌、鲚、凤鲚
		泗阳	鲤、鲫、草鱼、鳌、油鳌、银鲌、蛇鮈、蒙古鲌
		宿迁	鲤、鲫、草鱼、鳌、油鳌
		邳州	鲤、鲫、草鱼、鳌、油鳌
		台儿庄	鲤、鲫、草鱼、鳌、油鳌、大鳍鱊、银鲌、红鳍鲌
		济宁	鲤、鲫、草鱼、鳌、油鳌、蛇鮈、蒙古鲌

淮河流域的鱼类多样性整体上呈现支流小于干流，干支流小于湖泊（南四湖、洪泽湖）的规律；其中水质好的支流（如史河、浉河、沙河、灌河等），鱼类多样性较丰富，污染严重的支流（如涡河、颍河、贾鲁河、沂河、沭河、洙赵新河等）水域鱼类种类明显减少，仅少数耐污的鱼类（如鲤、鲫等）存在，且生物量较低。

史河、浉河发源于大别山区，水域生态环境保持较好，水生植物较多，鱼类丰富。河南、山东两省境内的涡河、颍河、贾鲁河、沭河、洙赵新河等河流鱼类种类偏少，主要是由于处于人口密集区，工业废水和农药、化肥、养殖业的面源污染较为严重。

南四湖、洪泽湖作为淮河流域的重要淡水湖泊，是当地重要的渔业资源聚集地，调查结果显示，南四湖的鱼类资源已经受到破坏。洪泽湖的鱼类在淮河流域最为丰富，但浮游藻类大量繁殖，存在发生水华的风险，一旦爆发水华，将会对洪泽湖渔业资源造成严重影响。

四、流域河流生态需水分析

（一）河流生态需水量计算

河流生态需水是指为维持河流生态系统一定形态和一定功能需要保留的水量，一般包括生态基流和最小生态需水量两个指标。计算河流生态需水时主要考虑水生生物、河湖湿地维护、河流泥沙及造床、河口生态等因素。

生态基流是维持河道自身生态功能的基本要求，在水资源配置中应保障生态基流不被破坏。淮河流域各控制断面生态基流一般为天然径流量的 3％～10％，其中淮河南岸的史河和淠河比例较高，沂沭泗河水系比例较低；淮河流域各控制断面最小下泄生态需水量一般为天然径流量的 10％～20％，其中淮河水系平均为 15％左右，沂沭泗河水系平均为 10％左右。

（二）生态亏缺水量分析

生态亏缺水量是依据实际径流量的年内分布和生态需水量的年内过程确定，以月份作为计算单元。当实际径流量小于生态需水量时，差值即为生态亏缺水量。

淮河流域近 10 年平均生态亏缺水量为 19.7 亿 m^3，其中淮河水系 16.6 亿 m^3、沂沭泗河水系 3.1 亿 m^3。淮河流域平水年和偏枯年平均生态亏缺水量分别为 10.5 亿 m^3 和 27.5 亿 m^3，其中平水年淮河水系 6.7 亿 m^3、沂沭泗河水系 3.8 亿 m^3，偏枯年淮河水系 21.8 亿 m^3、沂沭泗河水系 5.7 亿 m^3。

五、流域主要水生态问题

（一）水质污染仍较严重

根据《2012 年淮河片区水资源公报》，淮河流域全年期评价河长 11142km，水质良好的Ⅱ类水质河长 1264km，占 11.3％；水质尚可的Ⅲ类水质河长 3277km，占 29.5％；水质已受到污染的Ⅳ类水质河长 2967km，占 26.6％；水质受到较重污染的Ⅴ类水质河长 1461km，占 13.1％；水质受到严重污染的劣Ⅴ类水质河长 2172km，占 19.5％。非汛期水质问题更为突出，评价河长 11125km。Ⅰ～Ⅲ类水质河长占 38.9％；Ⅳ类水质河长占 27.1％；Ⅴ类水质河长占 13.5％；劣Ⅴ类水质河长占 20.5％。

（二）生态需水被挤占

淮河流域水资源开发利用程度较高，生态需水被挤占情况较为普遍。据统计，淮河流域多年平均河道外用水挤占河道内生态用水量为 23.7 亿 m^3，平水年和偏枯年平均挤占河道内生态用水量分别为 20.9 亿 m^3 和 34.2 亿 m^3。由于生态需水被挤占，淮北地区中小河流经常出现有水无流或干河的现象。

（三）重要生境遭受破坏与侵占

随着围湖造田、围网养殖、过量捕捞等一系列人类生产活动的干扰，流域内湖泊湖面萎缩、湿地锐减，重要生境遭受破坏与侵占，生物多样性下降。根据有关资料，洪泽湖湿地 20 世纪 50—80 年代曾经历过大规模的围垦，洪泽湖周边地区共圈圩 389 个，总面积 1102km²，其中高程在 12.5m 以下的圩区 91 个，面积 211km²。

淮河流域水库和闸坝众多，现有大中型水库 5700 多座和水闸 5300 多座，径流人工控制程度高。据统计，目前淮河干流上共有闸坝 2 座，京杭运河共有闸坝 8 座，环绕洪泽湖的主要入水口和出水口都建有闸坝，如三河闸、二河闸、团结闸等。由于众多闸坝的建设，破坏了河湖水系的连通性，使洄游性鱼、蟹的洄游通道受阻，溯河入淮产卵的四大家鱼和溯河入湖的鳗、蟹等不能通过闸坝，而使水生生物多样性和渔业资源数量下降。

六、流域水生态保护措施

（一）加强污染源控制

流域内水体污染严重是造成大部分河流生态系统都遭到严重破坏的直接原因。目前，工业废水仍然是淮河流域的主要污染源，实现工业污染源稳定达标排放，是解决淮河流域水污染和水生态修复问题的基础和关键。因此，必须优化区域内产业结构，严格限制造纸、酿造、化工、制药、印染等重污染行业的发展；加大治污的资金投入，加快污水处理厂建设。同时，也要推动农业产业结构调整，减少面源污染物排放。

（二）实施生态保护工程

立足河流生态系统现状，积极创造条件，发挥生态系统自我修复功能，使河流廊道生态系统逐步得到修复，使其具有健康性和可持续性。针对造成流域水生态系统退化和破坏的关键因素，采取措施进行水生态系统保护和修复。努力建设安全的水生态系统，实现淮河流域的人水和谐相处。

（三）充分发挥水利工程的调控调度作用

运用先进水利理念，科学评价闸坝对生态的影响；研究调整现有闸坝运行管理方式；修编和制订有利于生态保护的调度方案，利用水库、闸坝对水资源的调节能力保障枯季河湖生态流量和水位，改善河湖生态状况。

第二节　流域水环境

一、水污染历史

从 20 世纪 80 年代起，随着改革开放，经济发展，特别是乡镇企业快速发展，城镇化进度加快，淮河流域各地出现了不断加重的水污染问题。尤其是 90 年代以后，水污染的发展速度大大超出了人们的预料和承受能力，1992 年、1994 年、1995 年沙颍河、淮河连续发生大面积水污染事件，对沿淮广大地区工农业生产和城镇供水安全造成严重危害和威胁，甚至影响到了社会稳定。

二、水污染防治的三个阶段

随着水污染的发展，流域人民深受其害，治理水污染逐渐成为广大人民群众的共同呼声。在这种形势下，政府开始重视水污染的问题。1988 年国务院环境保护委员会（以下简称国务院环委会）批准成立了淮河流域水资源保护领导小组，协调解决重大水资源保护与水污染防治问题。领导小组及淮河水利委员会（以下简称淮委）多次向国务院及有关部门反映淮河流域水污染问题，引起了国家对淮河流域水资源保护与水污染防治工作的重视。1994 年 5 月国务院领导同志在蚌埠主持召开第一次淮河流域环保执法检查现场会，正式拉开了国家治理淮河水污染的序幕。1988—1997 年领导小组先后召开七次会议，研究部署淮河流域水污染防治工作。

（一）第一阶段

第一阶段从 1994—2000 年，随着国家的重视，治理力度空前加大，全流域入河排污量明显减少，水质呈现好转势头。

1994 年淮河干流发生重大水污染事件，使淮河流域的水污染问题引起了国家重视。1994 年 5 月，国务院环委会在蚌埠召开了第一次淮河流域环保执法检查现场会，开始全面治理淮河水污染，提出治理淮河污染的总体目标，并将淮河流域水污染防治列入国家"三河（淮河、海河、辽河）、三湖（太湖、巢湖、滇池）"水污染治理的重点。

1995 年 8 月 8 日，国务院发布了我国第一部流域水污染防治法规《淮河流域水污染防治暂行条例》，使淮河流域水污染防治工作步入法制化轨道，条例要求，通过"关、停、禁、改、转"促进工业结构的调整，要求工业污染源达标排放以及建设城镇污水处理工程等措施，减少污染物排放量。流域四省也先后制定了多项地方性法规，推进水污染防治工作。

1996 年 6 月，国务院批复了《淮河流域水污染防治规划及"九五"计划》，明确了"九五"期间淮河流域水污染防治工作目标：1997 年年底，全流域所有工业污染源实现达标排放，主要污染物 COD 排放量从 1993 年的 150 万 t，削减到 89 万 t；同时要求 2000 年实现淮河水体变清。这是淮河治污史上第一个水污染防治规划，不仅明确了规划目标，而且提出了具体的措施和项目，对淮河治污工作起到了重要的指导作用。在领导小组的组织下，淮河流域工业污染源治理方面主要有以下重大行动。

1. 1996 年的关停污染严重的小型企业

1996 年上半年，淮河流域开展了全面治污的第一个重大行动，全面关停了"小造纸、小制革、小染料、土炼焦、土炼硫、土炼砷、土炼汞、土炼铅锌、土炼油、土选金、小农药、小电镀、土法生产石棉制品、土法生产放射性制品、小漂染"中污染危害最重的"小造纸"企业；下半年，关停范围扩大到所有"十五小"企业。到 1996 年年底，全流域先后关停了小造纸、小化工、小制革、小化肥等"十五小"企业近 5000 家。

2. 1997 年的达标排放

到 1997 年年底，全流域列入达标排放名单的 1562 家日排废水 100t 以上的企业中，有 1139 家实现达标排放。同时，流域四省还对日排废水 100t 以下的 1844 家排污单位进行了治理。在 1997 年年底开展的达标核查、监测工作，被媒体称为"零点行动"，是淮河水污染防治历史上最著名的一次行动。

3. 2000 年的淮河水变清

1997 年达标排放以后，领导小组又组织开展对重点污染企业实行限期治理，加快城镇污水处理厂建设，提高污水集中处理率，要求在 2000 年彻底解决淮河流域水污染问题，实现淮河水变清。这些行动的效果使入河排污量有较大削减、水质恶化趋势基本遏制，但规划目标没有完全实现。

（二）第二阶段

第二阶段从 2000—2004 年。2000 年后，淮河流域水污染防治工作有所松懈，水污染反弹。

2004 年 7 月中旬，淮河干流再次发生重大水污染事件，沙颍河、涡河污水下泄，在淮河上形成了长约 150km 的污水团，淮河流域水污染问题再次引起社会关注。2004 年 10 月国务院再次在蚌埠召开淮河流域水污染防治现场会，研究解决淮河水污染问题。

（三）第三阶段

第三阶段自 2004 年起，治污力度加大，水质得到改善。

2004 年 10 月国务院召开淮河流域水污染防治现场会议后，国务院与流域四省人民政府签订了淮河流域水污染防治目标责任书，将淮河流域"十五"水污染防治目标延至"十一五"完成。国家有关部委开始每年对目标责任书完成情况进行考核，并公布考核结果。四省各级政府采取各种措施，加强污染源监管，加快工业污染源治理和城镇污水处理厂建设，有效削减了水污染负荷。淮河流域入河排污量逐年下降，水质得到改善，2005 年以来淮河干流再未发生大面积水污染事件。

2008 年 4 月，《淮河流域水污染防治规划（2006—2010 年）》经国务院同意由环境保护部、水利部等四部委联合印发实施。由环境保护部会同国家发改委、监察部、财政部、住房和城乡建设部、水利部组成考核组对规划实施情况进行考核。到 2010 年，水污染防治项目完成率为 94.5%，规划水质考核断面以高锰酸盐指数和 $NH_3 - N$ 为考核指标，达标率分别为 100%、83.3%。全流域 COD 排放量为 49.95 万 t。

2012 年 4 月，《重点流域水污染防治规划（2011—2015 年）》经国务院同意由环境保护部、水利部等四部委联合印发实施。控制目标为到 2015 年淮河流域总体水质在维持轻度污染的基础上持续改善；集中式地表水饮用水水源地达到功能要求；干流水质稳定达到Ⅲ类；贾鲁河、清潩河、泉河、颍河、惠济河、涡河、新濉河、奎河等重要支流除氨氮外其他指标消除劣Ⅴ类；南水北调东线输水干线水质到 2012 年年底达到Ⅲ类；近岸海域生态安全得到有效保障。规划断面Ⅰ～Ⅲ类水质断面比例提高 15%，劣Ⅴ类水质断面比例降低 5%。

三、入河排污量和水质变化

（一）流域入河排污量

根据多年连续监测数据进行分析，淮河流域城镇入河排污量总体呈下降趋势，主要污染物 COD、NH₃－N 历年入河排放量见图 3-1、图 3-2。

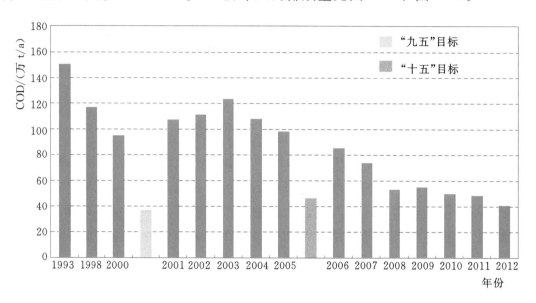

图 3-1　淮河流域主要污染物 COD 历年入河排放量示意图

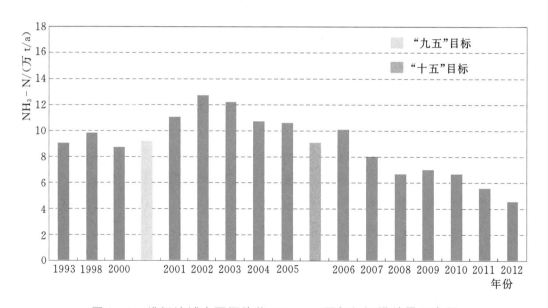

图 3-2　淮河流域主要污染物 NH₃－N 历年入河排放量示意图

　　1993 年 COD 入河排放量为 150 万 t，1998 年削减到 116.7 万 t，2000 年消减到 94.7 万 t，削减率分别为 22.2% 和 36.9%。虽然没有达到"九五"计划目标 36.8 万 t，但水污染治理成效明显。2000 年以后，污染反弹，入河排污量逐年增加，2003 年 COD 入河排放量达到 123.2 万 t，基本恢复到 1998 年入河排污水平，但同 1995 年入河排放量相比仍有较大幅度的削减。2004 年之后入河排污量逐年减少，2012 年 COD 入河排放量 40.51 万 t，比 1993 年削减了 73.0%。

1993 年 NH$_3$－N 入河排放量为 9 万 t，2000 年削减到 8.7 万 t，削减率为 3.3%。2000 年以后，NH$_3$－N 入河排污量有所增加，2002 年 NH$_3$－N 入河排放量达到 12.7 万 t。2004 年之后入河排污量逐年减少，2012 年 NH$_3$－N 入河排放量 4.51 万 t，比 1993 年削减了 49.9%。

（二）流域水质变化

20 世纪 80 年代后期，淮河流域水质污染比较严重，进入 90 年代以后，淮河流域水质污染迅速加剧，1995 年最为严重，Ⅴ类和劣Ⅴ类水占到了将近 3/4。1990—2012 年淮河流域水质经过了由恶化得到控制并好转的变化过程。

根据淮河流域国家级水质站监测数据评价，1995 年淮河流域水质Ⅴ类和劣Ⅴ类为 73.5%，2012 年为 33.9%，比 1995 年下降了 39.6 个百分点，见图 3－3。特别是 2006 年以来，水质明显好转。

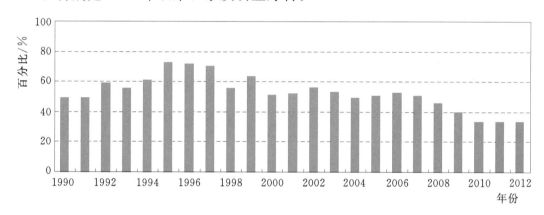

图 3－3　淮河流域历年Ⅴ类和劣Ⅴ类水质评价示意图

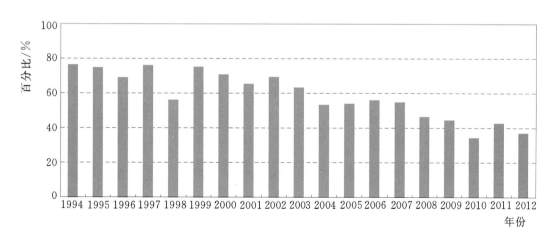

图 3－4　淮河流域历年Ⅴ类和劣Ⅴ类省界水质评价示意图

（三）省界水质变化

根据淮河流域主要跨省河流省界断面水质监测数据评价，1994 年淮河流域省界水质 V 类和劣 V 类为 77.0%，2012 年为 37.3%，比 1994 年下降了 39.7 个百分点，见图 3-4。与流域水质变化趋势相同。

经过近 20 年的治理，淮河流域水污染防治工作取得了重要进展，主要污染物入河排放总量明显减少；水质明显好转并基本稳定。

四、水功能区

（一）水功能区划

根据《中华人民共和国水法》（以下简称《水法》），2000—2001 年水利部淮河水利委员会组织流域四省水利部门开展淮河流域水功能区划工作，确定水资源使用功能和水质保护目标。至 2006 年 1 月，四省水功能区划全部由省人民政府批准实施。淮河流域共划分水功能区 894 个，涉及 393 条河流，区划河流长度 22547km，区划湖库面积 6082km²。淮河流域水功能区划情况见表 3-9。

表 3-9　　　　　　　　　　淮河流域水功能区划情况

水功能区	保护区	保留区	缓冲区	开发利用区					过渡区	排污控制区	总计
				饮用水源区	工业用水区	农业用水区	渔业用水区	景观娱乐用水区			
湖北省/个		3									3
河南省/个	14	9		18	2	83	7	17	24	68	242
安徽省/个	9	3		7	3	43	4	3	9	2	83
江苏省/个	43	18		40	39	190	25	19	28	38	440
山东省/个	12	2		12	11	30	4		5	8	84
省界/个			42								42
合计/个	78	35	42	77	55	346	40	39	66	116	894
区划河流长度/km	2012	1866	1091	1231	1315	12033	777	319	841	1062	22547
区划湖库面积/km²	5708			22		153	181	11	7		6082

2011 年 12 月，国务院批复了《全国重要江河湖泊水功能区划（2011—

2030 年)》。淮河流域纳入全国重要江河湖泊水功能区划的水功能区共有 376 个，涉及 125 条河流，区划河流长度 11409km，区划湖库面积 6032km^2。淮河流域重要江河湖泊水功能区划情况见表 3-10。

表 3-10　　　　　　　　淮河流域重要江河湖泊水功能区划情况

| 水功能区 | 保护区 | 保留区 | 缓冲区 | 开发利用区 | | | | | | | 总计 |
				饮用水源区	工业用水区	农业用水区	渔业用水区	景观娱乐用水区	过渡区	排污控制区	
湖北省/个		1									1
河南省/个	8	3		10	2	38	4	10	10	32	117
安徽省/个	9	3		7	3	36	4	2	9	2	75
江苏省/个	40	6		13	4	19	2	4	5	4	97
山东省/个	6	1		3	6	19	2		4		47
省界/个			39								39
合计/个	**63**	**14**	**39**	**33**	**15**	**112**	**12**	**16**	**28**	**44**	**376**
区划河流长度/km	**1811**	**850**	**1006**	**648**	**369**	**5447**	**327**	**154**	**406**	**391**	**11409**
区划湖库面积/km^2	**5708**			**22**		**153**	**142**		**7**		**6032**

(二) 水功能区水质

2012 年，淮河流域（不包括山东半岛）894 个水功能区中实施水质监测 890 个，进行水质达标评价 774 个（4 个水功能区因河干未测，116 个排污控制区不参与达标评价）。按照高锰酸盐指数和 NH_3-N 两项主要控制指标评价：淮河流域 774 个水功能区中，有 322 个水功能区水质达标，达标率为 41.6%；评价河长 21388.0km，达标河长 9351.6km，占 43.7%；评价湖泊面积 6082.9km^2，达标面积 5388.0km^2，占 88.6%；评价水库蓄水量 45.4 亿 m^3，达标蓄水量 37.8 亿 m^3，占 83.1%。按照全指标评价：淮河流域 774 个水功能区中，有 138 个水功能区水质达标，达标率为 17.8%；评价河长 21388.0km，达标河长 4083.5km，占 19.1%；评价湖泊面积 6082.9km^2，达标面积 1364.9km^2，占 22.4%；评价水库蓄水量 45.4 亿 m^3，达标蓄水量 30.2 亿 m^3，占 66.6%。

2012 年淮河流域监测的 376 个重要江河湖泊水功能区中，进行水质达标评价的水功能区 332 个（44 个排污控制区不参与水质达标评价）。按照高锰酸

盐指数和 $NH_3 - N$ 两项主要控制指标评价：淮河流域 332 个重要水功能区中，有 173 个水功能区水质达标，达标率为 52.1%；评价河长 10751.3km，达标河长 5409.7km，占 50.3%；评价湖泊面积 6031.8km²，达标面积 5373.6km²，占 89.1%；评价水库蓄水量 36.6 亿 m³，达标蓄水量 32.3 亿 m³，占 88.4%。按照全指标评价：淮河流域 332 个重要水功能区中，有 85 个水功能区水质达标，达标率为 25.6%；评价河长 10751.3km，达标河长 2711km，占 25.2%；评价湖泊面积 6031.8km²，达标面积 1364.9km²，占 22.6%；评价水库蓄水量 36.6 亿 m³，达标蓄水量 27.0 亿 m³，占 73.9%。

（三）水功能区管理

2011 年中央一号文件明确提出，要实行最严格的水资源管理制度，着力改变当前水资源过度开发、用水浪费、水污染严重等突出问题。通过确立水资源开发利用控制、用水效率控制、水功能区限制纳污三条红线和用水总量控制、用水效率控制、水功能区限制纳污、水资源管理责任和考核四项制度，使水资源要素在我国经济布局、产业发展、结构调整中成为重要的约束性、控制性、先导性指标。其中水功能区限制纳污的红线指标用水功能区达标率控制。

2012 年水利部确定了淮河流域湖北、河南、安徽、江苏、山东五省分阶段水功能区达标率控制指标。淮河流域 2015 年、2020 年和 2030 年各省水功能区达标率控制目标见表 3-11。

表 3-11 淮河流域水功能区达标率控制目标

省份	纳入控制指标的重要江河湖泊水功能区个数	2015 年水功能区达标率控制目标/%	2020 年水功能区达标率控制目标/%	2030 年水功能区达标率控制目标/%
湖北	2	100.0	100.0	100.0
河南	99	60.6	76.8	95.0
安徽	80	65.0	76.3	95.0
江苏	97	69.1	85.0	95.0
山东	70	64.3	82.0	95.0
淮河流域合计	348	64.9	80.5	95.0

（四）水功能区限制纳污总量

依据流域各省批准实施的水功能区水质目标和水文水资源条件，以水功能区为分析计算单元，淮河流域 COD 和 $NH_3 - N$ 纳污能力分别为 45.98 万 t/a

和 3.28 万 t/a。淮河流域主要污染物分阶段限制纳污总量见表 3-12。

表 3-12　　　　　　　　淮河流域主要污染物分阶段限制纳污总量

水资源分区	纳污能力/（万 t/a）		2020 年限制纳污总量/（万 t/a）		2030 年限制纳污总量/（万 t/a）	
	COD	NH₃-N	COD	NH₃-N	COD	NH₃-N
淮河上游区	4.58	0.39	4.59	0.47	3.61	0.30
淮河中游区	24.3	1.76	23.07	1.66	20.6	1.52
淮河下游区	7.74	0.56	7.33	0.51	6.71	0.45
沂沭河区	9.36	0.57	8.44	0.44	7.36	0.39
淮河流域合计	**45.98**	**3.28**	**43.43**	**3.08**	**38.28**	**2.66**

（表中 COD、NH₃-N 对应 COD、$NH_3\text{-}N$）

五、水污染联防

按照《淮河流域水污染防治暂行条例》要求，淮委组织河南、安徽、江苏三省有关部门开展枯水期淮河、沙颍河水污染联防工作，通过采取水质水量动态监测和信息传递（预警预报）、枯水期污染源限排、水闸防污调度等措施防止淮河发生突发性水污染。经过 20 多年的发展，初步建立起了上下游、跨部门的水污染联防机制，水污染联防的范围不断扩大，对减轻污染危害，保障供水安全发挥了积极作用。

1990 年起，淮河流域水资源保护领导小组办公室（淮河流域水资源保护局）组织河南、安徽两省水利、环保部门在污染最为严重的沙颍河开展了水污染联防试点工作。每年 11 月至次年 3 月为联防期，联防主要内容：一是水情水质动态监测和信息传报。在沙颍河污染水体下泄期间对主要的控制断面开展水情、水质动态监测，及时向沿淮下游地区及有关部门发布水情水质信息。二是污染源限排。根据枯水期环境容量小、水体稀释自净能力弱的特点，对联防区内主要污染源进行限制排污。三是水闸防污调度。在保证防汛安全和抗旱需要的前提下，通过合理调度水闸以减轻污染水体下泄对淮河干流水质造成的影响。

1992 年 5 月，淮河流域水资源保护领导小组第三次会议将水污染联防范围从沙颍河扩展到淮河干流，实施河南、安徽、江苏三省联防。2004 年将涡河、沂河、沭河纳入水污染联防工作范围。2010 年，淮河水污染联防扩大到淮河流域河南、安徽、江苏、山东四省，涉及的河流包括淮河、沙颍河、涡河、沂河、沭河。联防期也不断扩大，实现了全年水污染的联防联控。通过开展水污染联防工作，有效降低了淮河流域重大水污染事件的发生几率，2005

年以来淮河干流未发生重大水污染事件。

六、入河排污口管理

1990 年，淮委组织流域四省水利部门首次开展了全流域入河排污口的普查和监测工作，共调查和监测了 169 个县级以上城镇的 790 个入河排污口，第一次比较全面掌握了淮河流域入河排污口设置和污染物入河排放情况。2000年以后，淮委每年组织四省水利部门开展全流域入河排污口核查及监测工作，建立了全流域入河排污口档案，全面掌握了淮河流域水功能区入河排污口分布和入河排污量变化情况。

2003 年以后，淮委进一步加强了重点入河排污口监督监控工作，对淮河干流、省界缓冲区、南水北调东线输水干线、水污染联防区域的重点入河排污口进行监督监控。截至 2012 年年底，共监督监测重点入河排污口 6176 个次，按照国家污染物排放标准进行评价，主要污染物 COD 和氨氮浓度达标排放的有 3386个次，达标率为 54.8%，超标排放的有 2790 个次，超标率为 45.2%。但多年监测结果显示，淮河流域重点入河排污口超标率总体呈下降趋势，见图 3-5。

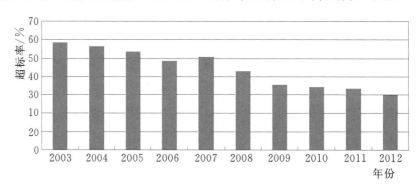

图 3-5　淮河流域重点入河排污口超标率历年变化趋势

2004 年起，淮委和流域各省水利部门根据《入河排污口监督管理办法》（水利部令第 22 号）和《关于淮河流域入河排污口监督管理权限的批复》（水资源〔2007〕163 号），开展入河排污口设置审查和登记工作，从源头上控制入河排污量；2006 年淮委组织各省水利部门编制淮河流域地表水饮用水源保护区入河排污口整治方案，并选择江苏省宿迁市和奎河苏皖省界缓冲区作为试点，开展了入河排污口综合整治工作；2008 年选择江苏省为试点，组织编制了入河排污口布设规划，提出了入河排污口设置的禁止区、允许区和限制区；2011 年组织流域四省水利部门编制了全流域入河排污口布设规划，对流域内水功能区划定入河排污口设置的禁止区、严格限制区和一般限制区，为入河排污口监督管理提供依据；2012 年选取淮河干流、淮南、蚌埠三个重点入河排污口开展规范化整治试点，对入河排污口口门进行整治，安装在线监测设备，连续监控入河排放量。

小　　结

（1）淮河流域水生态状况受河湖水质显著影响。近年随着流域河湖水质的逐步改善，流域水生态状况整体向好，但存在着干流好于支流，湖泊好于干支流的规律；史河、淠河、沙河、灌河等水质好的支流生物多样性较丰富，而涡河、颍河、贾鲁河、沂河、沭河、洙赵新河等污染严重的支流生物种类明显减少。

针对淮河流域水质污染仍较严重、生态需水被挤占、重要生境遭受破坏与侵占等与水生态有关的问题需要通过不断加强污染源控制、实施生态保护工程和充分发挥水利工程的调控调度作用等措施逐步加以改善。

（2）自 20 世纪 80 年代开始，随着社会经济和工农业的发展，淮河水污染日益严重，水质恶化，历史上多次发生突发性水污染事故。经采取关停污染严重的企业、达标排放、持续规划、枯水期水污染联防、入河排污口监督管理、水质目标考核管理等多种措施后，淮河水污染治理虽有反复，但总体上主要水污染物 COD 和 NH_3-N 排放量呈下降趋势，淮河水质呈好转趋势。

淮河流域水资源保护和水污染防治应在国务院和省级人民政府批复的水功能区划基础上，严格执行水资源开发利用控制、用水效率控制、水功能区限制纳污三条红线，通过水功能区达标考核等管理措施保护淮河流域水资源。

第四章

流 域 水 利 工 程

1950 年夏，淮河发生严重水灾，引起以毛泽东为核心的中央领导集体关注，同年 8 月政务院召开第一次治淮会议，10 月 14 日颁布《关于治理淮河的决定》，确定了"蓄泄兼筹"的治淮方针。1950 年 11 月 6 日，直属于中央人民政府的治淮委员会成立。当时正值抗美援朝时期，而且国民经济也极为困难，就是在这种情况下，掀起了新中国第一次大规模治理淮河的建设高潮，新中国全面治理淮河的进程由此启动。

第一节 水 利 工 程 建 设

一、治淮工程建设历程

在新中国政治经济发展的不同历史时期，治淮的内容和特点有所不同，大致可分为五个阶段。

（一）第一阶段（1949—1957 年）

淮河的全面治理起步于 1949 年，当年 4 月，山东导沭整沂工程开工，1949 年秋江苏省导沂整沭工程开工。1950 年 10 月 14 日政务院发布《关于治理淮河的决定》后，掀起了新中国治淮第一次高潮。

1950—1951 年，在淮河中游动工兴建城西湖、城东湖、濛洼、瓦埠湖 4 个蓄洪区，总蓄洪量为 64.9 亿 m³。在淮河上游对河南淮滨、潢川境内堤防全线进行修复加固，中游安徽省内干支流复堤 903km，中游淮河北岸干支流重点河段防洪堤基本形成；整治疏浚洪河、颍河、濉河、西淝河、沱河等；实施润河集分水闸、瓦埠湖蓄洪区进洪闸以及东、西淝河闸等工程；开挖了下草湾引河。下游开工建设皂河闸、苏北灌溉总渠、山东省导沭整沂第 3～第 6 期等工程。

1952 年相继开工建设安徽省佛子岭水库、河南省南湾水库和薄山水库等 3 座大型水库。实施了河南省洪河杨埠至新蔡县三岔口段疏浚培堤工程、汝河何坞至三岔口河段疏浚和分洪工程,安徽省霍邱县城东湖蓄洪闸和五河县泊岗引河工程,江苏省三河闸和新沂河第二期工程;山东省赵王河、洸府河整治,继续实施导沭整沂工程。

1952 年汛期,皖北地区发生一次较大涝灾,治涝问题受到重视。从 1953 年开始对西淝河、港河、濉河、沱河、唐河、北淝河、泥黑河、安河、漴潼河、小潢河等进行较全面治理,初步改善了淮北平原地区的排水条件。在淮河中下游河道兴建一批控制洪水泄量的节制闸,如王家坝、三河闸、高良涧闸、杨庄闸、射阳河闸、江风口闸等。

这一时期,国家治淮投资为 13.3 亿元,共完成土方 15.14 亿 m^3,石方 701.6 万 m^3,混凝土 166 万 m^3。共修建大型水库 9 座(安徽 5 座、河南 4 座),总库容 86 亿 m^3,兴利库容 24 亿 m^3。利用沿淮湖泊洼地修建蓄洪工程 13 处,总库容为 272 亿 m^3。初步治理平原地区 170 多条支流;培修主要堤防 3985km(其中河南 2102km,安徽 1883km),江苏培修运河堤防 633km;建大小涵闸 559 座,桥梁 1185 座。增加灌溉面积 1500 万亩,全流域灌溉面积达到 3250 万亩。

(二)第二阶段(1958—1970 年)

1958 年治淮委员会撤销,治淮工程由各省分别组织建设。

在此期间,山区、丘陵区共修建大型山谷水库 26 座(河南 7 座、江苏 3 座、湖北 1 座、山东 15 座),总库容达 78 亿 m^3,兴利库容为 37 亿 m^3;中型水库 98 座(其中河南 28 座、安徽 24 座、江苏 14 座、山东 31 座、湖北 1 座)。

河南省对洪汝河、涡河、惠济河进行了治理,发展平原地区井灌,效益显著。安徽省兴建淮河干流临淮岗水利枢纽、蚌埠闸,以及阜阳闸、濉河浍塘沟闸、涡河蒙城闸、新汴河宿县闸、灵西闸、漴潼河北店子闸等支流节制闸。临淮岗水利枢纽因国家经济困难,中途停建。1966 年安徽、河南、江苏三省团结治水,共同开挖新汴河直接入洪泽湖,把沱河、王引河、濉河上游的水截引入新汴河,使淮北平原又增加了一条排水入洪泽湖的出路,解决了豫、皖两省长期的水利纠纷。1958 年动工兴建淠史杭大型灌溉工程,形成"蓄、引、提"相结合的"长藤结瓜"式的灌溉系统,成为新中国水利建设上的一颗璀璨的明珠。江苏省开工骆马湖控制工程,开挖淮沭新河、整治入江水道,退建新通扬运河、中运河的堤防，加固新沂河、新沭河堤防和洪泽湖大堤，兴建石梁河水库，兴建江都大型抽水站，整治苏北各段运河等一批大型水利骨干工程。山东省修筑南四湖西堤，开挖湖西河槽；开挖韩庄运河和伊家河，扩大泄洪能力，兴建韩庄闸和伊家河闸；对沂沭河干流进行复堤和加固；调整湖西地区水系，开挖东鱼河、洙赵新河、梁济运河，宋金河改道，治理万福河；在南四湖湖腰兴建全长 4000 多米的二级坝，形成上下两级湖，蓄水兴利。

1968 年、1969 年淮河干流连续发生洪水灾害后，一批治淮骨干工程相继开工。河南省开工建设泼河、鲇鱼山、孤石滩 3 座大型水库，扩建宿鸭湖水库，治理颍河。安徽省开挖茨淮新河。江苏省加固洪泽湖大堤，整治入江水道。

1958 年后的一段时间，淮河流域水利建设也出现了一些问题。淮北平原上各地大搞蓄水工程和河网化，造成平原涝碱灾害加重，河道严重淤积，加剧了各省边界地区水利纠纷；一些工程缺乏足够的前期工作、仓促上马，中途被迫停工，在不同程度上存在病险隐患。

这一时期，国家治淮投资 29.46 亿元，完成土方 30.2 亿 m³，石方 9301 万 m³，混凝土 252.7 万 m³。通过兴建水库和整治干、支流河道，使淮河及洪泽湖的防洪标准提高到 50 年一遇，骆马湖、新沂河达 10 年一遇，南四湖为 20 年一遇。灌溉面积达 7000 多万亩。

（三）第三阶段（1971—1980 年）

1971 年 2 月，国务院治淮规划小组讨论通过了《关于贯彻执行毛主席"一定要把淮河修好"指示的情况报告》，提出"初步设想再用十年或稍长的时间，基本实现'一定要把淮河修好'的任务"。当年 11 月 7 日，治淮规划小组办公室成立，统筹组织治淮骨干工程建设。

这一时期，在淮河中游对淮北大堤主要堤段进行灌浆加固，基本完成茨淮新河开挖及上桥、阚疃、茨河铺枢纽工程，蚌埠闸枢纽分洪道扩建，小蚌埠段河道切滩退建工程。下游加固入江水道堤防。整治淮河支流汾河、包河、惠济河，动工开挖徐洪河、永幸河。开工沂沭河洪水东调和南四湖洪水南下工程。在淮河干支流河道兴建 30 多座节制闸。1975 年 8 月特大暴雨洪水造成板桥、石漫滩两座大型水库垮坝失事，之后组织对淮河流域水库的安全进行全面检查、复核，对 25 座水库进行不同程度的加固。

在灌溉方面，河南省进行水库灌区建设，同时大力发展井灌；安徽省在淮南丘陵区围绕淠史杭灌区续建配套开展灌区建设；江苏省实施江水北调和淮水北调，整治里运河、三阳河，修建运西引江河、徐洪河，建成江都第四抽水站、淮安、刘老涧、刘山和解台 5 个大型抽水站，修建了入江水道金湾闸和太平闸；山东省重视水库灌区建设，发展河湖灌区和井灌。

这一时期，国家治淮水利基本建设投资 26.7 亿元，完成土方 27.33 亿 m^3，石方 4290.6 万 m^3，混凝土 370.3 万 m^3。

（四）第四阶段（1981—1990 年）

1980 年 12 月，水利部召开治淮工作会议，研究如何贯彻落实党中央关于对国民经济实行调整、改革、整顿、提高的方针，把治淮工作重点转移到管理上来，力求在调整期间，充分发挥各项水利工程潜力。一些大型水利工程如沂沭河洪水东调、韩庄运河、怀洪新河、徐洪河等停建或缓建。

"六五"时期，淮河流域安排中央投资的治淮工程只有 7 项，分别为河南省的洪河洼地处理，宿鸭湖水库除险加固，豫、皖两省淮河上中游堤防加固与河道整治，安徽省淠史杭灌区续建配套工程，江苏省洪泽湖抬高蓄水位影响处理，新汴河堤防加固，山东省南四湖治理与庄台建设。

1985 年 3 月，国务院治淮会议确定"七五"时期中央投资的治淮工程，除"六五"及 20 世纪 70 年代开工的淮河干流上中游河道整治及堤防加固、新沂河大堤除险加固、宿鸭湖水库除险加固、南四湖治理、茨淮新河等一批在建工程进行续建外，新开工板桥水库复建，陡山、许家崖、田庄水库除险加固，河南省沙河南堤除险加固，入江水道三河拦河坝、万福闸、嶂山闸除险加固，东调清障与堤防加固应急工程，邳苍分洪道排涝保麦第一期工程，梁济运河治理，中运河试挖，沈丘船闸修建等工程。上述治淮工程项目在"七五"期间完成不到半数，大部分延到"八五"时期继续施工。1988 年安排实施黑茨河治理项目。

这一时期，国家治淮建设投资为 21.67 亿元，共完成土方 5.64 亿 m^3，石方 826 万 m^3，混凝土 211.3 万 m^3。期间国务院把黄淮海平原列为国家农业发展重点开发区，河南、安徽、江苏、山东四省淮河流域共投资 40.32 亿元，改造中低产田 5391 万亩，新增灌溉面积 2115 万亩，改善灌溉面积 2989 万亩，新增除涝面积 1791 万亩，改善除涝面积 1822 万亩。

（五）第五阶段（1991 年以来）

1991 年淮河大水后，国务院发出《关于进一步治理淮河和太湖的决定》，淮河治理进入新的阶段。

1. 治淮 19 项骨干工程
1991 年国务院确定了治淮 19 项骨干工程，包括淮河干流上中游河道整治及堤防加固、行蓄洪区安全建设工程、怀洪新河续建、入江水道巩固、分淮入沂续建、洪泽湖大堤加固、大型病险水库除险加固、淮河中游临淮岗洪水控制、防洪水库、沂沭泗河洪水东调南下、淮河入海水道、包浍河初步治理、汾泉河初步治理、洪汝河河道近期治理、奎濉河近期治理、涡河近期治理、沙颍河近期治理、湖洼及支流治理和治淮其他工程等。国务院分别于1991年、1992年、1994年、1997年、2003年召开五次治淮会议，布置治淮骨干工程建设。

至2010年年底，治淮19项骨干工程已全面建成，治淮19项骨干工程累计安排投资461亿元，完成投资455亿元，占已安排投资的98.7%；累计完成土石方17.24亿m³，混凝土924.45万m³。

治淮19项骨干工程构建了流域防洪体系的框架，流域总体防洪标准得到提高。在行蓄洪区充分运用的情况下，能安全防御新中国成立以来发生的流域性最大洪水。洪水调度、防控的能力和手段增强，社会防汛抢险成本得到节约，全流域抗洪灾风险能力和社会安定程度大为提高。据分析，治淮19项骨干工程多年平均减淹面积3493km²，多年平均减灾效益82亿元。据统计，1991年、2003年、2007年大水中受灾面积、人口和直接经济损失均呈逐步减小趋势，特别是在经济快速发展、经济总量大幅提高的情况下，2007年直接经济损失比1991年、2003年分别减少54.3%和45.7%。

2. 淮河流域2003年、2007年灾后重建

2003年、2007年淮河发生流域性洪水后，国家安排投资开展了灾后重建，由沿淮的河南省、安徽省、江苏省分别负责实施。

2003年灾后重建主要包括移民迁建和灾后重建工程两部分，共安排投资46.8亿元。移民迁建主要是河南、安徽、江苏省内行蓄洪区和淮干滩区40万群众居住问题；灾后重建工程包括行洪区堵口复堤及口门建设、堤防除险加固、病险水闸除险加固、行蓄洪区与骨干分洪道因洪致涝处理等工程，共60项工程建设。

2007年灾后重建共安排投资10.1亿元，主要内容包括河南、安徽行蓄洪区和淮干滩区移民迁建约9万人，以及行洪区堵口复堤和应急工程、汛期出险的险工险段和病险涵闸除险加固工程，除涝应急工程等。

3. 面上水利建设

2005年以后，农村饮水安全、病险水库加固、大中型灌区续建配套与节水改造、中小河流治理等工程大规模展开。

（1）病险水库除险加固。1998年以来，安排大量投资对病险水库进行除险加固。截至2010年年底，淮河流域及山东半岛共完成255座大中型病险水库除险加固任务，河南 51 座，安徽 44 座，江苏 18 座，山东 112 座，青岛 24 座，湖北 6 座。其中，大型 39 座（河南 10 座、安徽 4 座、江苏 3 座、山东 19 座、青岛 2 座、湖北 1 座），中型 216 座（河南 41 座、安徽 40 座、江苏 15 座、山东 93 座、青岛 22 座、湖北 5 座）。按照规划，流域各省还逐步开展了重点小型病险水库除险加固工作。

（2）大型灌区续建配套与节水改造。2006—2010 年，国家启动了大型灌区续建配套与节水改造建设，涉及淮河流域（含山东半岛）75 座大型灌区，其中，河南省杨桥灌区、赵口灌区、梅山灌区、柳园口灌区、三义寨灌区等 13 座大型灌区，安徽省淠史杭灌区、茨淮新河灌区、女山湖灌区 3 座大型灌区，江苏省洪金灌区、皂河灌区、沂北灌区、沭南灌区、小塔山灌区等 24 座大型灌区，山东省胜利渠灌区、陈垓灌区、日照水库灌区等 33 座大型灌区，青岛市产芝灌区、尹府灌区 2 座大型灌区。据统计，新增灌溉面积 539 万亩〔其中，河南 176 万亩，安徽 15 万亩，江苏 149 万亩，山东（含青岛）199 万亩〕，节水灌溉面积 1490 万亩〔其中，河南 110 万亩，安徽 40 万亩，江苏 722 万亩，山东（含青岛）618 万亩〕。

（3）农村饮水安全。从 2000 年开始，国家安排专项资金重点帮助中西部地区解决农村饮水困难问题。至 2004 年年底，淮河流域共计解决了约 550 万农村人口的饮水困难问题。2005 年起，工作重点由解决饮水困难转向解决饮水安全，国家安排专项资金用于补助农村饮水安全工程建设，累计安排淮河流域投资 167.7 亿元（中央 73.28 亿元），其中河南 41 亿元（中央 25 亿元）、安徽 52.7 亿元（中央 28.3 亿元）、江苏 33 亿元（中央 8.98 亿元）、山东 41 亿元（中央 11 亿元）。全流域已安排解决 2749 万〔其中，河南 903 万、安徽 592 万、江苏 676 万、山东（含青岛）578 万〕农村人口饮水安全问题。

（4）中小河流治理。2009 年 10 月，水利部、财政部联合印发《全国重点地区中小河流近期治理建设规划》，淮河流域河南、安徽、江苏、山东（含山东半岛）2009—2015 年重点治理河流 185 条（其中，河南 39 条、安徽 38 条、江苏 49 条、山东 59 条）。2009—2010 年共安排了 86 项中小河流治理试点项目建设。

4. 南水北调工程

南水北调工程是缓解我国北方水资源严重短缺局面的重大战略性工程，分东线、中线、西线三条调水线，向淮河流域供水和经过淮河流域输水的有东线和中线工程。

南水北调东线一期工程：主要有 13 个梯级泵站、1467km 输水干线、3 个调蓄湖泊以及 3 座平原水库等工程。工程于 2002 年年底开工，2013 年年底建成。

南水北调中线一期工程：主要有 1432km 输水渠道（箱涵、管道）、148
座渡槽、537 座倒虹吸、118 座水闸、1 座泵站、1 座调蓄水库等工程。工程于
2003 年开工，2014 年年底通水。

5. 进一步治理淮河工程

2007 年淮河大水，流域防洪减灾体系发挥了巨大的减灾效益，但是淮河
治理仍面临行蓄洪区问题突出、平原洼地涝灾损失严重、下游洪水出路不足、
上游河道和支流治理标准低、城乡干旱缺水问题加剧和流域水利工程管理薄弱
等问题。2008 年 1 月，胡锦涛总书记在安徽考察期间，要求继续实施治淮工
程，建立较为完善的流域防洪除涝减灾体系，确保淮河流域防洪安全和沿淮人
民安居乐业。2007 年 7 月，温家宝总理在视察淮河防汛抗洪时，要求全面评
估治淮 19 项骨干工程建设成效，科学论证淮河下一步治理问题。2009 年 12
月，在治淮 19 项骨干工程完成之际，国务院第 95 次常务会议专题研究淮河治
理，要求继续把治淮作为水利建设重点，加大投入力度，进一步推进治淮工
作。2010 年 6 月，国务院召开治淮工作会议，要求用 5～10 年时间完成进一
步治理淮河的 38 项工程。2011 年 3 月国务院办公厅转发了国家发改委、水利
部《关于切实做好进一步治理淮河工作的指导意见》，2013 年 6 月国家发展和
改革委员会办公厅、水利部办公厅联合印发了《进一步治理淮河实施方案》，
进一步治理淮河工程建设内容包括淮河行蓄洪区调整和建设、重点平原洼地治
理、堤防达标建设和河道治理、城乡饮水安全、上游防洪水库、淮河行蓄洪区
和淮河干流滩区居民迁建及其他共 7 个方面、38 项工程。

二、重点工程建设

淮河是新中国成立后第一条系统治理的大河，治淮 60 多年来，在勘测设
计、工程施工中注重新技术、新产品的应用，不断研究和采用新材料、新技
术、新工艺、新设备，建设了许多代表性的工程。特别是 19 项骨干工程建设
过程中，加强与高等院校、科研单位的合作，在混凝土防裂、承压水处理、淤
土筑堤、地基处理等方面开展技术攻关，通过不断创新，科学管理，治淮工程
建设成就斐然，共荣获国家最高质量奖"中国建筑鲁班奖" 4 项、詹天佑奖 3
项。淮河入海水道近期工程及淮河中游临淮岗洪水控制工程共同荣获国家百年
百项杰出土木工程奖，淮河入海水道近期工程还荣获新中国成立 60 周年百项
经典暨精品工程奖。另外，荣获省部级优质工程奖、国家和省部优秀勘测设计
奖、科技进步奖、文明建设工地等国家和省部级奖项百余项。

以下是不同时期建设的代表性工程情况。

（一）佛子岭水库

佛子岭水库为淮河支流淠河东源东淠河上游一座大型水库，是我国自行设计并施工的第一座钢筋混凝土连拱坝，当时世界上连拱坝才问世不久，仅美国和阿尔及利亚各有一例。工程位于皖西大别山区霍山县佛子岭打鱼冲口，距霍山县城约17km。水库兴建于1952年1月，竣工于1954年11月，控制流域面积1840km²（含1958年建成的磨子潭水库控制流域面积），总库容4.91亿m³，发电站装机7台，装机容量3.1万kW，多年平均年发电量1.24亿kW·h。灌溉耕地面积300万亩（含磨子潭水库）。

佛子岭水库以防洪为主，控制淠河洪水，削减洪峰，减轻淮河中下游洪水负担，并结合蓄水灌溉，发电，改善航运，发展渔业。枢纽工程包括大坝、溢洪道、输水钢管及发电站4部分，最大坝高原为74.4m，坝顶长510m。1969年遇200年一遇特大暴雨，大坝安然无恙。1983年大坝加高1.5m，最大坝高为75.9m，总库容4.96亿m³。

（二）三河闸工程

三河闸工程地处洪泽湖东南角，位于江苏省洪泽县境内，是淮河下游入江水道的控制口门，是新中国成立初期自行设计、自行施工的大型水闸。

三河闸工程于1952年10月动工兴建，1953年7月建成放水。闸身为钢筋混凝土结构，共63孔，每孔净宽10m，闸孔净高6.2m，总宽697.75m，底板高程7.5m。闸门为钢结构弧形门，每孔均设有电力、人力2×7.5t两用卷扬启闭机一台。左右岸空箱内分别设有水电站一座，装机容量分别为160kW、125kW。门墩架设公路桥，宽10m。三河闸按洪泽湖水位16m设计、17m校核，原设计流量为8000m³/s，加固后的三河闸设计行洪能力提高到12000m³/s。设计抗震烈度为8度，属大（1）型水闸。

1968—1970年为提高防洪标准对三河闸进行了加固，主要工程内容有：闸墩接长1.45m，增建工作桥、检修门槽及浮箱式检修门，加厚消力池底板，加固闸门等。1976—1978年进行了抗震加固，对排架、门墩进行抗震加固，公路桥加横向夹板。1992—1994年全面加固，更新钢闸门、加厚消力池、加宽公路桥、处理工作桥裂缝等。2001年新建了彩钢板启闭机房，2003年安装了闸门自动监控系统。

三河闸工程的建成，极大地减轻了淮河下游的防洪压力，保证苏北里下河地区不再受到淮河洪水灾害之苦，为保证里下河地区3000万亩农田和2000万人民生命财产的安全作出了卓越贡献。60多年来，抗御了1954年、1991年、

2003 年、2007 年等大洪水，充分发挥了骨干水利工程效益。2003 年三河闸泄洪达 600 多亿 m^3。三河闸工程拦蓄淮河上、中游来水，使洪泽湖成为一座巨型平原水库，为苏北地区的工农业、人民生活用水提供了丰富的水源。

（三）淠史杭灌区

淠史杭灌区位于安徽省中西部和河南省东南部，横跨江淮两大流域，受益范围涉及安徽、河南 2 省 4 市 17 个县区，设计灌溉面积 1198 万亩（其中杭埠河灌区 155 万亩在长江流域），实灌面积 1000 万亩，区域人口 1330 万人，是新中国成立后兴建的全国最大灌区，是全国三个特大型灌区之一。目前的淠史杭灌区工程以防洪、灌溉为主，兼有水力发电、城市供水、航运和水产养殖等综合功能。

20 世纪 50 年代在大别山区陆续兴建了佛子岭、梅山、磨子潭、响洪甸、龙河口五大水库，淠史杭灌区以五大水库为主水源。灌区从 1958 年开工兴建至 1972 年基本建成通水，之后逐步进行配套完善，到 1990 年建成横排头、红石嘴等渠首枢纽工程，总干渠 3 条长 147.8km，干渠 38 条长 154.7km，支渠 367 条长 3365.7km，斗渠以上建筑物 8989 座，中型水库 22 座，库容 6.67 亿 m^3，小型水库 1136 座，库容 5.78 亿 m^3，抽水站 472 座（不含河南省内 36 台装机 1550kW），塘堰 22 万座，形成蓄、引、提相结合的"长藤结瓜式"的灌溉系统，沟通淠河、史河、杭埠河三大水系，横跨江淮两大流域，实现了水资源的优化配置，使昔日赤地千里的贫瘠之地变成了今天的鱼米之乡，被誉为新中国治水历史上的一颗璀璨明珠。

淠史杭灌区是在经济极端困难、物资十分匮乏、技术设备落后的条件下，参建群众用十字镐、独轮车等简单工具肩挑手抬完成的，其中仅安徽省日上工人数最高时达 80 万人，累计出工 4 亿工日，创造了新中国水利建设史上的奇迹。党和国家领导人毛泽东、周恩来、朱德、邓小平等先后来到灌区考察，美国、法国等 30 多个国家的友人先后来到灌区观摩。

（四）江都水利枢纽

江都水利枢纽工程位于江苏省江都市境内京杭大运河、新通扬运河和淮河入江尾闾芒稻河的交汇处，是我国南水北调东线工程和江苏省江水东引北调工程的起点。江都水利枢纽工程具有灌溉、防洪、排涝、引水、航运、发电以及为江苏沿海地区冲淤保港、改良盐碱地提供淡水资源等综合能力。

江都水利枢纽工程于 1961 年 12 月开工，1963 年 4 月第一抽水站完成，随后相继兴建了第二、第三、第四抽水站及其配套工程，1977 年第四抽水站建成。该工程由 4 座电力抽水站、12 座水闸、2 座船闸及配套工程组成，其中 4 座抽水站装机 33 台套、53000kW。自建成以来，已累计抽引江水 1000 多亿 m^3，排洪 6750 多亿 m^3，为国民经济和社会事业的健康发展以及人民生命财产的安全作出了巨大贡献。工程先后被评为全国优质工程、省十佳建设工程，荣获国家金质奖。

（五）淮河临淮岗洪水控制工程

临淮岗洪水控制工程位于"七十二水汇正阳"的淮河中游正阳关以上 28km 处，是治淮 19 项骨干工程之一，工程于 2001 年底动工兴建，2003 年 11 月提前一年成功实现淮河截流，2006 年 6 月，主体工程顺利通过竣工初步验收，2007 年工程全面竣工。工程为Ⅰ等大（1）型工程，正常运用洪水标准为 100 年一遇，非常运用洪水标准为 1000 年一遇。100 年一遇坝上设计洪水位为 28.41m，相应滞蓄库容为 85.6 亿 m^3，1000 年一遇坝上校核洪水位为 29.49m，相应滞蓄库容为 121.3 亿 m^3。主体工程由主坝、南北副坝、引河、船闸、进泄洪闸等建筑物组成，全长 78km。整个工程涉及河南、安徽两省，主体工程跨安徽霍邱、颍上、阜南三县。

临淮岗洪水控制工程是淮河干流防洪体系的重要组成部分，工程与上游的山丘区水库、中游的行蓄洪区、淮北大堤以及茨淮新河、怀洪新河共同构成淮河中游多层次综合防洪体系，使淮河中游主要防洪保护区的防洪标准提高到 100 年一遇。工程的建成结束了淮河中游无防洪控制性工程的历史，对于完善淮河流域防洪体系，促进流域水资源合理利用、科学调度，保障流域经济社会的发展和稳定具有极其重要的作用，可确保淮北大堤保护区内 1000 万亩耕地、600 多万人口以及沿淮重要工矿企业和城市安全。工程建设过程中开发运用了一系列新技术，荣获 2007 年度中国建筑工程鲁班奖（国家优质工程）、第八届中国土木工程詹天佑奖。

（六）淮河入海水道近期工程

淮河入海水道工程是扩大淮河洪水出路，提高洪泽湖防洪标准，确保淮河下游地区 2000 万人口、3000 万亩耕地防洪安全的战略性骨干工程，整个工程完成以后可使洪泽湖防洪标准提高到 300 年一遇。工程西起洪泽湖二河闸，东至滨海县扁担港注入黄海，与苏北灌溉总渠平行，居其北侧，全长 163.5km。根据规划工程分期实施。

淮河入海水道近期工程行洪规模 2270m^3/s，主要工程内容包括南、北偏泓两条行洪河道开挖，河道两岸堤防填筑，沿线二河、淮安、滨海、海口 4 座枢纽和淮阜控制，以及 29 座穿堤建筑物、7 座跨河桥梁建设，渠北排灌影响处理工程等。工程于 1999 年全面开工建设，2003 年 6 月主体工程完工具备通水条件，2006 年 10 月通过竣工验收。近期工程的完成结束了淮河 800 多年来无独立排水入海通道的历史，可使洪泽湖防洪标准从 50 年一遇提高到 100 年一遇，同时具有引水排涝、通航、改善生态环境等综合利用功能。

淮河入海水道近期工程建设过程中采用了大量的新工艺、新材料、新技术以及新设备，工程建设中超大型薄壁混凝土结构裂缝防控技术、海淤土基础上的筑堤技术、海淤土上建筑物基础加固技术以及桥梁整体抬高工艺等居行业领先水平，荣获 2006 年度中国建筑工程鲁班奖（国家优质工程）、第七届中国土木工程詹天佑奖。

（七）骨干分洪河道

1. 茨淮新河

茨淮新河是 1971 年治淮规划中确定的防洪、排涝、灌溉、航运等综合利用战略性骨干工程。自沙颍河茨河铺起，经阜阳、利辛、蒙城、凤台、淮南、怀远六县市，于怀远县荆山口上游入淮河，全长 134.2km，包括截引黑茨河和西淝河上游，总流域面积 7127km²。

茨淮新河设计分泄沙颍河洪水 2000m³/s，下段设计排洪流量 2400m³/s，在西淝河以上和以下排涝流量分别为 1400m³/s 和 1800m³/s，沿线有茨河铺、插花、阚疃、上桥四座枢纽及船闸。工程于 1971 年开工，1991 年完工。茨淮新河的建成，减轻了淮河干流正阳关至怀远区间的洪水负担，配合支流治理，可提高沙颍河防洪标准到 20 年一遇，并可缓解黑茨河受颍水倒灌的威胁和西淝河下游洼地涝灾，同时还具有通航功能，可缩短阜阳至蚌埠间航程 100km。

2. 怀洪新河

怀洪新河是 1971 年治淮规划确定的战略性骨干工程，主要任务是与茨淮新河形成"接力"，分泄中游洪水，配合淮河干流治理，使淮北大堤防洪标准提高到 100 年一遇，并扩大漴潼河水系排水出路。自涡河下游何巷起，沿符怀新河、澥河注入香涧湖，再由新浍河入漴潼河，经北峰山切岭、接窑河、老淮河、双沟引河，最终入洪泽湖溧河洼，河道长约 125km。

怀洪新河分泄淮河干流洪水 2000m³/s，按 3 年一遇排涝标准确定挖河断面，出口最大排涝流量 1650m³/s，排洪流量 4710m³/s。工程建设内容包括河道开挖和两岸堤防填筑，干流节制闸 5 座，支流节制闸 3 座，新扩建公路、铁路桥梁 7 座，以及沿线穿堤涵闸、泵站新建、改建等。

怀洪新河工程曾于 1972 年开工建设，先实施了双沟切岭引河工程，后因地方对工程规模、线路方案反复等原因，于1980年停缓建。1991年列入治淮19项骨干工程之一，于当年11月续建复工，2004年9月通过竣工验收，使两岸达到3年一遇排涝标准。

（八）沂沭泗河洪水东调南下工程

沂沭泗河洪水东调南下工程是统筹解决沂沭泗河水系中下游河道洪水出路、提高防洪标准的战略性骨干工程。1971年国务院治淮规划小组审定沂沭泗河中下游的防洪规划，确定南四湖防御1957年洪水，沂沭河防御50年一遇洪水，中运河、新沂河、骆马湖防御100年一遇洪水，遇超标准洪水使用黄墩湖临时滞洪。规划总体部署是扩大沂沭河洪水东调入海和南四湖南下的出路，使沂沭河洪水尽量就近由新沭河东调入海，腾出骆马湖、新沂河部分蓄洪、排洪能力，接纳南四湖南下洪水。具体工程措施包括：扩大分沂入沭水道和新沭河，使其排洪能力由原有的1000m³/s和3800m³/s，扩大到4000m³/s和6000m³/s；兴建刘家道口、彭家道口、大官庄和人民胜利堰等节制闸，控制沂沭河上游来水，使其尽量由新沭河东调入海；扩大南四湖湖腰；扩大韩庄运河、中运河和新沂河，使排洪能力分别达到5600m³/s、7000m³/s和8000m³/s，以利南四湖洪水下泄，降低南四湖洪水位。

工程于20世纪70年代开工建设，1980年国民经济调整时，除南四湖治理和新沂河扩大工程外，其他都停缓建。1991年列入治淮19项骨干工程，分二期建设。

1. 一期工程

一期工程按防洪标准20年一遇实施。主要建设内容包括分沂入沭调尾、人民胜利闸及新沭河、沂河、沭河、邳苍分洪道治理等东调工程，韩庄运河和中运河扩大、新沂河治理、中运河临时性水资源控制设施等南下工程，西股引河、南四湖湖内清障、湖西大堤加固、湖东堤修建等南四湖工程。工程于1991年年底复工，到2002年年底基本完成。

2. 续建工程

续建工程按防洪标准50年一遇实施。主要建设内容包括刘家道口枢纽新建、南四湖湖东堤、韩庄运河中运河及骆马湖堤防加固、新沂河整治、新沭河治理、分沂入沭扩大、南四湖湖内治理、沂河沭河邳苍分洪道治理及南四湖湖西大堤加固等9个单项工程。目前，工程已完成。

（九）分淮入沂

分淮入沂南起洪泽湖，向北在沭阳县入新沂河，长约97.5km。分淮入沂沟通淮河水系和沂沭泗河水系，是淮河下游洪水出路之一，在淮河发生大洪水时可相机向新沂河分泄洪水，提高洪泽湖防洪能力。分淮入沂工程自 1958 年按分洪 $3000 \text{m}^3/\text{s}$ 标准建设，到 1980 年停缓建时，大部分工程基本完成。但由于一些项目未达到设计标准，加之滩地行洪障碍多，致使 1991 年大水中，分洪流量仅 $1210 \text{m}^3/\text{s}$ 时沿线就出现多处险情。1991 年列入治淮 19 项骨干工程，当年冬天开工建设，到 1995 年年底已基本完工，1997 年 7 月通过竣工验收。

（十）板桥水库

板桥水库位于河南省泌阳县板桥镇汝河上游，是一座以防洪为主，结合灌溉、发电、城市供水等多功能的水库，控制流域面积 768km^2。水库始建于 1951 年，1975 年 8 月库区受到 3 号台风影响发生罕见特大暴雨洪水。林庄为暴雨中心，水库 3 日平均降雨 1028.5mm，入库洪峰流量为 $13000 \text{m}^3/\text{s}$，洪水总量 6.97 亿 m^3，致使大坝溃决。1986 年开工复建，1993 年 6 月竣工验收。

复建后的板桥水库按 100 年一遇洪水设计，可能最大洪水校核，总库容 6.75 亿 m^3。主坝长 2298m，最大坝高 50.5m。工程由主坝、副坝、混凝土溢流坝、输水洞、电站和灌溉供水工程组成。主坝由两侧土坝与中间混凝土坝组成。混凝土坝段位于主河槽，最大坝高 50.5m，坝顶高程 120.20m，坝长 150m；南北主坝位于混凝土溢流坝两侧，为黏土心墙砂壳坝，坝顶设 1.2m 的防浪墙。另有副坝 4 座，长 142m。混凝土溢流坝即主溢洪道，最大泄量 $15000 \text{m}^3/\text{s}$，设 8 个表孔和 1 个底孔，表孔每孔净宽 14m，堰顶高程 104m；底孔孔口尺寸 6m×6m，堰顶高程 93.00m。输水洞位于右岸，为泄洪、灌溉、发电共用，最大泄量 $60 \text{m}^3/\text{s}$。水电站装机容量 4×800kW，设计年发电量 381 万 kW·h。灌溉工程包括总干渠、总干渠节制闸、南北干渠渠首闸及汝河渡槽；城市供水设计供水流量 $1.5 \text{m}^3/\text{s}$。

板桥水库复建以后，使下游河道防洪标准从 5 年一遇提高到 20 年一遇；灌区设计灌溉面积 3 万 hm^2，城市供水一期工程日供水量 12 万 m^3，还兼有养殖、旅游等功能。

（十一）石漫滩水库

石漫滩水库位于河南省平顶山市舞钢市境内洪河上源滚河上游，建于 1951 年 7 月，是新中国成立后淮河流域兴建的第一座水库。1975 年 8 月 4—8 日，受 3 号台风的影响，石漫滩坝址以上流域遭遇历史上罕见的特大暴雨，其中 3 天降雨量 1041.5mm，最大入库流量 $6180 \text{m}^3/\text{s}$。8 日，大坝溃决，下游田岗中型水库也随之垮坝。1993 年水库开工复建，1998 年竣工验收。

石漫滩水库控制流域面积 230km²，设计洪水标准为 100 年一遇，校核洪水标准为 1000 年一遇，总库容 1.2 亿 m³。水库主体工程主要有大坝、泄水建筑物、取水建筑物。大坝为碾压混凝土重力坝，坝顶宽 7.0m，坝全长 650.0m。左侧溢流坝为开敞式，上有 13 孔露顶弧形闸门，每孔净宽 8.0m。取水建筑物布置在左岸，有灌溉底孔、舞阳铁矿引水管，其中灌溉底孔孔身中部右侧设有水电站引水岔管。

石漫滩水库的建成可提高小洪河防洪标准，同时还具有供水、旅游、养殖等综合利用功能。

（十二）宿鸭湖水库

宿鸭湖水库位于河南省汝南县城西 8km 处汝河中游。库区原为汝河与臻头河交汇处坡间洼地。水库于 1958 年 8 月建成蓄水，后经多次进行除险加固。

宿鸭湖水库控制流域面积 4498km²，水库上游建有板桥水库、薄山水库两座大型水库和多座中型及小型水库。水库防洪标准按 100 年一遇洪水设计，1000 年一遇洪水校核，总库容 16.56 亿 m³。水库工程由大坝、泄洪闸、灌溉渠首闸、电站组成。大坝为均质土坝，坝顶宽 8m，坝全长 34.2km。泄洪闸 2 座，其中 5 孔闸最大泄量 2540m³/s，7 孔闸最大泄量 3720m³/s。水库建有电站两座，分别为桂庄电站和夏屯电站。

宿鸭湖水库是一座以防洪为主，结合灌溉、水产养殖、发电、旅游的平原水库。水库建成运用以来，经历了多次大洪水，防洪效益和兴利效益十分显著。建库以来仅拦蓄洪峰超过 5000m³/s 以上的大洪水就有 11 次，特别是"75·8"洪水，在入库流量达 2.45 万 m³/s 的情况下，下泄流量仅 6100m³/s，削减洪峰 75.1%；宿鸭湖水库设计灌溉面积 82 万亩，平均年灌溉用水量 2000 万 m³。

（十三）南湾水库

南湾水库位于河南省信阳市西南笔架山与蜈蚣岭之间的浉河干流上，于 1955 年 11 月建成。"75·8"特大暴雨后，进行了扩建加固，并增建了土门非常溢洪道。

南湾水库控制流域面积 1100km²，占浉河流域面积的 53%。水库防洪标准按 1000 年一遇设计，10000 年一遇校核，总库容 13.55 亿 m³。水库主体工程由大坝、输水洞、溢洪道、土门非常溢洪道及水电站组成。大坝为黏土心墙砂壳坝，坝顶长 816m、宽 8m。输水洞位于大坝右侧山腹中，为圆形有压隧洞，最大泄量 110m³/s。溢洪道位于大坝左侧猫儿冲，由进口段、闸室段、闸后泄槽、挑流消能工和尾水渠等组成，校核水位泄量 2030m³/s。土门非常溢洪道位于坝东 3.5km 处的土门冲，为爆破式堵坝，坝长 99.5m，坝体内设有爆破药室，校核水位泄量 3670m³/s。水电站位于大坝右岸，装机流量 5920kW，多年平均发电量 1355 万 kW·h。发电引水与灌溉共用输水洞，设计发电流量 35.6m³/s。

南湾水库是一座以防洪、灌溉为主，结合发电、养殖、航运、城市供水与旅游等综合开发利用的大型水库。水库的建成提高了下游信阳市防洪标准，灌溉范围除浉河两岸外，还跨到淮河右岸的竹竿河及左岸的洋河、清河、濠河、泥河、闾河等流域，同时还具有工农业和人民生活供水、发电、养殖和生态旅游等功能。

（十四）燕山水库

燕山水库工程位于淮河流域沙颍河主要支流澧河上游干江河上，坝址以上流域面积 1169km²，是以防洪为主，结合供水、灌溉，兼顾发电等综合利用的大（2）型水利工程。水库总库容 9.25 亿 m³，调节库容 4.10 亿 m³，防洪库容 3.22 亿 m³，电站装机容量 1890kW。燕山水库主体工程于 2006 年 3 月开工，同年 10 月截流，2008 年 6 月下闸蓄水，2009 年 8 月完工。可使澧河的防洪标准由 5 年一遇提高到 20 年一遇；与沙河流域防洪体系的其他工程联合运用，可将沙河干流的防洪标准由 10 年一遇提高到 50 年一遇；还可向城市生活、工业供水，对于保障和促进地方国民经济发展具有重要作用。工程荣获 2012 年度中国建筑工程鲁班奖（国家优质工程）。

（十五）白莲崖水库

白莲崖水库位于安徽省霍山县淠河支流漫水河上、佛子岭水库上游，工程 2005 年 12 月开工，2010 年完成。水库控制流域面积 760km²。水库按 100 年一遇洪水设计、5000 年一遇洪水校核，总库容 4.6 亿 m³，主要建设内容有拦河坝、泄洪中孔、放水底孔、发电站等。白莲崖水库可使佛子岭、磨子潭两库的防洪标准由 600 年一遇提高到 5000 年一遇，兼有发电、灌溉之利。

（十六）濛洼蓄洪区

濛洼蓄洪区是淮河中游起点的大型蓄洪区，位于安徽省阜南县南部，西临洪河、白露河入淮口，南临淮河，北临濛河分洪道，是淮河防汛的战略工程。

濛洼蓄洪区西起王家坝闸、东至曹台孜退水闸，面积 180.4km²，蓄洪量为 7.5 亿 m³。蓄洪区内有耕地 1.2 万 hm²，1 个国营农场和 4 个乡镇、75 个行政村，区内居住人口 15.21 万人。共建有庄台 212 万 m²，保庄圩 190 万 m²，撤退道路 72km。

濛洼蓄洪工程由濛洼圈堤、王家坝进洪闸、曹台孜退水闸等组成，圈堤长94km。王家坝闸位于王家坝镇，为濛洼蓄洪区的进洪闸，闸室共 13 孔，每孔净宽 8m，总宽 118.4m，设计进洪流量 1626m³/s，最大过流能力 1799m³/s。曹台孜退水闸位于郜台乡曹台村，是濛洼蓄洪区的退洪闸，该闸共 28 孔，底板高程深孔为 18.90m，浅孔为 19.90m，闸每孔净宽 5.0m，设计泄洪流量2000m³/s，校核泄洪流量 2800m³/s。

濛洼蓄洪区自 1952 年以来，已有 12 个年份 16 次滞蓄洪水，其中 1954年、1968 年大水，濛洼堤防多处发生漫溢、决口、破溃险情达 26 处之多。

（十七）南水北调工程

南水北调工程是缓解我国北方水资源严重短缺局面的重大战略性工程。根据南水北调总体规划，南水北调工程有东线、中线和西线三条调水线路。通过三条调水线路与长江、黄河、淮河和海河四大江河的联系，构成以"四横三纵"为主体的总体布局，以实现我国水资源南北调配、东西互济的合理配置格局。规划的东线、中线和西线到 2050 年调水总规模为 448 亿 m³，其中东线148 亿 m³、中线 130 亿 m³、西线 170 亿 m³，整个工程将根据实际情况分期实施。

南水北调三条调水线路中的东线、中线工程均穿过淮河流域。东线工程位于第三阶梯东部，因地势低需抽水北送；中线工程从第三阶梯西侧通过，从长江支流汉江中上游丹江口水库引水，可自流供水给黄淮海平原大部分地区。

东线工程：利用江苏省已有的江水北调工程，逐步扩大调水规模并延长输水线路。东线工程从长江下游扬州抽引长江水，利用京杭大运河及与其平行的河道逐级提水北送，并连接起调蓄作用的洪泽湖、骆马湖、南四湖、东平湖。出东平湖后分两路输水：一路向北，在位山附近经隧洞穿过黄河；另一路向东，通过胶东地区输水干线经济南输水到烟台、威海。东线工程 2002 年 12 月27 日开工，2013 年年底建成。

中线工程：从丹江口大坝加高后扩容的汉江丹江口水库调水，经陶岔渠首闸（河南淅川县九重镇），沿豫西南唐白河流域西侧过长江流域与淮河流域的分水岭方城垭口后，经黄淮海平原西部边缘，在郑州以西孤柏嘴处穿过黄河，继续沿京广铁路西侧北上，可基本自流到终点北京。中线工程主要向河南、河北、天津、北京 4 省市沿线的 20 余座城市供水。中线工程 2003 年 12 月 30 日开工，2013 年年底完成主体工程，2014 年汛后全线通水。

第二节　水利工程现状

经过60多年的治理，淮河流域基本形成了具有防洪、供水、灌溉、发电、航运等综合利用多功能的水利工程体系。

根据淮河流域第一次水利普查成果和《淮河流域综合规划（2012—2030年）》，目前主要水利工程情况如下。

上游山丘区已治理水土流失面积累计为1.08万km²。

已建成大中小型水库6360余座，总库容约296亿m³，其中大型水库38座，总库容200.18亿m³。另外，淮河中游临淮岗洪水控制工程也已建成，100年一遇设计洪水位28.41m，对应库容85.6亿m³。淮河流域现状大型水库基本情况见表4-1。

表4-1　　　　　　　　　　淮河流域现状大型水库基本情况

序号	水库名称	所在河流	所在地区	流域面积/km²	设计洪水标准/%	校核洪水标准/%	总库容/亿m³	防洪库容/亿m³	兴利库容/亿m³
1	花山	㳇河	湖北广水	(129)	1	0.05	1.53	0.18	1.06
2	南湾	㳇河	河南信阳	1100	0.1	0.01	13.55	3.06	5.88
3	石山口	小潢河	河南罗山	306	1	0.02	2.81	0.45	1.58
4	五岳	青龙河	河南光山	102	1	0.02	1.22	0.21	0.88
5	泼河	泼陂河	河南光山	222	1	0.02	2.35	0.28	1.24
6	鲇鱼山	灌河	河南商城	924	1	0.02	9.16	2.25	4.97
7	板桥	汝河	河南泌阳	(768)	1	PMF	6.75	2.24	2.36
8	薄山	臻头河	河南确山	(580)	1	0.02	5.22	1.65	2.68
9	宿鸭湖	汝河	河南汝南	4498	1	0.01	16.56	8.37	2.24
10	昭平台	沙河	河南鲁山	(1430)	1	0.10	7.13	2.37	1.96
11	白龟山	沙河	河南平顶山	2740	1	0.05	9.22	2.52	2.48
12	孤石滩	澧河	河南叶县	285	1	0.05	1.85	0.47	0.62
13	燕山	甘江河	河南叶县	1169	0.2	0.02	9.25	3.22	2.49
14	白沙	颍河	河南禹州	985	1	0.05	2.95	1.31	1.22
15	石漫滩	小洪河	河南舞钢	230	1	0.10	1.20	0.18	0.63
16	响洪甸	西淠河	安徽金寨	1400	0.2	0.02	25.97	5.00	11.78
17	梅山	史河	安徽金寨	1970	0.2	0.02	22.64	5.00	9.57
18	白莲崖	漫水河	安徽霍山	(745)	1	0.02	4.60	2.81	1.42
19	磨子潭	太阳河	安徽霍山	(570)	1	0.02	3.47	1.93	1.37
20	佛子岭	东淠河	安徽霍山	1840	1	0.02	4.91	1.56	3.75

序号	水库名称	所在河流	所在地区	流域面积/km²	设计洪水标准/%	校核洪水标准/%	总库容/亿 m³	防洪库容/亿 m³	兴利库容/亿 m³
21	田庄	沂河	山东沂源	(424)	1	0.01	1.31	0.23	0.68
22	跋山	沂河	山东沂水	1782	1	0.01	5.29	2.82	2.09
23	岸堤	东汶河	山东蒙阴	1690	1	0.01	7.49	2.78	4.51
24	唐村	浚河	山东平邑	263	1	0.02	1.44	0.90	0.59
25	许家崖	温凉河	山东费县	580	1	0.01	2.93	1.19	1.68
26	沙沟	沭河	山东沂水	(163)	1	0.02	1.04	0.70	0.31
27	青峰岭	沭河	山东莒县	770	1	0.02	4.02	1.48	2.69
28	小仕阳	袁公河	山东莒县	281	1	0.01	1.35	0.63	0.69
29	陡山	浔河	山东莒南	431	1	0.01	2.90	1.20	1.70
30	会宝岭	西泇河	山东苍山	420	1	0.05	1.97	0.94	0.93
31	日照	傅疃河	山东日照	548	1	0.02	3.21	1.27	1.82
32	尼山	小沂河	山东曲阜	264	1	0.01	1.13	0.56	0.61
33	西苇	大沙河	山东邹县	114	1	0.01	1.02	0.58	0.41
34	马河	北沙河	山东滕州	240	1	0.02	1.38	0.63	0.70
35	岩马	城河	山东枣庄	357	1	0.01	2.03	0.77	1.13
36	石梁河	新沭河	江苏东海	926	0.33	0.05	5.31	3.23	2.34
37	小塔山	青口河	江苏赣榆	386	0.33	0.05	2.80	1.46	1.16
38	安峰山	厚镇河	江苏东海	176	1	0.05	1.22	0.95	0.50
合计				26999			200.18	67.38	84.72

注 括号内数字已包含在下游水库控制面积之内。

蓄滞洪区和大型湖泊共 16 处，其中，大型湖泊 4 处，总面积 4390km²，总容量 239.14 亿 m³，其中对应设计洪水位的总容量 209.62 亿 m³；蓄滞洪区 12 处，面积 4375.5km²，蓄滞洪容量 120.14 亿 m³。淮河流域主要大型湖泊特征值、蓄滞洪区现状基本情况见表 4-2 和表 4-3。

表 4-2　　　　　　　　　　淮河流域主要大型湖泊特征值

名称		蓄水面积/km²	死水位/m	汛限		设计		校核	
				水位/m	相应容量/亿 m³	水位/m	相应容量/亿 m³	水位/m	相应容量/亿 m³
洪泽湖		2070	11.11	12.31	32.43	15.81	93.55	16.81	119.2
高邮湖		780	4.83	5.53	10.01	9.33	38.97		
南四湖	上级湖	583	32.79	33.99	8	36.79	25		
	下级湖	582	31.29	32.29	8.06	36.29	34.58		
骆马湖		375	20.32	22.32	7.84	24.83	17.52	25.82	21.39
合计		4390				66.34		209.62	

注 表中水位为 1985 国家高程基准。

表 4-3　　　　　　　　　　　淮河流域蓄滞洪区现状基本情况

序号	名称	所在河流	总面积/km²	耕地/万亩	人口/万人	设计蓄滞洪水位/m	设计蓄滞洪量/亿 m³
1	濛洼	淮河干流	180.4	18	16.3	27.7	7.5
2	城西湖	淮河干流	517	40.7	15.7	26.4	28.8
3	城东湖	淮河干流	380	25.1	6.9	25.4	15.3
4	瓦埠湖	淮河干流	776	60.1	33	21.9	11.5
5	洪泽湖周边	淮河干流	1515	121.2	84	15.81	30.07
6	杨庄	洪汝河	82	8.3	5	72.15	2.56
7	老王坡	洪汝河	121.3	16.4	6	57.65	1.71
8	蛟停湖	洪汝河	48.7	5.5	4	41.48	0.58
9	泥河洼	沙颍河	103	13.1	5	68.03	2.36
10	老汪湖	奎濉河	65	7.8	2	25.45	1.38
11	黄墩湖	中运河	355.1	25.5	21.5	25.82（最高）	14.7（相应）
12	南四湖湖东	南四湖	232	27.9	28	36.79（上）	3.68
合计			**4375.5**	**369.6**	**227.4**		**120.14**

注　表中水位为 1985 国家高程基准。

　　整治了干支流河道，扩大了泄洪排涝能力；下游先后开辟了新沂河、新沭河、苏北灌溉总渠、淮沭新河和入海水道（近期），扩大了入江水道，使淮河水系尾部的排洪能力由不足 8000m³/s 扩大到 15270～18270m³/s，沂沭泗河水系的入海排洪能力由不到 1000m³/s 提高到 12000m³/s。新开了茨淮新河、怀洪新河等一批骨干排水河道和众多的排水河渠。

　　建设 5 级以上堤防约 6.5 万 km，3 级以上堤防 9436km，其中淮北大堤、洪泽湖大堤、里运河大堤、南四湖湖西大堤、新沂河大堤等 1 级堤防长1691.7km。淮河流域 1 级、2 级堤防工程基本情况见表 4-4 和表 4-5。

表 4-4　　　　　　　　　　　淮河流域 1 级堤防工程基本情况

水系	序号	堤防名称	堤长/km	保护区面积/km²	规划防洪标准（重现期）/a
淮河水系	1	淮北大堤	639.8	13152	100
	2	洪泽湖大堤	67.3	27390	300
	3	分淮入沂东堤	95.9	8407	300
	4	灌溉总渠右堤	160.8	22694	300
	5	里运河西堤（大汕子格堤以下）	60.8	21603	300
	6	入海水道右堤	155.8	22694	300
	7	淮南市圈堤	39.1	484	100
	8	蚌埠市圈堤	16.4	45	100
小计			**1235.9**	**116469**	

续表

水系	序号	堤 防 名 称	堤长/km	保护区面积/km²	规划防洪标准（重现期）/a
沂沭泗河水系	1	南四湖湖西大堤	131.5	5577	100
	2	骆马湖二线堤防	34.8	1985	50
	3	新沂河右堤	129.9	6182	100
	4	新沂河左堤	145.6	3386	100
	5	新沭河太平庄闸以下右堤	14	3386	50
		小计	455.8	20516	
		合计	1691.7	136985	

表4-5 淮河流域2级堤防工程基本情况

水系	序号	堤 防 名 称	堤长/km	保护区面积/km²	规划防洪标准（重现期）/a
淮河水系	1	淮河干流堤防	60.8		
	2	沙颍河漯河以下右堤	374.8	10893	50
	3	沙颍河周口—茨河铺左堤	148.3	3252.5	50
	4	茨淮新河右堤	133.3	3984	相应淮干100
	5	茨淮新河左堤	133.2	1739	相应淮干100
	6	怀洪新河左堤	130.1	5948	相应淮干100
	7	怀洪新河右堤	132.2	1480	100
	8	入江水道上段左堤	98.4	1091	300
	9	淮沭河西堤	73.3	1985	300
	10	入海水道左堤	158.7	2225	300
		小计	1443.1	32597.5	
沂沭泗河水系	1	南四湖湖东堤（矿区段）	29.5	431	100
	2	韩庄运河堤防	82.5	2821	100
	3	中运河堤防	114.4	2685	100
	4	沂河祊河口以下堤防	237.1	2224	50
	5	沭河汤河口以下堤防	218.3	2016	50
	6	分沂入沭右堤	20.4	1417	50
	7	新沭河右堤	52.4		50
		小计	754.6	11594	
		合计	2197.7	44191.5	

沿淮河干流中游建有 17 处行洪区，在设计条件下如充分运用，可分泄河道设计流量的 20%～40%。淮河干流行洪区现状基本情况见表 4-6。

表 4-6   淮河干流行洪区现状基本情况

序号	名称	总面积 /km²	耕地 /万亩	区内居住人口 /万人	设计蓄滞洪量 /亿 m³
1	南润段	10.7	1.2	0.99	0.64
2	邱家湖	36.97	3.6	2.68	1.67
3	姜唐湖	145.95	11.7	10.24	7.60
4	寿西湖	161.5	13.8	8.01	8.54
5	董峰湖	40.1	4.95	1.58	2.26
6	上六坊堤	8.8	1.05	0.00	0.46
7	下六坊堤	19.2	2.1	0.16	1.10
8	石姚段	21.3	2.7	0.70	1.16
9	洛河洼	20.2	2.55	0.00	1.25
10	汤渔湖	72.7	7.5	5.36	3.98
11	荆山湖	72.1	8.55	0.70	4.75
12	方邱湖	77.2	8.4	5.82	3.29
13	临北段	28.4	3	1.86	1.08
14	花园湖	218.3	15.6	8.85	11.07
15	香浮段	43.5	5.85	2.40	2.30
16	潘村洼	164.9	17.1	5.55	6.87
17	鲍集圩	153.4	12	4.42	5.95
合计		**1295.22**	**121.65**	**59.32**	**63.70**

淮河流域建有各类水闸 19074 座，总过闸流量 97.07 万 m³/s，包括节制闸、排水闸、分洪闸、挡潮闸、进水闸和退水闸等。其中，大型水闸 156 座，过闸流量 44.61 万 m³/s；中型水闸 1054 座，过闸流量 28.60 万 m³/s。

现有水电站 192 座，总装机容量 65.08 万 kW。其中，中型 2 座，装机容量 13 万 kW；小（1）型 8 座，装机容量 20.86 万 kW；小（2）型 182 座，装机容量 31.22 万 kW。

现有泵站 1.67 万座，总装机流量 32283.66m³/s，总装机功率 283.18 万 kW。其中大型泵站 53 座，总装机流量 5274.83m³/s，总装机功率 47.54 万 kW；中型泵站 341 座，总装机流量 4677.56m³/s，总装机功率 55.21 万 kW。

总灌溉面积 1031.49 万 hm²，其中，耕地有效灌溉面积 986.95 万 hm²，园林草地等有效灌溉面积 44.54 万 hm^2。高效节水灌溉面积 35.59 万 hm^2（其中，低压管道 28.10 万 hm^2、喷灌 7.04 万 hm^2、微灌 0.45 万 hm^2），占流域总灌溉面积 3.45%，耕地灌溉率达 80%。其中大型灌区 75 处（河南 19 处、安徽 6 处、江苏 32 处、山东 18 处），总耕地面积 453.86 万 hm^2，总灌溉面积 341.95 万 hm^2。

航道里程达到 1.7 万 km，各类港口、码头及装卸点近 2000 余个。

初步建成由信息采集、防汛通信、计算机网络和防汛决策支持等系统组成的防汛指挥系统。已建有雨情、水情报汛站 1011 个；以数字程控、数字微波、移动通信和卫星通信组成的淮河防汛通信网；以淮委和四省水利厅为中心，并与国家防汛抗旱总指挥部办公室连接的防汛计算机广域网；以经验方案为主要内容的淮干中上游及沂沭泗河洪水预报系统、简单的淮干中游洪水调度系统和气象信息接收处理系统。

第三节　水利工程规划

2013 年 3 月国务院批复了《淮河流域综合规划（2012—2030 年）》，相关内容如下。

一、近期（2020 年）主要目标

建成较为完善的防洪除涝减灾体系，进一步控制山丘区洪水，完善中游蓄泄体系和功能，巩固和扩大下游泄洪能力，淮河干流中游淮北大堤、洪泽湖大堤和沂沭泗河中下游地区主要防洪保护区防洪标准达到国家规定的要求；防御 100 年一遇洪水时洪泽湖水位有效降低；行蓄洪区能够安全、及时、有效运用；重点平原洼地的除涝能力明显提高；重要支流得到进一步治理；重要城市、海堤防洪标准基本达到国家规定的要求。

基本形成水资源配置和综合利用体系。形成较为完善的流域水资源配置格局，水资源调配能力和节水水平大为提高，城乡供水条件进一步改善，防旱抗旱综合能力明显增强，农村饮水安全问题得到解决，农业生产的水利条件有较大改善，初步建成干支衔接、通江达海、布局合理的航运网络。

构建水资源和水生态保护体系。在实现限制排污总量要求的基础上，强化水资源合理调度，进一步提高水功能区水质达标率，集中式饮用水水源地水质全面达标，河湖水功能区主要污染物控制指标 COD 和 NH_3-N 达标率提高到

80％；重要河湖和湿地最小生态水量得到基本保障，水生态系统得到有效保护；农村水环境有较大改善。新增水蚀治理面积 2.0 万 km² 和风蚀治理面积 0.5 万 km²，流域内水土流失治理程度 60％以上。25°以上坡耕地退耕还林，适地适量实施坡改梯工程，山丘区人均基本农田增加 0.1 亩；桐柏大别、伏牛、沂蒙三大山区林草覆盖率提高 5％以上；山丘区正常年份减少土壤侵蚀量 0.6 亿 t 以上；人为水土流失得到基本遏制。

基本建立流域综合管理体系。流域管理和区域管理相结合的水资源管理体制与机制协调有效，涉水事务管理能力和水平显著提高。

二、远期（2030 年）主要目标

建成适应流域经济社会可持续发展、维护良好水生态整体协调的水利体系。建成完善的流域防洪除涝减灾体系，各类防洪保护区的防洪标准达到国家规定要求，除涝能力进一步加强。建立合理开发、优化配置、全面节约、高效利用、有效保护、综合治理的水资源开发利用和保护体系，全面实现入河排污总量控制目标，基本实现河湖水功能区主要污染物控制指标达标，水土流失得到全面治理，水生态系统和生态功能恢复取得显著成效。流域水利基本实现现代化管理。

三、主要任务与总体布局

在流域治理和开发利用体系的现状基础上，根据规划总体目标，健全防洪除涝减灾体系，保障大中城市和重要防洪保护区的防洪安全，减少易涝洼地涝灾损失；完善水资源保障体系，保障城乡供水安全，推进节水改造，提高用水效率；构建水资源和水生态保护体系，保护饮用水源地，强化水功能区管理，防治水土流失，维护河湖健康；基本建立流域综合管理体系，强化涉水事务社会管理，提高公共服务能力和水平，规范治理和开发行为。

（一）防洪除涝

1. 总体布局

上游山丘区增建水库，增加拦蓄能力；淮河中游调整行洪区、整治河道，扩大中等洪水通道，巩固排洪能力；淮河下游巩固和扩大入江入海泄洪能力。沂沭泗河水系在既有东调南下工程格局的基础上，进一步巩固完善防洪湖泊和骨干河道防洪工程体系，扩大南下工程的行洪规模；治理低洼易涝地区；建设和完善蓄滞洪区；合理安排重要支流治理；加强城市防洪和海堤建设。

2. 主要任务

建设出山店、前坪、张湾、白雀园、袁湾、晏河、下汤、江巷、庄里、双侯等大型水库，兴建中型水库，加固病险水库。整治淮河中游河道，调整淮河干流 17 处行洪区，扩大淮河中游行洪通道；实施蓄滞洪区建设；开展行蓄洪区及淮河滩区的居民迁建。整治淮河入江水道、分淮入沂，加固洪泽湖大堤；建设淮河入海水道二期工程，扩大淮河下游洪水出路；增建三河越闸，降低洪泽湖洪水位。扩大韩庄运河、中运河、新沂河行洪规模，整治沂河、沭河上游河道，完善防洪湖泊和骨干河道防洪工程。实施淮干一般堤防达标建设。进一步治理洪汝河等 27 条重要支流，治理中小河流。实施沿淮、淮北平原、淮南支流、里下河、白宝湖、南四湖、邳苍郯新、沿运、分洪河道沿线和行蓄洪区等低洼易涝地区的综合治理，治理区总面积约 10 万 km²，耕地约 0.9 亿亩。对 21 座防洪形势较为严峻的城市进行防洪建设，新建、加固海堤长度 447.7km。

（二）水资源开发利用

1. 总体布局

以流域水资源开发利用为基础，建设南水北调东线、中线和引江济淮、苏北引江工程等跨流域调水工程，完善水库、湖泊、闸坝等调蓄工程和沿黄、沿江引水工程，与淮河干流共同构建淮河流域"四纵一横多点"的水资源配置和开发利用工程格局。

2. 主要任务

继续实施南水北调东线二期、三期，南水北调中线二期和引江济淮等跨流域调水工程建设，实施沿海引江工程。改造和扩建现有水源地，新建水源地，提高供水能力，保障城乡饮水安全。完善沿淮湖泊洼地及沂沭河洪水资源利用工程。加快大中型灌区节水改造，在水土资源较匹配的地区适度发展灌溉面积。

制定特枯水年和连续枯水年等紧急情况下水量分配方案；制定和完善应急供水预案。加强防旱抗旱能力建设。

（三）水资源保护

1. 总体布局

按照水功能区限制纳污红线的要求，构建以淮河干流、南水北调东线输水干线，及城镇集中供水水源地为重点的"两线多点"水资源保护格局；以淮北地区和沿海地区为重点，加强地下水保护；以洪泽湖等重要湖泊为重点，加强水生生物多样性保护及典型水产种质资源保护。

2. 主要任务

严格水功能区限制排污总量管理和入河排污口管理，提高城镇污水集中处理水平和再生水利用率，逐步实现地表水功能区水质全面达标，对沙颍河、涡河等污染严重地区实施水污染综合整治工程；强化城镇集中式饮用水水源地保护和管理，实施水源地污染源综合整治、水源地隔离防护等安全保障工程；优化水资源配置，保障河湖生态需水，逐步开展生态用水调度，在洪泽湖、南四湖等重点水域实施生态保护与修复工程，加强水生生物多样性保护及典型水产种质资源保护；按照地下水水质污染和超采分布情况，实施控制面源污染、限制污水灌溉、限采和禁采地下水、人工回灌等地下水保护措施。

（四）水土保持

1. 总体布局

扩大上游植被良好区封育保护和人口稀少、水土流失轻微区生态修复范围，完善丘陵山地小流域坡面径流调控体系、山洪灾害防治和沟道拦蓄工程体系、风蚀及风水复合侵蚀类型区防风固土综合防护体系，构建"三山二丘二带一区"（"三山"为桐柏大别山区、伏牛山区、沂蒙山区；"二丘"为江淮丘陵区、淮海丘岗区；"二带"为废黄河沿岸和滨海一线沙土区；"一区"为黄泛风沙区）水土保持综合防护体系格局。

2. 主要任务

加强淮河干流上游白马尖—九峰尖、鸡公山—太白顶一线中低山，沙河上游的尧山（石人山）—嵩山一线中低山和沂蒙山区的鲁山、尼山等植被良好区预防保护，对磨子潭、佛子岭、泼河、五岳、薄山、白龟山、田庄、安峰山等大型水库和沙河上游及蒙山生态脆弱地区实施生态修复。实施山丘区坡耕地和坡林地水土综合整治，完成以小流域为单元综合治理水蚀面积 2.33 万 km^2，同时，在水库型水源地上游开展清洁型小流域面源污染辅助控制工程建设；综合治理黄泛风沙区、废黄河故道和滨海沙土区风水复合侵蚀；综合治理山洪沟，防治山洪灾害。

（五）农村水利

围绕社会主义新农村建设和粮食安全的要求，重点解决农村饮水安全，改善农业灌排条件，整治农村水环境，促进农村生态建设。

解决农村 6243 万人的饮水安全；改善农业灌排条件，完成 81 处大型灌区的续建配套与节水改造，完成 79 处大型排灌泵站的更新改造，加强中小型灌区的续建配套与节水改造，完善面上农田配套排水体系；清淤通畅村镇周边的排水沟渠，整治农村水环境。

（六）航运

1. 总体布局

建立以"两纵两横"全国内河高等级航道和 22 条区域性重要航道等四级及以上航道为骨干、一般航道为基础的航道网络，建立以 3 个主要港口为核心、15 个重要港口为依托的港口体系。

2. 主要任务

完成流域内的全国内河高等级航道建设任务，并建成一大批区域性重要航道；形成布局合理、功能完善、专业高效的港口体系。完成流域内的全国内河高等级航道和区域性重要航道建设任务，并根据地方经济发展需要重点建设一批五级以上的一般航道；在引江济淮工程的基础上相应建设通航设施；在淮河入海水道二期工程的基础上完成出海航道建设任务。

（七）流域综合管理

推动流域管理法律法规的制定，进一步完善流域水法规体系。逐步理顺流域管理和区域管理相结合的管理体制和机制。

建立和完善流域水利规划、防洪抗旱、水资源开发利用与保护、水土保持、河湖岸线利用、水利工程等管理制度，强化管理；完善涉水事务的社会管理和公共服务体系，提高应对水利突发公共事件的能力。加强基层水管单位基础设施建设，提高管理水平。

建立由水文水资源监测站网、水利信息网络及信息资源管理体系、重点业务应用系统等组成的流域综合管理平台；强化流域综合管理基础设施、科研创新能力建设，开展流域治理重大问题研究，全面提升为流域水利事业可持续发展提供支撑的水平。

四、流域重大水利工程

按照流域相关规划确定的目标和任务，围绕健全和完善流域防洪除涝减灾体系、水资源保障体系、水资源和水生态保护体系、流域综合管理体系，确定近期建设以下六项重大工程。这些工程的实施对完善流域水利体系，保障和支撑流域经济社会快速发展，满足民生水利发展的迫切需求，具有重要作用。

（一）淮河干流行洪区调整工程

淮河干流现有行洪区 17 处，自上而下分别为南润段、邱家湖、姜唐湖、寿西湖、董峰湖、上六坊堤、下六坊堤、石姚段、洛河洼、汤渔湖、荆山湖、方邱湖、临北段、花园湖、香浮段、潘村洼和鲍集圩行洪区。

淮河干流行洪区的调整结合河道整治，一方面扩大中等洪水出路，另一方面还必须满足设计水位条件下淮河干流的设计排洪要求。淮河干流河道设计泄洪流量上游淮滨—洪河口为 $7000m^3/s$，洪河口—正阳关为 $7400\sim9400m^3/s$，正阳关—涡河口 $10000m^3/s$，涡河口以下 $13000m^3/s$。

1. 淮河干流蚌埠—浮山段行洪区调整和建设

淮河干流蚌埠—浮山段行洪区调整和建设涉及方邱湖、临北段、花园湖、香浮段 4 处行洪区，主要通过河道疏浚、堤防退建和增建进、退洪设施，扩大淮河滩槽的行洪能力，减少行洪区数量，提高启用标准，改善运用条件，将方邱湖、临北段、香浮段调整为防洪保护区，花园湖改为有闸控制的行洪区。

主要建设内容：疏浚方邱湖、临北段、香浮段、花园湖河道；方邱湖、临北段、香浮段、花园湖堤防退建，铲除老堤，新建堤防；兴建花园湖进、退洪闸；花园湖新筑黄枣保庄圩。

2. 淮河干流正阳关—峡山口段行洪区调整和建设

淮河干流正阳关—峡山口段行洪区调整和建设涉及董峰湖、寿西湖 2 处行洪区，主要通过河道疏浚、堤防退建和增建进、退洪设施，扩大淮河滩槽的行洪能力，提高行洪区启用标准，改善运用条件，将董峰湖、寿西湖改为有闸控制的行洪区。

主要建设内容：疏浚淮河涧沟口至峡山口段河道；对董峰湖行洪区上段堤防进行退建，铲除老堤、新筑堤防、加固老堤；新建寿西湖、董峰湖进退洪闸各 1 座；寿西湖行洪区内新筑保庄圩。

3. 淮河干流浮山以下段行洪区调整和建设

淮河干流浮山以下段行洪区调整和建设涉及潘村洼和鲍集圩 2 处行洪区，通过开挖冯铁营引河新辟淮河洪水入湖通道，并结合疏浚淮河河道、加固行洪区堤防等措施，将潘村洼改为防洪保护区，鲍集圩作为洪泽湖周边滞洪区的一部分，发挥蓄洪作用。

主要工程措施：开挖冯铁营引河，新建冯铁营引河进洪闸；疏浚浮山—冯铁营引河进口段河道；加固潘村洼和鲍集圩行洪区堤防；增建鲍集圩进、退洪设施；新、改建撤退道路等。

4. 淮河干流王家坝—临淮岗段及凤台—涡河口段行洪区调整和建设

淮河干流王家坝—临淮岗段及凤台—涡河口段行洪区调整和建设涉及南润段、汤渔湖、上六坊堤、下六坊堤 4 处行洪区，主要通过河道疏浚、堤防退建和增建进、退洪设施，以扩大淮河滩槽的行洪能力，减少行洪区数量、提高启用标准、改善运用条件，将南润段改为蓄洪区，汤渔湖改为有闸控制的行洪区，废弃上六坊堤、下六坊堤行洪区还给河道。

主要工程措施：拓浚濛河分洪道；加高加固南润段堤防，疏浚南照集—临淮岗上引河口段河道；汤渔湖兴建进、退洪闸，尹家沟段行洪区堤防局部退建，疏浚汤渔湖退水闸至荆山湖进水闸段河道，修建撤退道路，新建高皇保庄圩；铲除灯草窝圩和上六坊堤、下六坊堤行洪堤等。

经调整后，淮河干流 17 处行洪区，除南润段、邱家湖改为蓄洪区，鲍集圩纳入洪泽湖周边滞洪区外，只有姜唐湖、寿西湖、董峰湖、汤渔湖、荆山湖、花园湖等 6 处行洪区。

（二）淮河下游扩大和巩固工程

洪泽湖为淮河中游巨型平原水库，总库容约 169 亿 m³，保护区面积 1946 万亩，人口 1825 万，还有重要的城市如淮安、盐城、扬州等。规划兴建淮河入海水道二期工程，配合入江水道、分淮入沂、苏北灌溉总渠等工程，使洪泽湖的防洪标准提高到 300 年一遇。

入海水道二期工程规模按设计流量 7000m³/s 扩大。主要工程措施包括扩挖深槽，加高加固南北堤，扩建二河、淮安、滨海、海口枢纽等。

入江水道整治工程按安全行洪 12000m³/s 的要求进行治理。主要工程措施包括：观音滩、大墩岭、二墩岭、新民滩、邵伯湖滩群切滩工程，改道段东西偏泓、金湾河、京杭运河施桥送水河拓浚工程，归江河道护岸整治工程等；运河西堤、三河段堤防、高邮湖大堤、湖西大堤、归江河道及京杭运河临城段堤防等除险加固；重要病险涵闸除险加固工程及影响工程。

分淮入沂整治工程按安全行洪 3000m³/s 进行整治。主要工程措施：对堤防采取护坡和防渗处理，修建防汛上堤道路；对干河和支流回水段穿堤建筑物进行加固或拆建。

洪泽湖大堤加固工程主要工程措施包括堤基及堤身防渗处理，堤后填塘固基，迎湖面护砌工程，水土保持，建筑物加固工程，大堤南、北端封闭工程，防浪林更新改造，水文观测设施等。

（三）重点平原洼地治理工程

淮河流域低洼易涝地区面广量大，这些低洼易涝地区虽然先后也进行了不同程度的治理，除涝条件有所改善，只有少数地区除涝能力达到5年一遇，大部分地区除涝能力达到或接近3年一遇。根据洼地分布和历年受灾情况，近期安排标准低、灾情严重、灾后社会影响较大的低洼易涝地区作为重点进行治理。重点平原洼地治理范围主要包括沿淮、淮北平原、淮南支流、里下河、白宝湖、南四湖、邳苍郯新、沿运、分洪河道沿线和行蓄洪区等10片，总面积约 59829km²，耕地约 0.55 亿亩。

1. 沿淮洼地

沿淮洼地包括淮河上游圩区洼地、谷河洼地、润河洼地、焦岗湖、八里湖、架河洼地、泥黑河洼地、西淝河下游洼地、芡河洼地、北淝河下游洼地、邰家湖、临王段、正南洼、高塘湖、天河洼、黄苏段、七里湖、高邮湖洼地、戴家湖等洼地，治理面积 7158km²，耕地 706 万亩。

（1）治理标准。除涝标准一般为5年一遇，部分重要洼地可适当提高标准。防洪标准为 10～20 年一遇。

（2）规划措施。实施高水高排，疏整沟渠，新建、加固圩区堤防，扩建涵闸；适当建站，增强外排能力；对易涝地区，进行产业结构调整，发展湿地经济和保护湿地；对沿湖周边洼地，实行退垦还湖，增加湖泊调蓄能力。

2. 淮北平原洼地

淮北平原洼地包括洪汝河洼地中小洪河、汝河下游、大洪河及分洪道洼地，周口以上颍河、贾鲁河下游及夹档区和新运河、新蔡河洼地，惠济河洼地，沿颍洼地，沿涡洼地，沱浍河洼地，汾泉河洼地，北淝河上段洼地，澥河、沱河、北沱河、唐河、石梁河本干及两岸洼地，新汴河水系中的沱河上段、洪碱河、大沙河、龙岱河等洼地，奎濉河两岸沿线洼地，治理面积 34600km²，耕地 3159 万亩。

（1）治理标准。除涝标准一般为5年一遇，其中贾鲁河下游本干除涝标准为3年一遇。防洪标准为 10～20 年一遇。

（2）规划措施。各支流上游以干沟疏浚为主，扩大排水出路，同时结合水资源利用，适当建设控制工程蓄水灌溉；各支流下游多为低洼地，采用高低水分排，低洼地建站抽排，部分洼地或退耕还湖或改种耐水作物；沿河一些地势最为低洼的地区，可作为滞涝区。

3. 淮南支流洼地

淮南支流洼地包括史灌河、涠河、濠河和池河下游洼地，治理面积约745km²，耕地74万亩。

（1）治理标准。除涝标准为5年一遇，其中抽排标准为5年一遇，自排标准为10年一遇。防洪标准为10～20年一遇。

（2）规划措施。沿河或圩区设置自排涵闸和排涝泵站，对圩区内的排涝干沟进行疏浚，新建、加固现有河道及圩区堤防，对局部堤距狭窄的河段进行退建；按照高水高排、低水低排的原则，在洼地与岗畈过渡地带设置撇洪沟，减少岗区汇水对圩洼地区的影响；对现有较零散的圩区进行统一规划、合并治理；对一些面积较小、阻碍排洪的生产圩堤，实施退垦还湖（河）。

4. 里下河洼地

里下河洼地包括腹部圩区和沿运、沿总渠自流灌区与圩区之间的次高地，斗南垦区大丰王港以北、中子午河和大四河以西地区，斗北垦区射阳河两岸及其以南地区，总面积23022km²，耕地1670万亩。

（1）治理标准。除涝标准里下河腹部地区为10年一遇，次高地及垦区为5年一遇。防洪标准20年一遇。

（2）规划措施。充分利用江都站、高港站、宝应站等泵站，并沿里下河周边结合江水东引，兴建贲家集二站、富安二站，进一步扩大抽排能力；在中部河湖洼地加强滞涝措施，恢复湖荡滞涝能力；恢复扩大"四港"自排能力，扩大川东港，进一步增加自排入海泄量。

5. 白马湖、宝应湖洼地

白马湖、宝应湖洼地面积约1111km²，耕地面积80万亩。

（1）治理标准。除涝标准为5年一遇，防洪标准为10～20年一遇。

（2）规划措施。通过实施河湖清障，增加湖泊滞蓄能力，恢复巩固自排口门，结合南水北调工程扩大区域排水出路；疏浚淤塞严重、排水不畅的骨干排水河道和排涝干沟；加固湖堤，消除防洪隐患，增加圩区外排动力，改造病险涵闸泵站，实施圩区封闭工程，加固圩堤。

6. 南四湖洼地

南四湖洼地包括南四湖滨湖洼地、湖西平原洼地、复新河洼地、顺堤河及苏北堤河洼地，治理面积6315km²，耕地609万亩。

（1）治理标准。除涝标准为5年一遇，防洪标准为10～20年一遇。

（2）规划措施。以干流治理为基础，对淤积严重、排水能力不足的河沟进行清淤治理；对排水不畅的圩区，合理调整局部圩区布局，以利高低水分排；妥善处理洼地外洪内涝的关系，通过扩大河道断面，提高排水和防洪能力。

7. 邳苍郯新洼地

邳苍郯新洼地包括邳苍洼地、临沂临沭洼地，治理面积 6083km²，耕地 437 万亩。

（1）治理标准。除涝标准为 5 年一遇，防洪标准为 10～20 年一遇。

（2）规划措施。着重建立以陶沟河、运女河、西迦河、白马河、吴坦河等 27 条支流为骨干河道的排水体系，局部低洼地建站抽排，在沂河、沭河、中运河、邳苍分洪道及区间河道堤防两侧新建和改造排涝泵站。

8. 沿运洼地

沿运洼地包括沿韩庄运河洼地、中运河以西洼地、黄运夹滩地和六运夹滩地，治理面积为 1513km²，耕地 141 万亩。

（1）治理标准。除涝标准为 5 年一遇，防洪标准为 10～20 年一遇。

（2）规划措施。疏浚河道和开挖排水干沟，加固堤防和进行河道险工处理，辅以修建提排泵站，解决"死洼区"的涝水问题，发挥工程整体效益。重点解决洼地防洪除涝标准低，现有工程损坏、老化严重的问题。

9. 分洪河道沿线洼地

分洪河道沿线洼地包括茨淮新河水系洼地、怀洪新河两岸洼地、沂南沂北洼地、渠北洼地和淮沭河以西洼地，治理面积 19411km²，耕地 1563 万亩。

（1）治理标准。除涝标准为 5 年一遇，防洪标准为 10～20 年一遇。

（2）规划措施。针对分洪河道沿线洼地特点，实施高水高截，减轻下游洼地排水压力，疏浚沿线两岸排水大沟，充分利用自排、抢排，减小抽排水量，缩短抽排时间，提高抽排效益。对地势较高，面积较小，抽排几率不大的洼地，建设流动泵站。

10. 行蓄洪区洼地

行蓄洪区洼地包括濛洼、城西湖、城东湖、瓦埠湖、黄墩湖、杨庄等 9 处蓄滞洪区，邱家湖、姜唐湖、寿西湖等 14 处行洪区，以及洪泽湖周边滞洪区，治理面积 5155km²，耕地 452 万亩。

（1）治理标准。除涝标准一般为 5 年一遇，其中泥河洼滞洪区为 3 年一遇，石姚段、洛河洼、方邱湖等城区段除涝标准为 10 年一遇。防洪标准为 10～20 年一遇。

（2）规划措施。建设排涝泵站、疏浚主要除涝河道（沟），提高洼地的除涝能力；对行蓄洪区内保护面积小、堤身单薄、有碍滞洪的圩堤尽可能退垦还湖，调整农业种植结构，发展特色农业。

（四）大型水库工程

淮河流域规划修建大型水库共 10 座，其中近期拟建出山店、前坪、庄里、张湾、江巷等 5 座大型水库，远期拟建白雀园、袁湾、晏河、下汤、双侯等 5 座大型水库。

近期拟建的 5 座大型水库情况如下。

1. 出山店水库

出山店水库位于河南省信阳市浉河区境内，坝址在京广铁路以西 14km 的淮河干流上，控制流域面积 2900km²。水库主要任务是以防洪为主、结合供水、灌溉、兼顾发电。水库建成后，近期结合规划修建的张湾水库，可使淮河干流息县以上的防洪标准由目前不到 10 年一遇提高到近 20 年一遇。远期配合已建和规划修建的大型水库工程，使淮河干流淮滨以上的防洪标准达到 20 年一遇。

出山店水库总库容 12.37 亿 m³，工程等别为 Ⅰ 等，工程规模为大（1）型，主要水工建筑物级别为 1 级，设计洪水标准为 1000 年一遇，校核洪水标准为 10000 年一遇。防洪库容 6.6 亿 m³，兴利库容 1.45 亿 m³。主要建筑物有主坝、副坝、灌溉洞、引水洞及电站等。库区淹没影响土地 9.58 万亩，迁移人口 1.55 万人。

2. 前坪水库

前坪水库位于淮河流域沙颍河支流北汝河上游，河南省洛阳市汝阳县城以西 9km 的前坪村附近，水库控制流域面积 1325km²。水库主要任务是以防洪为主，兼顾灌溉、供水，结合发电。水库建成后，可使北汝河防洪标准由现状的 10 年一遇提高到 20 年一遇；前坪水库又是整个沙颍河防洪体系的重要组成部分，配合已建、规划兴建的大型水库和蓄洪区运用，可控制漯河下泄流量，使沙颍河的防洪标准提高到 50 年一遇。

前坪水库总库容 6.10 亿 m³，工程等别为 Ⅱ 等，规模为大（2）型，主要水工建筑物级别为 2 级，设计洪水标准为 100 年一遇，校核洪水标准为 5000 年一遇。防洪库容 2.38 亿 m³，兴利库容 2.79 亿 m³。主要建筑物包括主坝、副坝、溢洪道、泄洪洞、输水洞、电站等。淹没耕地面积 0.8 万亩，迁移人口 1.1 万人。

3. 庄里水库

庄里水库位于南四湖水系十字河上游，控制流域面积 335.3km²，主要任务是工业供水、防洪、灌溉、发电。水库建成后，可将十字河下游防洪标准提高到 30 年一遇。

庄里水库总库容 1.35 亿 m³，工程等别为 Ⅱ 等，规模为大（2）型，主要水工建筑物级别为 2 级。设计洪水标准为 100 年一遇，校核洪水标准为 5000 年一遇。防洪库容 0.21 亿 m³，兴利库容 0.8 亿 m³。主要建筑物包括土坝、溢洪道、输水洞、电站等。淹没耕地面积 2.1 万亩，迁移人口 1.2 万人。

4. 张湾水库

张湾水库位于淮干支流竹竿河上，控制流域面积 1360km²，主要任务是以防洪、灌溉为主，结合发电、供水。水库建成后，配合淮河上游已建与拟建的大型水库，可使淮河上游防洪标准由现状的 10 年一遇提高到 20 年一遇。

张湾水库总库容 16.71 亿 m³，防洪库容 7.08 亿 m³，兴利库容 4.65 亿 m³。设计洪水标准为 500 年一遇。淹没耕地面积 6.7 万亩，迁移人口 5.3 万人。

5. 江巷水库

江巷水库位于淮干支流池河上游，控制流域面积 735km²，其主要任务是以防洪、灌溉及城镇供水。水库建成后，可使池河中下游防洪标准提高到 20 年一遇。

江巷水库总库容 3.44 亿 m³，防洪库容 0.7 亿 m³，兴利库容 1.29 亿 m³。设计洪水标准为 100 年一遇。淹没耕地面积 4.8 万亩，迁移人口 2.2 万人。

（五）跨流域调水工程

1. 南水北调东线工程

规划确定东线工程的总调水规模为抽江 800m³/s，过黄河 200m³/s，到天津 100m³/s，送山东半岛 90m³/s。工程建成后，多年平均抽江水量 148 亿 m³；过黄河水量 38 亿 m³；送山东半岛水量 21 亿 m³。多年平均增供水量 106 亿 m³，其中淮河流域增供水量约 47 亿 m³。

东线工程从扬州附近长江干流三江营引水口取水，利用京杭运河及其平行的其他河道向北输水，连通洪泽湖、骆马湖、南四湖，经泵站逐级提水至东平湖。出东平湖后分两路输水，一路向北穿过黄河送水至天津北大港水库；另一路向东开辟山东半岛输水干线送水至威海市米山水库。从长江取水口至天津北大港水库，输水干线长约 1156km；从东平湖至威海市米山水库全长约

701km。规划东平湖以南设 13 个提水梯级泵站，总扬程约 65m。

东线工程在 2030 年以前分三期实施。第一期工程已于 2013 年年底完成。第二、第三期工程抽江规模分别扩大到 600m³/s、800m³/s，增加向河北省、天津市供水。

2. 南水北调中线工程

南水北调中线工程从长江支流汉江丹江口水库引水。输水总干渠从陶岔枢纽起，沿伏牛山南麓向东北行进，经南阳北跨白河后，于方城垭口过江淮分水岭进入淮河流域；在鲁山县过沙河，往北经郑州西孤柏嘴穿越黄河；经焦作市东南、新乡西北、安阳西过漳河，进入河北省境内；经邯郸西、邢台西在石家庄西北过石津干渠和滹沱河，过北拒马河后进入北京市境，终点为团城湖。输水总干渠全长 1267km，其中淮河流域长约 300km。

远期考虑从长江三峡水库或以下长江干流引水增加北调水量。

中线工程受水区为唐白河平原及黄淮海平原的西中部，包括北京市和天津市，以及河北省、河南省的 21 座地级以上城市，总面积 15.1 万 km²。淮河流域内的受水区有河南省的平顶山、漯河、周口、许昌和郑州等 5 市的部分地区，面积约 3.8 万 km²。

规划中线工程分两期实施。第一期工程已于 2013 年年底基本完成，多年平均调水量为 95 亿 m³，分配淮河流域 12.8 亿 m³。第二期工程多年平均调水量为 130 亿 m³，分配淮河流域 22.4 亿 m³。

3. 引江济淮工程

引江济淮工程的开发任务以城乡供水、发展江淮航运为主，结合农业灌溉补水，兼顾改善巢湖及淮河生态环境等综合利用。工程规划范围为南北向位于长江、黄河、废黄河之间，东西向位于京沪铁路与京广铁路之间，涉及安徽省安庆、芜湖、马鞍山、合肥、六安、滁州、淮南、蚌埠、淮北、宿州、阜阳、亳州 12 个市以及河南省周口、商丘 2 个市的部分地区，总面积约 7.06 万 km²。

规划 2030 年和 2040 年水平年多年平均调水量分别为 33.03 亿 m³ 和 43.00 亿 m³。工程调水线路初拟采用西兆河、菜子湖双线引江，经巢湖段至派河，向北跨越江淮分水岭，经东淝河至瓦埠湖，由东淝河闸入淮河，利用蚌埠闸以上淮河干流调蓄，再经沙颍河、西淝河、涡河、怀洪新河等多条河道向淮北地区供水。2040 水平年引江设计流量为 300m³/s，过江淮分水岭设计流量为 290m³/s。

4. 苏北引江工程

苏北引江工程是向苏北里下河腹部及东部沿海地区供水的调水工程，由江水东引工程和临海引江工程组成。

江水东引工程供水范围为里下河腹部地区、斗北垦区、渠北地区东部及响水地区，并通过通榆河北延扩大到连云港地区。江水东引工程规划布局为两河引水，三河输水，即通过新通扬运河和泰州引江河从长江引水，通过三阳河、卤汀河和泰东河向里下河腹部输水。江水东引工程从20世纪50—60年代开始建设，90年代开通泰州引江河及通榆河，初步形成供水网络，现状多年平均引江水量42亿 m³。规划将完善新通扬运河、泰州引江河两河引水，三阳河—大三王河—射阳河、卤汀河—下官河—黄沙港、泰东河—通榆河三线输水布局，实施卤汀河拓浚、泰东河拓浚、泰州引江河二期等骨干工程，形成较完善的江水东引工程体系，为北部沿海地区开发提供水源保障。

规划新辟的临海引江供水工程，口门设在南通焦港、九圩港地区，供水范围主要为斗南垦区和沿海开发滩涂围垦集中区。淮河流域重大水资源配置工程布置示意图见图4-1。

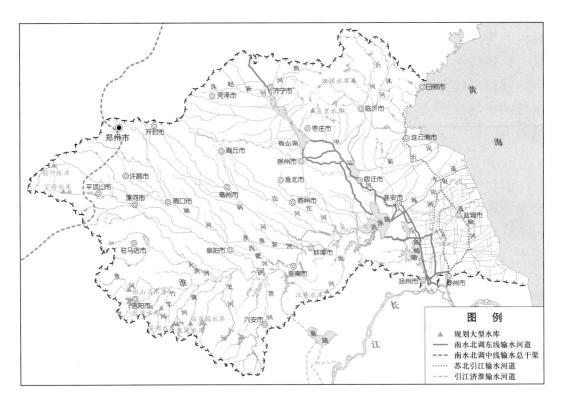

图4-1 淮河流域重大水资源配置工程布置示意图

（六）管理能力建设工程

流域综合管理能力建设工程包括综合管理平台和科技与基础工作平台建

设。流域综合管理能力工程的建设要在充分利用现有设施的基础上逐步完善。

综合管理平台主要建设信息采集系统、信息资源管理系统、管理应用系统及安全保障系统、综合管理支撑能力体系建设。

信息采集系统依据防洪、除涝、抗旱、水资源管理及保护等实际需要，补充、调整、完善和建设防洪监测、除涝监测、水资源配置监测、水资源保护监测、抗旱监测、水生态保护监测、沿海河流风暴潮监测、突发公共事件应急监测和水文科学实验以及水土保持监测、水利工程观测与安全监控等监测监控站网系统等。

信息资源管理系统根据相关规划及管理信息资源的需要，规划建设和完善流域水利信息网络及流域水利网络管理中心，完善各类信息收集处理系统，基础数据库、流域水利数据中心和信息资源管理平台。

管理应用系统及安全保障系统根据淮河防洪、除涝、抗旱、水资源管理等的需要，规划开发和建设淮河流域防汛指挥、水资源管理与保护、水土保持、水利工程管理等重点应用系统，建设和完善流域水利信息安全体系和技术标准与规范等。

综合管理支撑能力体系建设重点是淮河防汛抗旱总指挥部、流域各省及重要地市的防汛抗旱和水资源保护、监控、调度体系建设，淮河防总合肥指挥中心、防汛移动指挥站、流域及省级和重点地市级的水土保持监测中心（分中心）、流域及省级水环境监测中心建设等。

构建较为完善的流域科技创新体系和平台，建设一批体现流域特点、学科设置合理的流域水利科学研究中心和试验基地。开展河湖关系、河道演变规律、河流健康、水资源保障及调度、流域综合管理体制、洪水风险管理、生态修复和补偿机制、全球气候变化影响等重大问题和关键技术研究。

第四节　水利工程管理

新中国成立之初，水利工程管理单位按照计划经济的管理模式建立了一系列的管理程序和规范，这些政策在当时历史条件下对强化水资源调度、促进国民经济的顺利发展，发挥了应有作用。1997 年国务院制订了 1997—2010 年的水利产业政策，提出了水利发展的大框架。2002 年国务院办公厅印发了《水利工程管理体制改革实施意见》，决定通过 3～5 年的努力，初步建立符合我国国情、水情和社会主义市场经济要求的水利工程管理体制及运行机制。

一、管理体制和机构

淮河流域的水利工程管理实行条块结合、分级管理、分级负责的体制，沂沭泗河水系的主要干流和枢纽由淮委直属管理单位（沂沭泗水利管理局）统一管理，其他工程均由流域四省分别管理。各省管理的工程中，涉及跨市防洪安全和水资源调度的重要骨干水利工程一般由省水利厅直接管理，其他工程由市、县水行政主管部门管理。

水利工程管理在工程建设过程中越来越受到重视，一般在项目立项阶段就明确了管理范围、管理机构、人员编制、经费来源等，初步改变了重建轻管的局面。各级主管部门和管理单位按批复要求确权划界、健全机构、落实编制和经费，建立健全运行管理制度，做好技术培训等工作。1991 年治淮 19 项骨干工程全面启动后，新建成的工程都成立了相应的管理机构，如河南省石漫滩水库管理局和燕山水库管理局、安徽省临淮岗枢纽控制工程管理局、江苏省入海水道管理处、淮委沂沭泗水利管理局、刘家道口枢纽管理局等。

2002 年按照国家要求，开始实行水管单位体制改革，实行管养分离，落实养护经费，组建工程维修养护单位，水管单位负责工程管理，维修养护单位按照合同承担工程的维修养护任务。

二、管理法规

新中国成立后，国家相继出台了《中华人民共和国水法》《中华人民共和国河道管理条例》《黄河、长江、淮河、永定河防御特大洪水方案》《河道采砂收费管理办法》《国务院批转水利部关于对南四湖和沂沭河水利工程进行统一管理请示的通知》等水法规，流域四省也颁布了一系列地方性水法规。

1991 年长江、淮河发生大洪水后，国家在加大水利工程建设的同时，高度重视水利工程管理，坚持建管并重，坚持依法行政，制定了一系列有关工程管理的法规，流域四省人大和政府以及水行政主管部门也相应发布实施了相应的法规。

三、管理内容

水利工程管理工作内容按项目分类，主要包括技术管理、经营管理两大类，其中技术管理包括制度建设、工程控制运用、检查观测、安全鉴定、养护维修、防汛抢险、工程管理考核、涉河建设项目管理、河道采砂管理、水利风景区建设等方面。

四、管理体制改革

2002 年 9 月，国务院办公厅印发《水利工程管理体制改革实施意见》后，水利工程管理单位体制改革在淮河流域全面展开，目标是要建立职能明晰、责权明确的水利工程管理体制，科学管理、经营规范的水管单位运行机制，市场化、专业化和社会化的水利工程维修养护体系，合理的水价形成机制和有效的水费计收方式，规范的资金投入、使用、管理与监督机制，较为完善的政策法规支撑体系。

2006 年淮委直属沂沭泗水利管理局所有水管单位全部完成水管体制改革任务，2008 年 1 月江苏省 13 个省辖市均顺利通过了验收，2009 年 1 月安徽省水管体制改革基本完成，2009 年 4 月河南省水利厅对全省水管单位改革进行了验收。到 2009 年 3 月山东省已有济南等 9 个市、120 个单位全面完成水管体制改革验收工作。

通过改革取得了重大成效，如改革前安徽省淮河流域共有水管单位 412 个，编制数 9329 人，在职职工 15595 人，各项经费 18159 万元。改革后，共有水管单位 346 个，其中纯公益性单位 151 个、编制 5269 人，准公益性单位 195 个、编制 6419 人，共有在职人员 12711 人（含霍邱县、寿县、叶集区 1477 名应分流未分流人员），落实人员基本经费 31877.9 万元、工程维修养护经费 18124.8 万元，分流人员 2861 人，参加社会保险 9525 人次。通过改革，基本理顺了管理体制，确定了水管单位的性质、编制，分流了部分超编人员，落实了 89％的人员基本支出经费和 82％的工程维修养护经费，为开展水利工程管理工作创造了良好的条件。

五、管理单位自身建设

淮委在中央有关部委的大力支持下，防汛通信、水文、水政监察、水资源监测等非工程措施建设得到加强，初步建立了流域防汛信息采集系统、通信系统、计算机网络系统和决策支持系统，流域水管理能力得到全面提升。

流域各省也通过各种资金渠道，加大水文、防汛抗旱调度、防汛通信等方面的投入，水利工程管理逐步走向标准化、规范化，正在加快进入水利现代化。在加大管理单位基础设施建设的同时，各地均采取多种措施，加强人才教育培训，提升管理水平。

小   结

新中国治淮 60 多年来，在淮河流域开展了大规模的水利工程建设，修建了大量的水库、水闸、泵站和水电站，整治河道，兴建堤防，发展灌溉，基本形成了具有防洪、供水、灌溉、发电、航运等综合利用功能的水利工程体系，治淮工程建设成绩斐然。未来，应根据有关规划，围绕进一步健全防洪除涝减灾体系、完善水资源保障体系、构建水资源和水生态保障体系、建立流域综合管理体系，继续加强水利基础设施建设；同时也要重视水利工程的管理问题，充分发挥工程效益。淮河干流行蓄洪区调整、淮河下游扩大巩固、重点平原洼地治理、大型水库、跨流域调水等工程对完善流域水利工程体系、保障和支撑流域经济社会发展具有重要作用，应按规划实施。

第五章

流 域 水 管 理

第一节 水管理的历史

一、管理情况简述

我国是世界上实施水行政管理较早的国家。自有文字记载以来，历代都把水利管理作为政府的重要职能，并设置专门的机构来统一管理。在中国历史典籍中，就有水利机构的记载。《尚书》记载"禹作司空"，"平水土"。《荀子·王制》记载司空的具体职责有："修堤渠，通沟浍，行水涝，安水藏，以时决塞。岁虽凶败水旱，使民有所耘艾，司空之事也。"即管理防洪、除涝、蓄水、灌溉等水利工作是司空的职责。

商周时，根据防洪、供水等公益事业和公用工程管理的需要而设置了行使专门职责的官吏，这就是《周礼》所列的天地春夏秋冬，或金木水土各官。管水和治水的官，分别为冬官及水官。这就是水正为官、玄冥为神的水管理职官起源。春秋战国时各诸侯国政务主要由司空、司徒、司马和司寇承担，分管土木工程、劳役、军事、刑法等。其中水利工程的兴建及管理是司空的职权。秦汉一统的集权专制下，中央政务机构尚书省和卿监两大体系中，产生了水利行政管理、水资源税征收、水利工程建设和管理三类水行政官员。隋唐建立的中书、门下、尚书三省同为国家最高政务机构，分别负责决策、审议和执行，并将政务分为六部来分理，即吏、户、礼、兵、刑、工，形成了中央水官（隶属于工部）和地方水官（隶属于地方政府）条块清晰的水利管理体系。此外，通过御史台的外派，形成了跨行政区划的专业系统。

中国的水利管理随着社会需要的发展而逐步加强，除中央政府中有专管部门外，地方政府也兼管水利，重要灌区还有专门官员负责监督。水利部门所辖治河、航运、灌溉等主要方面的管理逐步分工。唐宋以后，中央政府一般只负责治河、航运建设和管理，农田水利则主要由地方政府甚至由灌区管理机构自行负责。古代也重视制定专门法规，唐代《水部式》是现存最早的全国性水利管理法规。后代治河、航运又进一步单独制定相应管理条例。灌区的管理章程一般由民间依据历史习惯制定。清末开始了法律近代化的转型，1942 年，国民政府颁布了中国近代第一部《中华民国水利法》，并以此为核心构建了一套比较完善的水利法制体系。水利法规和行政管理的逐步完善，是中国水利持续发展的重要保证。

淮河流域历来是我国水利管理的重点。金、元以后，由于黄河长期夺淮，加上京杭运河全线开通，黄、淮、运在淮河流域交汇，治河、治运、治淮交织在一起。明代的总理河道、总理漕运和清代的河道总督、漕运总督等机构多设在淮河流域，总管黄淮海及运河的水利水运事务，重点治理和管理该区域的黄、淮、运河道。清末之前，淮河流域水利实行中央派出机构专管和地方官吏协助的管理体制，流域四省未设专门机构，至清末民初才相继成立水利机构，对境内的淮河进行管理。1855 年黄河北徙后，民间和地方政府建立导淮组织或机构，进行河道测量，提出导淮方案等。清同治五年（1866 年）10 月，曾国藩在清江浦（现淮安）创设"导淮局"，这基本上是近代淮河流域机构的雏形。1929 年国民政府制定《导淮委员会组织法条例》，成立国民政府导淮委员会，蒋介石兼任委员长，隶属国民政府掌握治淮事务，后经多次调整，至1947 年导淮委员会改组为淮河水利工程总局，隶属行政院下设的水利部，是民国时期全国统一的治淮管理机构。新中国成立后，淮河流域经济社会发展进入了全新的时代，治淮得到党和政府的高度重视，水利管理体系逐步建立并不断完善。

二、水利盟约及意义

从我国古代水行政管理发展的历史看，虽然没有明确提出过流域管理的概念，但已有从河流水系的层面、而不仅局限于行政区域着眼治水管水的实践，这方面较早的是春秋战国时期水利盟约。春秋战国时期在淮河流域范围内有多个诸侯国，曹国、齐国、楚国、吴国等在淮河流域内也有其辖地，各诸侯国出于本国利益或军事上的需要，在辖地河流上筑堤打坝，以水代兵，以邻为壑，水事纠纷不断。诸侯的做法虽然是出于维护本国利益的需要，但结果却常是损人损己，给自身也带来灾难，在这种情况下各诸侯国也有解决水利纠纷的客观需要，于是就有诸侯举行联席会议制订水利盟约，如昭陵（今河南郾城县东）

之盟、葵丘（今河南民权县境）会盟，提出"毋曲堤""毋雍泉"条款。在2600 年前诸侯治水就已经能够认识到不能以邻为壑，不能只顾自己而不顾全局，并能够缔结盟约加以约束。各诸侯已经切实遭受到了以邻为壑所带来的灾难而不得不为之，从主观上看这或许是主要原因，同时也不排除另外一种可能，当时的人们已经认识到治水必须遵循自然规律，或者说，他们从技术上对治水也有了一些认识，哪怕是非常粗浅或初步的。当然，鉴于当时政治经济局势，水利盟约寿命不长，收效不彰，但对当时而言却是极有意义的尝试。

第二节　国外的流域水管理情况

一、国外水资源的流域管理

治河治水是与人类的生存与发展紧密相关的，但是对河流流域性的认识一直到 19 世纪中后期才逐渐形成。1879 年，美国设立密西西比河委员会，并根据该河的整治和开发需要，制订了密西西比河航运及防洪规划。20 世纪 30 年代起，世界上很多国家开始在大的、重要的河流上建立流域管理机构，进行河流流域的综合管理和开发。英国 1930 年颁发的《土地排水法》规定设立流域委员会；美国 1933 年成立田纳西流域管理局，在对田纳西河综合开发的同时，促进了地区经济的发展；法国在这一时期成立了罗纳河公司，综合开发罗纳河的水电、航运和灌溉。20 世纪 50 年代后，随着社会、经济和科学技术的发展，经济效益分析、社会效益评价、环境生态保护、资源优化利用、管理体制及手段等领域的研究成果，被应用于流域综合治理、开发和管理，大大丰富了流域综合开发的内容，也使流域管理提高到一个新的水平。

（一）多瑙河流域管理

多瑙河流域覆盖欧洲 19 个国家，其中 14 个国家的领土大部分位于流域内，是世界上最国际化的流域，居住着 8100 万不同语言、文化和历史的人口。多瑙河沿岸的合作始于 20 世纪 80 年代中期（《布加勒斯特宣言》），1994 年成功签署了多瑙河保护公约，1998 年 10 月成立了多瑙河保护国际委员会（ICP-DR），其目的是执行多瑙河保护公约。多瑙河保护公约目的如下：①实现可持续的、公平合理的水管理。②保持或改善多瑙河流域地表水、地下水以及水生态系统的状况。③控制多瑙河流域水体的水质和有害物质排放，特别是点源和非点源排放的营养物及危险物质，重点是控制跨界影响和减少排入黑海的污染物负荷。④对可能造成意外污染的危险源进行预防性控制，并建立报警系统，在发生特大水污染事件时开展互助。⑤通过协调行动提高防洪能力。

在流域管理方面，ICPDR 是欧洲最大的国际组织。该委员会是决策机构，负责确保多瑙河流域各国在公约的框架下信守承诺。虽然该委员会只有建议权，但如果其建议在 1 年的质疑期内没有被缔约方否决，其决定将具有约束力，涉及财务的决策尤为如此。委员会每年 12 月召开 1 次例会，通常在秘书处所在地维也纳举行，各缔约方派代表团参加会议，最多 5 名代表，其中包括代表团团长。常设工作组首先由代表团团长组成，其下几名成员自定。工作组每年召开 1 次会议，通常在每年的 6 月，在 ICPDR 轮值主席（每年轮流担任）所在国召开。解散工作组需经 ICPDR 批准。

（二）美国田纳西河流域管理

田纳西河是美国东南部俄亥俄河的最大支流，流域面积 10.5 万 km²，涉及美国 7 个州，但是流域淤沙沉积，大多数有价值的矿产资源被盲目开采，土地严重荒漠化，经常发生洪涝灾害，造成了相当大的生态问题。1933 年美国颁布了《田纳西河流域管理局法》，并成立了权威性的流域管理机构"田纳西河流域管理局"（TVA）。该法规定流域管理局是个政府机构，负责田纳西河流域防洪、航运、灌溉等综合开发和治理。同时，法律授予该流域管理机构很大的行政管理权力并明确与其他机构的关系，使管理局能有效、顺利的行使职责。由于有法律的专门授权，使得田纳西河流域管理局能够根据本流域的资源状况，充分考虑开发工程所必须适应的长期发展要求，制定包括防洪、发电、航运、灌溉、农业生产、环境保护等内容的综合性的长期开发方案，从国民经济建设整体利益这一根本点出发，以水坝建设为突破口，把水坝建设与流域内的防洪、城市用水、航运、生态建设、休闲旅游等结合起来，进行水资源综合开发利用，成果显著。

（三）法国流域管理委员会制度及罗纳河的流域管理

法国于 1964 年颁布了水法，建立起高效率的水资源管理系统。这个系统被誉为世界上比较好的水资源管理系统之一，其显著特点是将全国按河流水系分成六大流域，成立流域管理委员会。首先将水当作水的汇集系统整体进行管理，以流域为单位，按照流域而不是行政区进行管理。由于运用了这个系统，法国河流的生态状况有了显著的改善，甚至在人口特别密集的巴黎地区，饮用水源的质量也能满足现代的要求。

罗纳河的流域管理。罗纳河是法国第二大河流，长 812km，其中在法国境内 522km，全流域面积 9.9 万 km²，法国境内 9.1 万 km²。流域内包括了法国 40％的河流航运和 40％的水电资源。1921 年 5 月法国国会通过法令成立罗纳河公司，主要任务是管理罗纳河，综合开发水电、航运资源，发展灌溉等。1933 年罗纳河公司正式成立，拥有资本 2400 万法郎，分 240 万股。第二次世界大战后，罗纳河公司成为法国政府控制的从事公共事业的股份有限公司，公司设有董事会，董事会主席由内阁任命，下设总经理，公司在总经理领导下开展日常工作。董事会每月召开一次会议，讨论较为重要的问题和总经理提出的报告。罗纳河流域综合开发的主要做法是在全面而合理地规划、国家给予优惠政策、科学管理的基础上，以水能开发利用为龙头，带动全流域的治理开发和发展。主要是：全面而又科学合理地规划，罗纳河的开发规划贯穿了综合利用和节约土地两项原则，力求在发电、航运、供水、排水、水环境保护等各项目标中寻求一个最佳方案，在罗纳河的开发和整治过程中，最大的约束是土地，罗纳河两岸人口密集、农业富庶、土地珍贵，水库电站一般都采用低坝的方案。合理的电价，使公司能够形成滚动开发。优惠的政策，国家将罗纳河沿岸土地 100 年的经营使用权交给公司，公司利用这些土地修建港口、仓库等进行经营，并出租土地；政府对公司的各项收入均不征税；公司可以向在河道采砂的企业征收费用。自动化、专业化的管理，高效率的生产，罗纳河工程基本实现了运行自动化；专业化的工程维修，由法国电力公司和罗纳河公司组成五个维修中心，负责工程的维修维护；公司业务包括建设、运行、管理、研究等多个方面，但全部职工仅数百人，效率非常高。

（四）英国的泰晤士河水务局

英国于 1974 年成立的泰晤士河水务局是一个综合性流域管理机构。依照 1973 年英国颁布的水法，它负责流域统一治理和水资源统一管理，包括水文站网建设、水文水情监测预报系统的管理、城市生活和工业供水、下水道、污水处理、防洪、水产、水上娱乐等河流管理所有方面的内容，并有权确定流域水质标准，颁发取水和排水（污）许可证，制定流域管理规章制度，是一个拥有部分行政职能的非盈利性的经济实体。

（五）澳大利亚墨累-达令流域管理

澳大利亚墨累-达令流域位于澳大利亚东南部，为澳大利亚最大的流域，面积 106 万 km²，约占澳大利亚国土总面积的 14％，是澳大利亚重要的农业区和经济区。流域管理机构根据澳大利亚政府与新南威尔士、南澳大利亚、维多利亚、昆士兰四个州政府联合制定的墨累-达令流域协议设置而成。包括流域决策机构，墨累-达令流域部长级理事会，由联邦政府、流域内四个州的负责土地、水利及环境的部长组成，主要负责制定流域内的自然资源管理政策，确定流域管理方向。流域执行机构，墨累-达令流域委员会，由来自流域四个州政府中负责土地、水利及环境的司局长或高级官员担任，主要负责流域水资源的分配、资源管理战略的实施，向部长级理事会就流域内水、土地和环境等方面的规划、开发和管理提出建议。流域咨询协调机构，社区咨询委员会，成员来自流域内 4 个州、12 个地方流域机构和 4 个特殊组织，主要负责广泛收集各方面的意见和建议，进行调查研究，对相关问题进行协调咨询，确保各方面信息的顺畅交流，并及时发布最新的研究成果。地方水行政管理机构，由各州政府成立专门的水管理机构，代表州政府实施水资源管理、开发建设和供水分配权，并根据联邦政府确定的各州水资源分配额，对州内用户按一定年限发放取水许可证，同时收取费用。州下属地方政府水务部门主要执行州政府颁布的水法律、法规，负责供水、排水及水环境保护。各级政府分工明确，对水资源进行分级管理，墨累-达令流域及地方管理机构示意图见图 5-1。

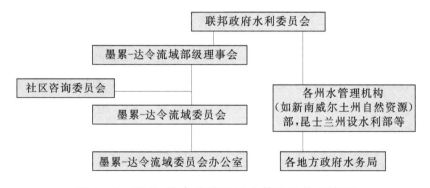

图 5-1　墨累-达令流域及地方管理机构示意图

最初墨累-达令流域实行的是围绕水资源利用展开的州际协作管理，随着水问题的出现，1914 年由澳大利亚联邦政府、新南威尔士州、维多利亚州以及南澳州政府共同签署并于 1915 年通过了墨累河水协议（River Murray Waters Agreement）。该协议在此后 70 多年的时间里一直发挥着管理作用。但是到了 20 世纪 80 年代，随着水质的恶化和土壤的盐碱化，迫切需要扩大委员会的职权，加强政府间合作的力度以寻求新的对策。1987 年，经过重新协商，签署了墨累-达令流域协议（Murray-Darling Basin Agreement），1992 年诞生了新的墨累-达令流域协议，宗旨是"促进和协调行之有效的计划和管理活动，以实现对墨累-达令流域的水、土及环境资源的公平、高效和可持续发展利用"。协议在政策制定、机构设置和社区参与三个层面上创设了流域协商管理的组织框架，同时确立了新机构的目标、功能和组成，规定了流域机构相关工作应遵循的程序，明确了水资源的分配、机构资产管理以及财务支出等相关事项。

二、国外流域水管理的经验

(一) 依法治水管水

由于河湖流域的综合开发涉及生态、环境、动植物、气象、水利工程以及经济、社会等诸多方面，需要通过立法给予流域管理机构广泛的管理权及实施保障。尽管世界各国的水管理体制不尽一致，但涉水法律法规大多比较健全，水事活动也大多能严格遵守。流域管理的法律法规一般有两类：一类是涉及全流域的立法，如科罗拉多河的《河流法》，密西西比河的《洪水灾害防御法》、《水资源规划法》；另一类是对某一方面的管理采用具有法律效力的协议，如伊利湖的《大湖区管理协议》等。

(二) 加强流域管理机构建设

英国在这方面有成功的经验。英国政府针对供水和水污染问题，根据1973 年议会通过的水法，实行按流域（或联合附近几个小流域）分区管理，在英格兰和威尔士成立 10 个水务局，每个水务局对本流域与水有关的事务全面负责、统一管理，取得了显著成效，现已由过去的多头分散管理基本上统一到以流域为单元的综合性集中管理，逐步实现了水的良性循环，促进流域经济和社会的繁荣发展，被称为英国水管理的"现代革命"。美国、法国、土耳其等国家也通过组建流域管理机构，按流域进行统一管理。

(三) 重视公众参与

由于流域管理的广泛性和社会性，一些国家相当重视公众参与，并将其作为流域管理的关键因素。如法国的流域委员会中，采取"三三制"的组织形式，由一百多人组成，其中 1/3 是用户和专业协会代表，1/3 是地方当局代表，其余 1/3 是政府有关部门的代表，被称为"水务议会"。

(四) 利用市场进行融资

20 世纪 80 年代后国际流域管理机制出现了运用基金会的组织方式对流域进行管理。如美国的科罗拉多河流域的管理机制引入了信托基金方式，基金的董事会包括用水各方的代表。基金成立的指导思想主要基于公益性用途,不完全依靠联邦政府和私有企业的投入,还依靠社会的支持以保护流域地区的生态环境。再如法国的流域水务局除负责流域水规划的审批和上报外,同时又作为一个金融机构,它代表国家接收地方省、区上缴的部分税款,然后根据需要,再把这些资金投资到新建水工程上去,通过更好地开发利用流域水资源为社会提供服务。同时,流域内的水利基础设施可向政府贷款或向社会筹资,靠水费或收电费来支付利息和偿还政府贷款。

第三节　淮河流域管理现状和问题

一、流域管理体制

淮河流域目前的水管理体制是流域管理与区域管理相结合,流域管理机构是水利部所属的淮河水利委员会。

流域各省设有水利厅,为所在省的水行政主管部门,统一管理本省的水资源和河道,主管全省的水利工程建设和水土保持工作,负责防汛抗旱等日常工作,负责全省水利行业管理。

流域机构和各省水利厅之间无直接的行政关系,和流域内各地(市)、县水行政主管部门之间也没有直接的上下级关系。

根据有关水法规的规定和水利部对淮委的授权,流域管理工作由流域机构和地方政府及其水行政主管部门共同承担。流域机构主要起协调、组织、指导、监督和服务作用,对水事活动多数为间接管理。流域机构同时也承担少数重要水工程的开发建设以及运行管理。地方水行政主管部门的职责是负责本地区内的水资源管理、水工程建设管理和其他水事行为管理。

二、流域机构

(一)淮河水利委员会的沿革

新中国成立后,接管国民政府的淮河水利工程总局,成立了人民政府的淮河水利工程总局。党和政府高度重视治淮工作,先后成立了淮河中游、上游工程局、皖北治淮指挥部等机构,为更好地落实政务院《关于治理淮河的决定》,1950 年 11 月 6 日,在安徽蚌埠成立治淮委员会,对治理工作实行统一领导和管理，主要职责是统一规划与治理淮河，1953 年夏，沂、沭、泗区水利工作划归治淮系统。治淮委员会由中共中央华东局代管，至 1951 年年底，辖有河南省治淮总指挥部和苏北治淮工程指挥部 2 个省区指挥部，11 个专区指挥部，63 个总队。机关 3 个部、1 个厅、14 个处、53 个科。在后来六七年的大规模治淮建设中，机构几乎年年进行增减调整，一是先后成立的银行、检察院、公安、法院等相继划归地方管理；二是具有建设管理职能的省、专区指挥部相继撤销并归地方政府水利厅局；三是保留流域统一治理的科研、规划、设计等前期工作和重点工程施工部门；四是流域管理由高度集中的统一管理逐步演变为流域与地方分责相结合的管理。

1958 年 7 月 8 日，经中央书记处批准，治淮委员会撤销，治淮工作由淮河流域四省分别负责。从已有的志书资料分析，撤销治淮委员会可能有以下原因：一是经过高强度、大规模的统一治理，淮河上蓄、中滞、下泄的防洪工程体系初步形成，治淮取得了令人瞩目的成效；二是随着洪灾的减轻，涝灾的问题突显，流域内因排水产生的边界矛盾日益增多，1953 年以后中央先后两次调整皖苏、鲁苏行政区划，多次调解南四湖水系、奎濉河水系、沱河水系、邳苍郯新地区的省际边界水利纠纷，但流域四省对治淮工程建设意见的分歧仍越来越大；三是流域各省水利建设和管理队伍从无到有，由弱变强，很多人错误地认为治淮交给地方管理仍可以实现治理目标。

从 1958 年治淮委员会撤销到 1971 年国务院治淮规划小组办公室成立，淮河流域管理工作主要由流域各省在中央的统一领导下实施行政区域管理。从实施效果看，大致可分三个过程：一是撤销后的前三年，按照 1956—1957 年制定的规划，流域各省充分发挥行政管理的作用，发动群众建设了大量的治淮骨干工程，如淮河水系的南湾、白龟山、宿鸭湖及沂沭泗河水系的陡山、日照、石梁河等 20 余座大型水库开工建设，蚌埠闸、嶂山闸、二级坝闸等重要节制闸也开工建设；二是 1961—1969 年，在缺少流域机构组织协调情况下，水事纠纷越来越多，几乎所有省际河流都出现水利矛盾，水利管理成本越来越高，影响社会稳定；三是 1969 年 10 月，国务院成立治淮规划小组后，从抓统一规划入手，开始加强流域层面的流域管理。

1977 年，在治淮规划小组办公室的基础上，重新组建治淮委员会，作为水利电力部的派出机构，全称水利电力部治淮委员会。1990 年治淮委员会改名水利部淮河水利委员会至今。

（二）流域机构的职责

1994 年 1 月，国务院办公厅以国办〔1994〕7 号文印发《水利部"三定"

方案》，其中明确，流域机构是水利部的派出机构，在本流域内行使水行政主管部门的职责，并要求加强和充分发挥流域机构的作用，其后历次"三定"基本维持上述定位，主要管理职责有：负责保障流域水资源的合理开发利用；负责流域水资源的管理和监督，统筹协调流域生活、生产和生态用水；负责流域水资源保护工作；负责防治流域内的水旱灾害，承担流域防汛抗旱总指挥部的具体工作；指导流域内水文工作；指导流域内河流、湖泊及河口、海岸滩涂的治理和开发；按照规定权限，负责流域内水利设施、水域及其岸线的管理与保护以及重要水利工程的建设与运行管理；指导、协调流域内水土流失防治工作；负责职权范围内水政监察和水行政执法工作，查处水事违法行为；负责省际水事纠纷的调处工作；指导流域内水利安全生产工作；指导流域内农村水利及农村水能资源开发有关工作；按照规定或授权负责流域控制性水利工程、跨省水利工程等中央水利工程国有资产的运营或监督管理。

三、淮河流域管理的基本经验

（一）流域与区域管理相结合的管理体制符合我国基本国情

流域与区域管理相结合是我国的基本水管理制度。淮委作为淮河的流域管理机构，曾经历高度集中管理、撤销、重新组建的历史沿革，说明在中国的历史、文化背景下，行政区域管理强势，像美国田纳西那样的流域高度集中管理是难以实现的。但流域管理是水的自然属性决定的，从淮委组建、撤销至重新组建的历史看，没有流域机构的统一协调管理，水利建设与管理很难达到预期的效果。1971 年成立治淮规划小组办公室，特别是 1977 年恢复成立淮委后，实施流域管理并逐步加强的实践，证明流域与区域管理相结合的管理体制能够更大程度地发挥水管理的功能，更有效地治水害、兴水利。

（二）统一的流域规划是流域管理的基础

60 多年来，在党中央、国务院的正确领导下，按照"蓄泄兼筹"治淮方针，编制淮河流域规划，科学指导治淮工作。较全面的流域综合治理规划有：治淮初期的《关于治淮方略的初步报告》和《沂沭汶泗流域洪水处理初步意见》；1956 年和 1957 年的《淮河流域规划报告（初稿）》和《沂沭泗区流域规划报告（初稿）》；1971 年的《关于贯彻执行毛主席"一定要把淮河修好"的情况报告》及其附件《治淮战略性骨干工程说明》；1991 年的《淮河流域综合规划纲要（1991 年修订）》；2013 年国务院批复的《淮河流域综合规划

（2012—2030 年）》。20 世纪 90 年代以来，针对淮河流域治理与开发暴露出一些突出和亟待解决的问题，淮委还先后组织编制一批专业规划、专项规划、发展规划和战略规划。

这些规划科学指导了不同时期的治淮工作，为推进流域管理和治淮建设奠定了坚实基础。如依据《淮河流域综合规划纲要》（1991 年修订），国务院《关于进一步治理淮河和太湖的决定》确定了治淮 19 项骨干工程建设任务，并要求加强流域机构统一管理职能。从 1991 年开始以治淮 19 项骨干工程为重点，掀起了新一轮治淮建设高潮，同时，流域内重要水利工程由流域机构统一调度得到加强，河道湖泊管理、水资源的统一管理和调度、水资源保护等重要流域管理工作也得到推进。

（三）行政区域管理与流域管理相辅相成

即使在 20 世纪 50 年代，淮河的流域管理也没有排斥区域管理，淮委主要承担流域规划、勘测、设计及主要水库等大型建筑物的建设、管理。像开挖五河泊岗引河、颍河整治、淮河中游干支流复堤、分沂入沭及整沂工程等许多重大治淮工程和中小工程，需要发动大量民工挖筑土方，均由地方政府组织实施，大型工程、控制性工程由淮委组织实施时，也得到地方政府的有力支持和积极配合。随着流域经济社会的进步与发展，流域管理已涉及规划、设计、建设、运营及涉水事务行政许可、监督、查处等方方面面，更是离不开分级的区域管理。实践证明，行政区域管理与流域管理可以相辅相成。

（四）协调、指导和监督是流域机构的基本工作方法

从目前的流域管理机构职能和作用看，作为国务院水行政主管部门的派出机构，授权行使的水行政管理职能代表国家和流域整体利益，高于区域利益为目标的地方区域管理。按照我国行政分级管理的原则，凡是地方各级政府及部门能够实施管理的事务，都可由地方管理；凡是地方各级政府及部门实施管理有困难、存在缺失、需要中央政府协调的事务，都应该由流域机构或国家水行政主管部门管理。流域机构与地方省市水行政主管部门不存在隶属关系，对整个流域的水事活动的管理，基本手段是协调、指导和监督。

在淮委的协调、指导和监督下，20 世纪 70 年代中期，河南、安徽对王引河进行上下游统一治理，较好地解决了沱河、新汴河流域的洪涝问题。省际矛盾复杂的怀洪新河续建、临淮岗洪水控制、沂沭泗河洪水东调南下、入海水道、洪汝河、汾泉河、沙颍河治理、奎濉河等治淮重点工程以及南水北调工程得到顺利实施；取得了 1991 年、2003 年、2007 年等大水年份的抗洪减灾胜

利；流域四省边界水事纠纷锐减，近 10 多年没有出现需要国务院、水利部出面协调的边界水事纠纷，减少了国家行政管理成本，保障了流域边界地区的社会和谐稳定、经济持续发展。

（五）流域管理机构应对重要水事矛盾敏感区域实施直接管理

沂沭泗河水系历史上省际水事矛盾多发，严重影响了水利建设和地区的和谐稳定。1981 年国务院批准水利部对南四湖和沂河、沭河水利工程进行统一管理的请示，成立淮委沂沭泗水利工程管理局，对主要河道、湖泊和枢纽实行统一管理和统一调度。此后，该局的管理职能经过几次调整，更名为水利部淮委沂沭泗水利管理局，代表国家在授权的省际河道、湖泊管辖范围内，实施水利工程建设、防汛抢险、河道湖泊、水资源及保护、水土保持与水生态保护管理。30 年实践表明，流域机构必要的直接管理可有效缓解敏感地区的水事矛盾，保障流域稳定发展。

四、存在问题

（一）管理事权不够清晰

2002 年修订的《水法》从法律层面上提高了流域机构管理地位，但在涉及流域管理机构的 18 条法律条文中，只有第十二条第三款流域管理机构"在所管辖的范围内行使法律、行政法规规定的和国务院水行政主管部门授予的水资源管理和监督职责"这一条原则规定是独立的，其他 17 条涉及与地方政府、水行政主管部门管理关系的，都是"会同""和""或"，流域机构究竟该有什么职责仍较模糊。在事权划分上对于流域机构宏观管理和必需的一些微观管理职能不够清晰，导致越权、交叉管理和管理缺失。地方人民代表大会和政府具有立法、执法权，且控制大多数水利工程，具有事实上的管理权和调度权，流域机构的统一规划、调度，在执行中经常遇到困难，削弱了对区域管理的指导和调控作用。另外，流域管理还涉及环保、农业、渔业、交通、林业、建设、国土等多个部门，流域机构作为水利部的派出机构，在协调相关部门工作时难免处于被动地位。

（二）管理法规和制度不够协调

流域管理立法进程滞后，我国至今还没有一部流域管理的法律，参照世界各地的流域管理成功经验，无论采取什么模式的流域管理，都必须有涵盖流域水管理各方面的流域管理法律体系，跨国流域的这些法律就成为国际法；2002年《水法》修订对流域管理提出了多条要求，但由于与流域管理有关的配套法律文件制订工作迟缓，使流域机构在管理实践中得不到法律的有效保障。法律之间的相互关系需要理顺，从理论上讲防洪、水资源保护、水环境保护、水污染防治、水土保持等相关法律与《水法》不应是一个层次，否则法律文件之间易产生矛盾，不利于依法实施流域管理。法律法规的执行中也存在一些问题，如国务院、水利部明确规定淮委是南四湖、沂沭河、骆马湖等直管河湖段取水许可管理实施主体，但个别地方从本区域利益出发制定地方法规和制度，对本应统管的水资源实行地方管理，造成无序取水和水事矛盾。

（三）淮河流域机构的统一管理能力较弱

一是流域机构的权威性不够，协调难度大。水利工程、防洪、水资源、水资源保护、水生态保护等方面的管理常涉及局部利益的调整，而流域机构作为水利部的事业单位，难以与各省政府及其相关部门协调，往往与水利厅协调达成一些共识后，因省政府及其相关部门异议，不得不由水利部、国务院及相关部门再协调，降低了行政效率。二是监督管理能力比较弱。近几年，淮委为加强自身能力建设做了大量工作，在水质水量监测、水政监察执法、防洪抗旱调度等方面取得了显著成效，但在水资源的配置、调度，水土流失治理、水生态保护等方面的监管仍显不足。三是缺少对违反流域统一管理行为的处罚权力。有关法律法规对流域机构在涉及水事时的必要处罚缺乏授权，或授权不明确，使流域机构难以有效行使流域管理的职责。

第四节　改进流域水管理

一、尽快推进流域立法

除《淮河流域水污染防治暂行条例》外，淮河流域尚无流域性立法，我国其他流域情况基本相同，推进流域立法已刻不容缓。流域立法应当在进一步明确流域管理的目标、原则以及流域管理的任务基础上，创新体制机制，理顺流域和行政区域（中央和地方）及各部门之间在洪水管理、水资源管理、水利工程管理等方面的事权划分，授予流域机构恰当的仲裁处罚权以及涉及水管理相关的调查、监测、预报预警、应急处置等职责和权力。流域机构是流域江河湖泊的代言人，代表全流域公共利益，监督、制止流域内涉水的违法行为，使流域各方享受公平的权利和义务。

二、改革流域管理机构

20世纪50年代治淮委员会和目前淮河防汛抗旱总指挥部的管理实践表明，加强流域统一管理需要一个高规格跨部门、跨行政区域的流域管理机构，基于淮河流域水系复杂、跨省河湖多、水事矛盾大的特点，参照国外流域管理的成功经验，建议成立类似于三峡、南水北调工程建设委员会和流域防洪指挥机构的多部门多地区参与的淮河流域管理委员会，现有的淮委既是水利部的派出机构，也作为该机构的办公室，接受国务院有关部委的业务指导，级别宜恢复到20世纪70年代末淮委重新组建时的水平。这将有利于协调形成统一的治理规划和目标；有利于流域机构与省政府及涉水相关部门沟通顺畅；有利于管理体制与机制上的协调；有利于水事矛盾解决和水事纠纷调处；有利于涉水事务全方位的流域执法与监督；有利于提高流域管理效率，减少行政管理成本。

三、加强流域机构自身建设

淮河流域管理能力建设主要包括下面几个内容：一是前期规划能力建设，要提高规划制定者的自身素质，在规划制定过程中，让更多利益相关者的利益诉求得到反映，扩大规划代表的广泛性，更加注重流域发展规划的公平性和规划的科学性。二是监测能力建设，建立和完善流域水资源监测站点和监测系统，以防洪、除涝、抗旱、水资源管理等实际需要，补充、调整、完善各类监测站网。三是行政执法能力建设，近期要加强流域水政执法基础设施建设和流域水政执法队伍建设，提高水政执法的专业化水平，远期要完善流域水行政执法体系，加强流域水行政执法制度建设。四是应急处理能力建设，近期要加强水旱灾害和突发事件的预测预警能力建设，编制应急预案，加强流域防灾减灾工程体系建设，提高应急专业化水平。五是创新能力建设，近期要加强科学研究支持系统建设，开展与流域管理相关的科技研究，开展与流域管理相关的制度研究，加强科学技术研究和管理制度研究的结合，远期要建立健全科技创新和制度创新体系，加速培养高素质人才队伍。六是公众参与能力建设，近期是流域层面参与机制和自我管理组织的建设，远期是从国家层面完善法律制度、保护社团权益。七是信息化和网络化建设，建成集淮河防洪、除涝、抗旱、水资源管理等多位一体的综合管理平台。

四、完善信息公开和公众参与机制

目前，在流域层面上缺少正式的信息共享机制，流域管理机构与其他相关的部门没有正式的信息交流渠道，甚至有些部门和单位，将监测数据视为其"私有财产"。一方面，要大力加强流域防汛抗旱指挥系统、水资源监测系统、水污染监测系统和水土保持监测系统建设，以现有流域信息网络为基础，全方位构建流域水利信息系统。另一方面，可由流域管理机构牵头，从信息的搜集、整理、分析与评价、信息的公告等方面入手，整合水利、环保等系统监测资源，建立流域水资源监测站网，统一监测与评价方法，统一发布水资源信息，提高信息资源利用水平，实现全流域水信息的互联互通、资源共享，提高水管理决策的支持与保障能力。

当前，我国的流域管理基本以行政推动为主，利益相关方参与不足，应加快建立流域管理中的公众参与机制，增加透明度，使公众获得流域规划、水资源状况、重大项目进展等必要的信息；在流域规划或政策的制定过程中，通过召开听证会或发放公众意见调查表等形式，征求公众的意见；建立一套引导和激励群众积极主动地参与水资源节约、保护的制度，培养企业、用水户及利益相关者参与水资源管理的意识；在各种涉水行政审批程序中设置公告和公众参与环节；推动环境公益诉讼。

小　　结

（1）流域管理与区域管理相结合的管理体制符合我国基本国情。水的自然属性决定了水管理应当以流域为单元实施，我国水管理历史的演变过程也在一定程度上说明了这一点，清末在淮河流域就已出现了近代流域机构的雏形——导淮局，民国时期成立统一的治淮管理机构导淮委员会，新中国成立以来淮委也经历组建、撤销至重新组建的过程。特别是20世纪70年代淮委重新组建以来流域水管理实践证明，流域管理和区域管理相结合的体制能够更大程度地发挥水管理功能，更有效地治水害、兴水利。

（2）流域水管理重视依法治水管水。要立足淮河流域实际情况并借鉴国际上比较成熟的经验，积极推进流域立法工作，进一步明确管理目标、原则，理顺流域和行政区域及部门之间事权划分，建立健全以流域管理机构主导、各方共同参与、民主协商、科学决策、分工负责的决策和执行机制。

第六章

流 域 发 展 与 水 利

第一节 古 代 水 利 发 展

淮河历史悠久，流域内 100 多处新旧石器文化遗址的发现，说明 1 万年以前，人类就在这块土地上劳动生息。传说中大禹导淮曾大会诸侯于涂山；伯益凿井的故事也流传不绝。早在 3000 多年前的殷商甲骨文里就已经出现"淮"字。淮河流域气候温和，雨量充沛，土地肥沃，是我国经济文化开发最早的地区之一，流域水利开发的历史相当久远。

一、古代水利发展简述

春秋战国时期，各诸侯国由于政治、经济以及军事需要，开挖了一些人工运河，如早在周代陈国（国都在今河南淮阳县）和蔡国（国都在今河南上蔡县）之间人工运河、沟通江淮的邗沟、沟通商鲁的菏水以及沟通淮北平原大部分地区的鸿沟等。这些运河的完成，发展了航运，促进了当时的政治发展和经济文化的交流。春秋中期楚国令尹孙叔敖在淮河流域兴建了我国最早的灌区期思雩娄灌区和芍陂蓄水灌溉工程。芍陂历经演变成为现在的安丰塘，至今仍在发挥效益。

两汉时期农田水利灌溉工程有了长足的发展，据《水经注》记载淮河流域陂塘数量在淮河以北达 90 余处，这些陂塘有相当一部分是在这个时期兴建或整修过的；汝水两岸就有陂塘 37 处之多，这里沟渠纵横，陂塘星罗棋布，形成了一个灌溉网。东汉时期王景治汴，修筑千余里黄河堤防，固定了黄河河床，整治了汴渠河道，使黄河洪水对淮河流域的危害得到缓解，有利于淮河流域农业发展，又改善了航运条件。

三国到南北朝时期，我国一直处于分裂割据的局面，淮河流域正是各方争夺的战略要地，这个时期淮河水利建设不少带有军事性质，如屯田水利、航运。曹魏时期因屯田、军运需要，非常重视水利，到处修陂塘、通河渠、筑坝堰，如邓艾在两淮地区屯田，在颍河中下游和淮河中游两岸地区兴建、整修了大量水利工程，以灌溉农田和发展航运。这一时期，引水攻城事例也不少，最著名的当属南朝梁武帝时修建的浮山堰，在淮河干流修建拦河大坝，以蓄水淹北魏寿阳城（今安徽寿县）。

隋唐至北宋时期，是我国历史上封建社会经济、文化发展的鼎盛时期之一，淮河流域水利、航运有了很大发展。隋代开凿的大运河，沟通了海河、黄河、淮河、长江和钱塘江五大水系，唐、宋时期又进行了大规模整治。唐、宋两代十分重视农田水利，唐在两淮兴建、整修了许多陂塘灌溉工程。北宋时期制定了《农田利害条约》，调动了人们兴修水利的积极性，开挖疏通河道沟洫，整修陂塘，以利灌溉、排涝。在苏北海堤建设方面，唐宋两代也取得突出成绩，苏北比较大的海堤工程始于唐宋两代。

南宋、金、元时期，淮河流域屡遭战乱，水利失修。南宋和元朝为安抚流民，解决军民用粮，在淮南等地大兴屯田，兴修农田水利。元朝为解决南粮北运，开凿了北起北京、南至杭州的京杭大运河，明清两代又进行了整治，逐步演变成今天的运河路线。明清时期，京杭运河是南粮北运的大动脉，保漕运成为当时治水的大事。而黄河和运河在淮河和泗河上交会，治河、治淮、治运交织在一起，形成复杂局面。处理好黄、淮、运的关系成为明清两代治水的核心问题。到明万历年间潘季驯定"蓄清刷黄"之策后，明清两代大筑高家堰，逐步形成如今的洪泽湖。

二、水利发展对经济社会发展的作用——运河的开凿

我国人工开凿运河的历史由来已久，如周代沟通陈、蔡之间的运河，春秋晚期邗沟、菏水，战国初期的鸿沟、隋代开凿的大运河以及元代开凿的京杭大运河。

早在周代，徐国徐偃王为了陈国和蔡国之间的水运需要，在陈蔡之间开挖了我国最早的一条人工运河。

春秋晚期，崛起于长江下游的吴国打败越国以后，挥师北上进军中原，与齐、晋争霸。吴国境内河流湖泊密布，水运发达，造船技术较高，也有开凿运河的经验，北上争霸，其水师占有优势。吴王夫差为了运输兵员和粮草北上，于公元前 486 年开凿了沟通江淮的人工运河，即邗沟。邗沟的开挖并非是平地

直线开河，而是巧妙地利用了当地的地形和湖泊沼泽，通过开凿人工渠道沟通当地湖泊沼泽形成的。初开时的邗沟规模虽然不大，但是在很短的时间内完成的，对后世的影响也很大。邗沟后经东汉末年大规模的裁弯改线（改线后新道历史上称邗沟西道），隋代的系统整治，基本形成了元、明、清时期京杭运河中江淮之间的河线（今称里运河），到今仍发挥着航运、灌溉效益。

公元前484年，吴王夫差率师过淮河，沿泗水北上，打败齐国，与晋国争霸。当时晋国在黄河以北，吴国水师难以到达。泗水西北部为"泗渎"之一的济水，与泗水相距不远。公元前483年，吴军再次北上，于进军途中在今山东鱼台和定陶之间开出了一条运河，这就是"阙为深沟，通于商、鲁之野"（《国语·吴语》）的菏水。菏水因其水源来自菏泽而得名，有观点认为今山东西南成武、金乡北之万福河即为菏水几经变迁而来。菏水的开凿使长江、淮河和济水之间的航运得以贯通。次年，夫差率军正是沿泗水北上入菏，再由菏入济，到达济水岸边的黄池（今河南封丘县西南）与晋定公会盟。

魏国是战国初期的强国，到了魏惠王九年（公元前362年）魏惠王将国都从安邑（今山西夏县西北）迁至大梁（今河南开封市）。为便于将黄河南北两岸的国土与国都紧密联系起来，魏惠王于公元前361年着手开挖鸿沟，将黄河水引入中牟县西北的圃田泽。魏惠王三十一年（公元前340年），东引圃田水至大梁，向南到扶沟与沙水相连，这就是鸿沟（汉称浪荡渠）。鸿沟可以通过沙水与颍水、汝水相连；大梁附近分出汴水、濉水等。这样鸿沟就沟通了今河南、安徽、山东、江苏的航道。鸿沟因水源来于黄河，又有圃田泽调蓄，水量充沛，与其沟通的河道通航能力得到显著提高，借助于鸿沟水系运输的军粮达十万石，对魏国的政治、军事、经济发展起到了重要的作用。

从东汉末年至隋朝经400年的战乱，大批北方人口南迁，促进了江淮地区经济发展。隋统一中国后，面临着发展经济、巩固政权的重大任务。为了把北方的政治、军事中心与经济发达的江淮地区联系起来，同时，在隋文帝统治的20年间国家有了比较丰足的积累，便实施运河工程。隋开皇四年（584年）开广济渠，引渭水从大兴城（长安）到潼关。隋开皇七年（587年）对古邗沟进行疏浚。隋大业元年（605年），隋炀帝开通济渠，从洛阳西苑引谷、洛水入黄河，再从板渚（今河南汜水县东北、黄河南岸）引黄河水向东南，在盱眙县入淮，同年开山阳渎，引长江水经扬子（今江苏仪征南）到山阳（今江苏淮安）通淮。隋大业四年（608年）开永济渠，引沁水东北通涿郡（今北京附近）。隋大业六年（610年）开江南运河，从京口（今江苏镇江）到余杭（今浙江杭州）入钱塘江。到唐及北宋，对通济渠都进行过大规模的整治。隋代开通的大运河沟通了海河、黄河、淮河、长江和钱塘河五大水系，在唐宋时期经济社会的发展中发挥了重大作用，就航运而言，唐天宝元年（742年）漕运量达到四百万石，到宋朝每年达到五六百万石，最高时达八百万石之多。在唐朝，运河沿岸的扬州成为国内贸易中心，扬州、楚州（今淮安）都与日本等有贸易往来。

元朝建都北京后，政治中心北移，但经济中心仍在南方，当时的漕运主要依靠海运，同时也利用原有河道采用水陆联运的办法解决。海运不安全，损失大，水陆联运线路长，运输艰难不便。为此，在元至元十九年（1282年）元世祖动工兴建济州河。济州河南起任城（今山东济宁）、北到须城（今山东东平县）北的安山，沟通泗水和大清河。元至元二十六年（1289年）又开通会通河，从须城安山西南向北至临清与御河相通。元至元三十年（1293年）秋开通通惠河。到此，由元大都到杭州沟通海河、黄河、淮河、长江的京杭大运全线开通。明、清时期，对运河又进行改建，在现淮河流域范围内，济宁到淮安的河线几经改线，运河入黄运口也不断下移，到清康熙四十二年（1703年），运黄完全分立。清中叶以后，由于黄河夺淮日久，黄淮交汇处清口日益淤高，淮水非但不能刷黄，黄水反而不断倒灌洪泽湖，遇干旱年淮河水小时，不能满足通航需要，还需要引黄济运。到了嘉庆以后，运河河底抬高水深变浅，通航受阻，京杭运河从此每况愈下。到清道光五年（1825年），开始举办海运。清咸丰五年（1855年）黄河北徙，冲决运道，汶水被挟东去，使寿张到临清间水源断决，运道中阻，而海运大兴。清光绪二十七年（1901年）清政府下令漕运废除。元朝完成的京杭运河对后世影响深远，意义重大。自1293年开通、到1901年漕运废除的600余年间，特别是明、清时期，在沟通南北交通、保障南粮北运方面发挥重要作用，明代历史学家陈邦瞻（1557—1623年）指出"……前元所运，岁仅数十万，而今日极盛之数，则逾四百万石焉，盖十倍之矣"。明、清两朝，在运河沿岸崛起了扬州、淮安、济宁等商业重镇。

三、水问题对经济社会的影响——黄河夺淮前后淮北地区经济发展变迁

中国水利水电科学研究院曾对古代淮北地区经济发展进行过研究，从历代权威史籍中选取各代政府统计数据和主管官员的奏章加以分析，较为系统的对黄河夺淮前后淮北区经济发展的主要脉络进行了梳理。

（一）黄河夺淮前淮北平原区域经济

先秦时期，淮北平原是诸侯国最密集的区域，各诸侯国的都城形成了淮北

平原最早的城市。春秋的陈（国都在今天的河南淮阳）、睢（国都在今天的河南商丘）等国是当时区域经济中心。战国后期，淮北平原为楚国疆域，是中原强国之一。

两汉时期，淮北地区经济发展居全国前列，庄园经济持续数百年。西汉末年颍川郡人口密度为 192 人/km^2，陈留郡为 124 人/km^2，淮阳国为 147 人/km^2，是当时人口密度最高的区域，集中了陈、大梁（今河南开封）、睢阳、彭城（今江苏徐州）、陈留、谯（今安徽亳州）、相（今安徽淮北）等经济发达的城市，人口密度可以间接反映出当时社会经济的繁荣。

三国魏晋南北朝时，各割据政权相继在淮北屯田，主要的屯田区位于颍水、涡河及淮河两岸。《三国志·魏书·邓艾传》记载，邓艾曾在淮北地区的颍河流域大兴屯田以作军备，军屯效益显著，"大治诸陂于颍南颍北，穿渠三百余里，溉田二万顷，淮南淮北皆相连接"。至北魏时期，淮北农业已达相当高的水准，《魏书·食货志》中有"府藏盈积"，"公私丰赡，虽时有水旱，不为灾也"，可见数百年间，除战争破坏外，该地区经济发达，大的水旱灾害很少。

隋唐至北宋，淮北平原既是经济中心，又为政治中心。唐天宝八年（749年）国内十道，时河南道包括今山东省及淮北区（含河南省东南及安徽省淮河以北地区），以唐代杜佑《通典》和元代马端临之《文献通考》中所载河南道数据可以大致估计淮北区在当时全国的地位。以粮食总产量计，当时河南道占全国十道粮食总征收量的 23.4%，相当于当时首都所在地关内道的 3 倍，位居全国首位。唐天宝八年（749年）仓粮总数见表 6-1。

表 6-1　　　　　　　　　唐天宝八年（749年）仓粮总数

道及仓别	和籴/石	正仓粮/石	义仓粮/石	常平仓粮/石	总计/石
关内道	509347	1821516	5946212	373570	8650645
河南道		5825414	15429763	1212464	22467641
河东道	110229	10589180	7309610	535386	18544405
河北道		1821516	17544600	1663778	21029894
山南道		143882	2871668	49190	3064740
淮南道		688252	4840872	81152	5610276
江南道		978825	6739270	602030	8320125
陇右道	148204	372780	200034	42850	763868
剑南道		223940	1797228	10710	2031878
河西道	371750	702065	388403	31090	1493308
合计	**1139530**	**42126184**	**63177660**	**4602220**	**96062220**

注　本表引自《通典》（卷12）、《文献通考》（卷21）。

北宋时期，淮北地区在开封府、京东路和京西路的南部以及淮南路的西北部。到北宋中后期，淮北地区农业经济已发展至相当高的水平，又进入一个繁荣时期，在全国仍处重要地位。其中淮南路田亩数高居诸路前列。北宋元丰初年今淮北地区所在之淮南路、京西路、开封府、京东路等四地区的农业税分列全国的第四、第五、第六、第八位，见表6-2。农业税是以农业经济经营状况而定的，由此可见淮北农业经济发展水平，欧阳修形容颍州是"物产益佳，巨蟹鲜虾，肥鱼香稻，不异江湖之富"，将颍州和长江下游地区等同视之。

表6-2　　　　　　　　北宋元丰年间分区官、民田数及其百分比

路别	田地				二税现催额（贯、石、匹、斤、两、束……）		
	合计/亩	民田/亩	官田/亩	各区官民田合计占诸路总计的百分比/%	合计	夏税	秋税
开封府	11384831	11333167	51664	2.47	4055087	998924	3056163
京东路	26719361	25828460	890901	5.79	3000901	1555880	1445021
京西路	21283526	20562638	720888	4.61	4063870	1440932	2622938
河北路	27906656	26956008	950648	6.05	9152000	1393983	7758107
陕西路	44710360	44529838	180522	9.68	5805114	1110105	4695009
河东路	11170660	10226730	943930	2.42	2372187	403395	1968792
淮南路	97357133	96868420	488713	21.09	4223784	2558249	1665535
两浙路	36344198	36247756	96442	7.87	4799122	2790767	2008355
江南东路	42944878	42160447	784431	9.30	3963169	2004947	1958222
江南西路	45223146	45046689	176457	9.80	2220625	748728	1471937
荆湖南路	33204055	32426796	777259	7.19	1816612	448364	1368248
荆湖北路	25988507	25898129	90378	5.63	1756078	515207	1240871
福建路	11091990	11091453	537	2.40	1010650	186292	844358
成都路	21612777	21606258	6519	4.68	926732	75800	850932
梓州路					834187	238983	593204
利州路	1288089	1178105	109984	0.28	665306	186724	478582
夔州路	224720	224497	223	0.05	141182	74209	66873
广南东路	3145490	3118518	27072	0.68	765715	135764	629951
广南西路	55180	12452	42728	0.01	438618	95342	343276
总计	**461655557**	**455316361**	**6339296**	**100**	**52010939**	**16962595**	**35066374**

注　1. 本表引自（元）马端临.文献通考（卷4）.杭州：浙江古籍出版社，2000。
　　 2. 宋代在财政方面使用混合计量制"贯、石、匹、斤、两、束……"，将货币、粮食、丝织物、贵金属、草等的数量简单加总，并不换算。

（二）黄河夺淮后淮北平原的社会经济状况

黄河夺淮后，淮北平原的洪涝灾害主要源于黄河泛道漫流的洪水。在黄河洪水的袭击下，运河改道、都城迁移，以及频繁的战乱，加之唐宋以后长江流域的开发，11世纪以后淮北区域农业经济中心地位不在。

元代连年水灾和频繁治河劳役，使这一区域民不得安居，人口数量始终没有恢复。其间归德府之徐州、宿州、邳州、亳州有部分属县因人口过少而被废。金元之间黄河以北曹州路、东平路被废的县最多时占了1/4。

明代淮北平原大部分区域属南直隶，由于洪涝灾害频繁，加之宗室豪强对土地的兼并，致使这一区域田亩数自洪武至万历不升反降，其中徐州下降约30%，而位于淮北地区中心的凤阳府更减少约85%（见表6-3）。地亩下降的结果必然是粮赋下降，凤阳府、徐州等四府、州粮赋合计仅占全国粮赋的4.3%（见表6-4）。

表6-3　明洪武、弘治、万历三代各分区田地数的升降百分比

直隶府、州	洪武二十六年/%	弘治十五年/%	万历六年/%
总计	**100.00**	**73.21**	**82.44**
北直隶府州	100.00	46.3	84.56
南直隶府州	100.00	63.83	60.98
应天府	100.00	96.25	95.47
苏州府	100.00	157.6	94.37
松江府	100.00	91.88	82.76
常州府	100.00	77.48	80.59
镇江府	100.00	85.1	87.94
庐州府	100.00	156.75	421.53
凤阳府	100.00	14.67	14.42
淮安府	100.00	52.28	67.67
扬州府	100.00	145.67	142.83
徽州府	100.00	71.51	72.07
宁国府	100.00	78.28	39.13
池州府	100.00	39.05	39.79
太平府	100.00	44.86	35.54
安庆府	100.00	104.1	104.17
广德府	100.00	51.27	72.13
徐州	100.00	105.89	71.16
滁州	100.00	92.46	89.19
和州	100.00	279.65	146.18

注　本表引自明《万历会典》（卷十七），户部四·田土。

表 6-4　　　　明天顺年间（1457—1464 年）淮北地区四府、州粮赋表

府、州	粮赋/石
凤阳府	205700
徐州	148200
开封府	719300
归德府	77600
全国	**26560220**

注　本表引自《明统一志》。

　　清代淮北地区行政区划与现代相近，以人口、田亩及田赋（地丁正杂银）三项数据与当时全国统计数据的比值来说明当时该地区经济发展状况。清嘉庆二十五年（1820 年），淮北地区的人口、田亩和田赋仅占全国的 4.4%、3.6% 和 3.3%（见表 6-5）。

表 6-5　　　　　　　　　　清代淮北各府州田赋表

府、州	人口/人	田亩/亩	田赋/两
凤阳府	4355566	9053749	191362
颍州府	3967593	3946046	150214
泗州	1568867	631165	82702
陈州府	2209535	5694968	220360
归德府	3287886	8827656	354524
全国合计	**347166298**	**779321984**	**30228896**
淮北地区占全国的百分比	4.4%	3.6%	3.3%

注　资料来源：《嘉庆重修一统志》。

　　据清道光年间户部尚书王庆云《石渠余纪》记载的关于清道光二十八年（1848 年）、二十九年（1849 年）各省赋税情况，当时淮北区赋税总额大约相当于全国的 2%。据清道光年间成书的《皖省志略》资料统计，当年淮北地区经济发展水平在安徽省位居中下等。

　　综上所述，将唐、宋与明、清经济发展水平做比较，可见明清间淮北地区经济状况远逊于唐宋。黄河长期夺淮，致使水系演变，河沟纵横，排水不畅，造成土地盐碱和沙化、生态环境脆弱，极大地制约了社会经济的发展。

第二节　近现代水利发展

　　1855 年，黄河夺淮长达 600 多年后北徙，但淮河水系已经混乱，出海无路，入江不畅，洪涝旱碱，交相侵袭，淮河成为一条闻名于世的害河。

面对灾难深重的淮河，不少有识之士提出过治理淮河的主张，1866年丁显首先提出复淮故道。到1909年，张謇于清江浦设江淮水利公司，后改名江淮水利测量局，实测淮河水系河道、地形、雨量、水位、流量等。1919年美国工程师费礼门主张淮水全部入海，提出从洪泽湖开直河，由临洪口出海。同时全国水利局、江淮水利局及安徽水利测量局都各自发表导淮计划。1928年设立导淮图案整理委员会，搜集整理导淮有关文献，次年改为导淮委员会，组织技术人员到淮河水系及黄河进行实地调查，继续测量入江入海各线路及拟建重要闸坝地址，制定了导淮计划，于1931年4月得到政府批准。该计划以江海分疏为原则，包括修建防洪、航运、灌溉、水电等工程。次年兴工，五六年间作了一些疏浚、开引河和涵闸等工程。1937年抗日战争开始，工程停顿，已建工程大多数被破坏。

一、复淮导淮

最先主张"复淮"是苏北山阳绅士丁显，他于清同治五年（1866年）发表"黄河北徙应复淮水故道有利无害论"一文，在这篇文章中提出堵三河、辟清口、浚淮渠和开云梯关尾闾四项工程缺一不可的主张和"复淮"故道施工章程。清同治六年（1867年）夏，淮扬绅士裴荫森提出复淮河故道并上书两江总督曾国藩。曾国藩于同年10月，在清江浦开设"导淮局"，由淮扬道主持办理治淮事宜。清光绪九年（1883年），两江总督左宗棠要求清政府拿出淮北盐税全数收入，用于"复淮"施工。次年正月，他查看淮河入海道情况，提出从云梯下十余里的大通口，向东北至响水口、接潮河、灌河口入海的线路。

清光绪三十二年（1906年），淮河流域发生水灾，苏北灾情严重，张謇目睹苏北水灾情况，从此立志"导淮"。他写了一篇《复淮浚河标本兼治》的建议，上书两江总督端方，要求设立"导淮局"，先从事测量工作，为复淮规划创造条件。但是，张謇的建议没有获得端方的支持。清宣统元年（1909年），江苏咨议局成立，张謇被选为议长，咨议局通过了张謇等人的治淮提案，请两江总督会同安徽巡抚，迅速筹款办理导淮。但当时的两江总督张人俊也不支持导淮，使张謇的愿望再次落空。张謇并不放弃，继续为"导淮"做准备，于清江浦设江淮水利公司。1911年正月，改组为江淮水利测量局，开始实测淮河、沂河、沭河、泗河各河湖水道。

民国元年（1912年），安徽都督柏文蔚提议裁兵导淮，公布了导淮兴垦大纲，并测量皖淮各河道，主张淮水分三路导入江海。淮水入江、入海的比例为4∶6，这是近代"导淮"史上第一次提出江海分疏的主张。

1913 年，北洋政府在北京成立了"导淮局"，委任张謇为督办，柏文蔚、许鼎霖为会办。这时张謇发表了《导淮计划宣告书》及《治淮规划概要》，在治淮规划中提出了淮水三分入江，七分入海，淮河、沂河、泗河分治的原则。入江路线由蒋坝三河，顺原有河道至三江营入江；入海路线由旧黄河六套北折至灌河入海。从灌河口入海主张是采纳了柏文蔚的意见提出来的。其后此计划遭到海州绅士的反对，张謇不得不改变主意，在江淮水利测量局制定江淮水利计划第三次宣告时，把入海路线由灌河改为旧黄河。

1914 年，"导淮局"改为全国水利局，张謇任总裁，为筹备导淮经费，与美国红十字会签订一份借款 3000 万美元的《导淮借款草约》。为了合理使用工程投资，张謇在借款合同签字后，实地勘测了废黄河、盐河、灌河、中运河、总六塘河、张福河、洪泽湖大堤及淮河中游蚌埠一带。然后，发表了《江海分疏计划》，提出五年完成江海分疏的工程计划，估计用款 2245 万美元。但这一计划，终因第一次世界大战爆发而落空。

1916 年，淮河发生大水灾。淮河水灾后，要求"复淮"的呼声又起，这时，江淮水利测量局实测了河南、安徽两省各处河、湖真高及水位流量等，为导淮作准备。1919 年，张謇依据多年导淮测量资料，发表了《江淮水利施工计划书》，对江海分疏又作了进一步的修改与论述，把原计划的三分入江、七分入海，改为七分入江、三分入海。这一改动在理论实践上，比较科学地解决淮水的出路问题，这是他深入研究当时淮河的状况，又经过实地勘测得出的科学论断。

1921 年，淮河流域发生了大水灾，而且比 1916 年的水灾还大，洪水灾害遍及淮河流域四省，这时"复淮故道的议论"再起。张謇修改了原来"江海分疏"的导淮计划，即《淮沂泗沭治标商榷书》，提出了先治标后治本的导淮办法，这个办法就是先把淮河、沂河、泗河、沭河淤浅处略加疏浚，使里下河地区的水分一部分由王家港、斗龙港、射阳河四路入海，减轻洪水对高、宝两湖的威胁。

从民国元年至 1928 年，北洋政府和军阀官僚为"导淮"争吵了十几年，却无一件得到实施，淮河灾害不但没有减少，反而与日俱增。1928 年，民国政府建设委员会设立了"导淮图案整理委员会"，接收了前运河工程局保管的"江淮水利测量局"导淮测量资料，以及安徽水利测量局的测量资料，并收集整理了清末及民国初年各种导淮计划、资料和图表，编制完成了《导淮图案报告》。

1929 年导淮委员会成立后，实地勘测了淮河、沂河、沭河、泗河中下游各水道及苏鲁运河。1931 年 4 月，第一期《导淮工程计划》经国民政府审议通过。该计划分 5 年施工，工程费约 5000 万元，采取江海分疏，沂、沭分治的原则，排洪入江而不使江受淮害，并利用洪泽湖拦洪，以减省尾闾工程，兼用以蓄水，发展灌溉，便利航运，开辟入海水道，以减轻洪泽湖负担，图 6-1 为民国时期导淮工程示意图。1931 年大水后，导淮工程全面开工，首先是导淮委员会与国民政府救济水灾委员会合作，举办工赈，培修淮河干支各堤，然后又从中英庚子赔款借 1000 多万元作导淮基金。两年后，用收灌溉、航运捐税和拍卖新涸出的高宝、废黄河可耕地款，用以导淮。到 1937 年夏，第一期工程仅完成大半。

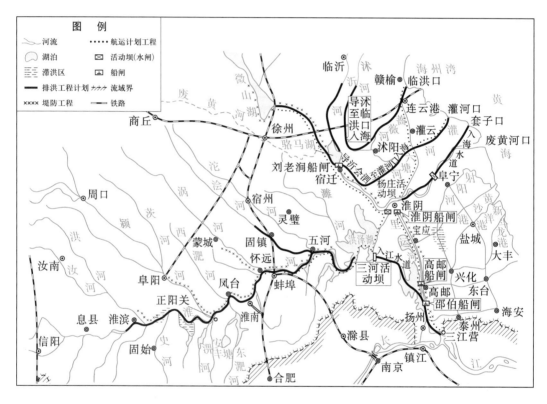

图 6-1　民国时期导淮工程示意图

（注：来源于《淮河水利简史》）

抗日战争胜利后，由于战争的破坏和黄泛的危害，淮河上下哀鸿遍野，人民流离失所，淮河水利工程急待修复。导淮委员会恢复办公后，只是利用联合国救济总署的救灾款，修复部分淮河、运河堤防，而全流域水利工程，却因国内物价飞涨、经费无源、材料奇缺的困难，不能按计划实施。

期间，引进西方水利科学技术和管理经验，制定了比较系统的水利法规。相继公布了《导淮委员会组织法条例》（民国十八年）、《河川法》（民国十九年）、《修正整理江湖沿岸农田水利办法大纲》（民国二十六年）、《水利建设纲要》（民国三十年）、《管理水利事业暂行办法》、《水利法》（民国三十一年）等，其中，《导淮委员会组织法》规定"导淮委员会直隶全国经济委员会，负责导治淮河一切事务"。民国三十三年颁布的《中华民国民法》中也有一些关于水资源利用、开发、保护方面的内容。

近代以来，复淮导淮几经波折，建树甚微，甚至出现 1938 年扒开黄河花园口引起大规模黄泛的历史性事件，起因虽为抗战拒敌，但从水利和民生的角度看，实在也是惨祸。这一时期，内忧外患，战乱频发，社会经济凋败与水利失修相互影响，其中某些时期有些亮点，但总体上与历史应有的进程相比较，社会经济与水利发展都较缓慢甚至陷入停滞乃至倒退。

二、苏皖解放区水利发展

在抗日战争和解放战争时期，八路军和新四军在淮河流域中下游开展游击战，建立了苏皖边区敌后抗日根据地。为了抗御水旱灾害，发展根据地的农业生产，克服经济上的困难，苏皖边区政府领导人民，一边与敌人打仗，一边广泛发动群众，兴修各种水利工程，包括修筑防洪堤防、海堤，兴修农田水利、治理运河等。

1943 年春至 1945 年 6 月，全面修复了洪泽湖大堤，包括高家堰临湖面石工墙、蒋坝、周桥石工墙等，修筑 100 余千米的马蹄形环湖大堤。1943 年，淮河中下游发生大水后，修筑蚌埠至五河的淮北大堤共 90km；同年，修筑五河县大柳巷围堤四十华里（1944 年改名为雪枫堤）。为了防止高邮湖泛滥淮宝县（淮宝县为解放区新设县，包括淮安、宝应），1944 年春，淮宝县政府组织群众在老三河的两条支流——人字头河与大仙河合流处筑成人字头拦河大坝。

1943 年冬至 1944 年春，苏北解放区为了除涝，发展灌溉，发动群众开挖和疏浚了永丰、沃减、潭洋、汛鲍、鱼滨等八条河，使 17 万亩低洼荒地变良田，河道两岸受益的良田达 14.5 万多亩。同一个时期，在淮南运西的高宝县开挖了抗日河（现在已成为淮河的入江水道）、农抗河（已改称便民河）。1945 年，盐城地区阜东（新设县，阜宁、滨海的一部分）、滨海、盐东、射阳四县共挑浚河港 61 条。据不完全统计，1946 年解放区共开挖和疏浚的较大河道 97 条，总长度近 700km，直接受益田地 200 万亩以上。

抗日战争胜利后，1946 年春，苏皖边区政府制定了整修运河计划，将 300 多千米长的运河分为南、中、北三段分别施工。工程完成后，使 8 年抗战中被恣意破坏的运河堤防面目一新，防洪能力达到抗战前的标准。

1940 年，苏北盐阜地区解放后，抗日民主政府组织修筑了 1939 年海啸损毁的海堤。此后每年，沿海地区的解放区各级政府都组织对海堤进行整修加固。

第三节　新中国治淮

新中国成立前夕，鲁南和苏北解放区即开展了沂沭河整治，是新中国治淮的先声。1950年以后，淮河进入全面治理的历史阶段，60多年来，连续不断，几经高潮，成果显著，效益巨大，淮河流域面貌发生了根本性变化。

一、水利基础设施的防洪减灾作用

目前，流域已基本建成由河道堤防、行蓄洪区、水库、分洪河道、防汛调度指挥系统等组成的防洪除涝减灾体系，在行蓄洪区充分运用的情况下，可防御新中国成立以来发生的流域性最大洪水，能够满足重要城市和保护区的防洪安全要求。2003年、2007年淮河防洪实践证明，目前淮河防洪体系对洪水调度、防控能力大大增强，抵御洪水灾害的能力和社会安定程度要好于历史上任何一个时期。

（一）1950年和2007年淮河水灾对比

1. 1950年淮河水灾

1950年7月淮河洪水由6月、7月间3次暴雨所形成。洪水主要来自淮河上游及中游淮北各大支流。与1921年和1931年洪水相比，本年洪水历时较短，水量集中，干流蚌埠以上洪水位均高于1921年和1931年，正阳关、蚌埠、中渡30d、60d洪量均小于1921年、1931年和1954年，其中30d洪量为1915年有资料以来第7位，其重现期约为10年一遇。

1950年淮河洪水致洪泽湖以上沿淮干流决口10余处，蚌埠以上地区阜南、阜阳、临泉、颍上、太和、凤台、怀远等地一片汪洋，数十里不见边际。正阳关至三河尖水面东西100km，南北20～40km，一望无际，近河村庄仅见树梢。蚌埠至五河，大水连成一片。安河决口9处，灵璧、泗洪一带尽成泽国。据1950年皖北淮河灾区视察报告记载，皖北4个专区35个县市中有30个县市成灾，重灾面积2247万亩，轻灾面积有916万亩，共计受灾面积3163万亩；重灾地区受灾的人口690万人，轻灾地区也有308万人，合计998万人，占四个专区总人口的60%；淹死人数489人；倒塌房屋89万间。淮河干支流堤防决口漫决82处（见表6-6）。

表 6 - 6			淮河干支流堤防漫决统计表				
河名	淮河	颍河	潩河	涡河	濉河	唐河	共计
漫决处数	39	18	9	1	8	7	**82**

2. 2007 年淮河水灾

2007 年淮河洪水主要由 6 月下旬至 7 月上旬的 5 次暴雨造成，在此期间，淮河水系绝大部分地区降雨量在 300mm 以上，淮南山区、洪汝河、淮河中游沿淮、洪泽湖及北部支流中下游地区超过 500mm。淮河干流出现复式洪峰。淮河干流中游高水位持续时间长，洪量大。淮河干流以及入江水道全线超过警戒水位。淮河干流息县站最大流量 4340m³/s，超过 2003 年；王家坝（总）、润河集、鲁台子站最大流量分别为 8030m³/s、7520m³/s、7950m³/s，均超过 1991 年和 2003 年；三河闸最大下泄流量 8500m³/s，洪泽湖日平均最大出湖流量 11100m³/s，均大于 1991 年。

根据估算的最大 30d 洪量初步分析，王家坝、润河集、正阳关、蚌埠（吴家渡）洪水重现期为 15～20 年，洪泽湖（中渡）约为 25 年。

2007 年淮河洪水造成了严重的洪涝灾害。据有关资料，淮河流域四省农作物洪涝受灾面积 3747.6 万亩，成灾面积 2379.45 万亩，受灾人口 2474 万人，倒塌房屋 11.53 万间，因灾死亡 4 人，直接经济总损失 155.2 亿元，其中水利设施损失 18.52 亿元。

安徽省受灾面积 1998 万亩，成灾面积 1466 万亩，受灾人口 1435 万人，倒塌房屋 8.94 万间，因灾死亡 3 人，直接经济总损失 88.42 亿元，其中水利设施损失 12.73 亿元。受灾严重的有阜阳、蚌埠、淮南等市。

1950 年淮河洪水主要来自淮河上游及中游淮北各大支流，2007 年淮河水系干、支流洪水并发。表 6 - 7 给出了淮河干流主要控制站 1950 年和 2007 年洪水洪量和重现期分析初步成果，2007 年淮河干流主要控制站最大 30d、60d 还原洪量和洪量重现期均大于 1950 年。

表 6 - 7　　淮河干流主要控制站 1950 年和 2007 年洪水洪量和重现期分析

年份	站名	最大洪量/亿 m³		重现期/a
		30d	60d	
1950	正阳关	187	222	10
2007		207	228	15
1950	蚌埠	224	270	10
2007		280	306	17
1950	中渡	289	338	10
2007		399	438	22

与两次洪水规模比较结果不同的是，两次洪水所造成的灾情却是另一种状况。由于 1950 年淮河灾情主要集中在皖北，而 2007 年为流域性大洪水，受灾范围缺乏一致性，故采用 2007 年安徽灾情与 1950 年皖北灾情进行对比。与 1950 年相比，2007 年成灾面积减少 36.8%，倒塌房屋数量和因灾死亡人口更是大幅减少；1950 年安徽受灾人口占皖北地区的 60%，而 2007 年安徽受灾人口占其流域总人口的 36%，相对受灾人口 2007 年比 1950 年减少了近一半（见表 6-8）。需要说明的是，1950 年洪水中洪泽湖以上淮河干流决口达 10 余处，当年沿淮地区洪、涝灾害并发，而 2007 年洪水中，除部分行蓄洪区因主动开放而造成行蓄洪区的洪灾外，其他基本上都是涝灾所致。

表 6-8　　　　　　　淮河 1950 年和 2007 年洪涝灾害统计

年份	受灾面积/万亩	受灾人口比例/%	倒塌房屋/万间	因灾死亡/人
1950	3163	60	89	489
2007	1998	36	8.94	3

由此可见，2007 年的洪水量级大于 1950 年，而灾情要明显小于 1950 年。治淮工程的防洪减灾效益十分明显。

（二）沂沭泗河洪水东调南下工程的防洪作用

沂沭泗河洪水东调南下工程是沂沭泗流域的骨干防洪工程，于 20 世纪 70 年代初开始建设，到 2010 年基本完成。1957 年是新中国成立以后沂沭泗地区洪涝灾害最严重的年份。分析表明，工程完成后，再遇到相同年型的洪水，减灾效益巨大。

1957 年 7 月 6—26 日，沂沭泗河水系出现七次暴雨，雨区范围广、雨量大、持续时间长，出现了新中国成立以来最大的一次洪水，以南四湖地区洪水最大，约合 90 年一遇，其次在沂河流域。7 月 19 日，沂河临沂站实测洪峰流量为 15400m³/s，沂河洪水虽经分沂入沭及江风口两处分洪，下游郯城段仍有两处决口，洪水淹没了郯城、苍山两县 10 多万亩土地。7 月 11 日，沭河大官庄出现最大洪峰为 4910m³/s。沂、沭河 7d、15d 洪水量均为历年最大。暴雨洪水冲毁山丘区大量梯田、小型塘坝等工程。南四湖汇集周边各河道来水，最大入湖流量约为 10000m³/s，由于洪水来不及下泄，使湖区出现严重的洪涝灾害。这次洪水造成沂沭河及各支流河堤普遍漫决达 7350 多处。全流域受灾面积 2455 万亩，倒塌房间 249 万间，伤亡 742 人。沂沭泗河水系 1957 年洪水淹没范围见图 6-2。

未来沂沭泗河水系如发生 1957 年洪水，整个区域洪涝灾情将有根本性改善。据分析，除南四湖湖西的万福河、东鱼河部分地区及沂沭河上游少部分地区将遭受洪灾外，其他地区将免受洪水灾害。与1957年实际淹没面积相比减少淹没面积15030km²，预计减灾效益巨大。沂沭泗河水系规划工况下1957年洪水重演淹没范围见图6-3。

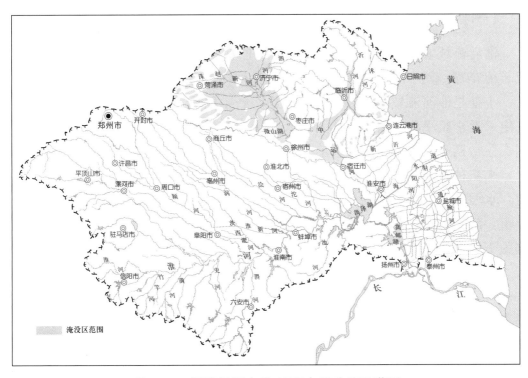

图6-2 沂沭泗河水系1957年洪水淹没范围

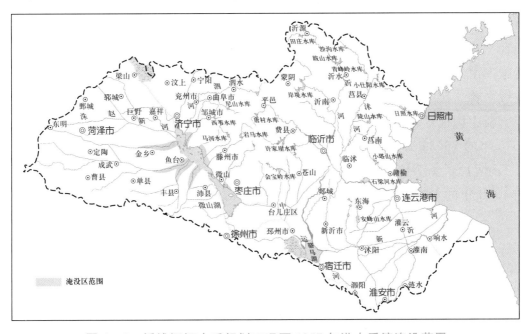

图6-3 沂沭泗河水系规划工况下1957年洪水重演淹没范围

二、水利发展对粮食生产的支撑作用

（一）主要农作物和粮食产量

淮河流域农作物包括小麦、水稻、玉米、油菜、花生、芝麻、薯类、大豆、棉花等，其中小麦、水稻为主要粮食作物。

小麦是淮河流域最主要的粮食作物，新中国成立以来小麦的种植面积较为稳定，近十年平均种植面积为 11757 万亩，其中安徽、江苏、山东三省较新中国成立初期有所减少，河南省有所增加，总体变化不大。

水稻种植面积与水利工程尤其是灌溉工程关系密切，随着大量水利工程兴建，水稻的种植面积由新中国成立初期的 1718 万亩，倍增至 1978 年的 3181 万亩，到 2010 年，水稻种植面积为 4692 万亩，水稻面积占粮食播种面积的比例为 17.7％。近 10 年来，水稻面积平均可达 4293 万亩。

淮河流域的粮食产量在新中国成立初期只有 1400 万 t，1978 年为 4198 万 t，1990 年为 6726 万 t。2010 年为 10836 万 t，约占全国粮食产量的 1/5，其中，小麦产量 5332.1 万 t，约占全国的 46％；水稻产量 2613.8 万 t，约占全国的 13％。除水果外，淮河流域主要大宗农产品在全国比重均高于 10％，油料和棉花高于 20％，豆类和玉米高于 15％。有研究对我国十大农作区的粮食总产量的贡献率进行了评价。结果表明对全国总粮食贡献率较高的区域依次是黄淮海地区（29.71％）、长江中下游地区（21.40％）和东北地区（11.23％）。1970—2010 年，淮河流域粮食生产对全国粮食增产的贡献率持续增长，增产贡献率由 20 世纪 70 年代的 30.5％提高到 21 世纪 10 年来的 43.3％，居各大流域之首。

新中国成立以来，淮河流域粮食播种面积由 1952 年的 33464 万亩减少到 2010 年的 26534 万亩，下降了 21％；而粮食总产量由 1897 万 t 增加至 10836 万 t，增长了 4.7 倍。粮食单产从新中国成立初期的亩均产量不到 60kg，增长到 1978 年的 160kg/亩，2010 年达到 408.4kg/亩。

（二）水资源利用与农田灌溉

淮河流域的农业灌溉历史悠久，灌溉在农业生产中发挥了重要的作用。水是农业的命脉，农业用水始终是流域各行业用水中的第一大户，表 6-9 给出了新中国成立以来淮河流域历年有效灌溉面积和农业用水量情况。1980 年流域农业用水量为 409.1 亿 m³，占各行业总用水量的 91.7％，随着工业和城镇生活等用水量的迅速增加，农业用水在各行业用水中的比例呈逐步减少的趋势，1993 年农业用水占总用水量的比例下降到 80％，到 2010 年逐步下降到 73％左右。农田灌溉用水量占农业用水量的绝大多数，1980 年所占比例为 92.8％，1993 年所占比例为 89.3％，近些年来稳定在 90％左右。

图 6－4 所示为淮河流域有效灌溉面积和农业用水量变化趋势图，在 1980—2010 年间，有效灌溉面积不断增加，而农业用水量在 330 亿～430 亿 m³ 之间波动，并趋于稳定，说明农业节水工程的作用明显。

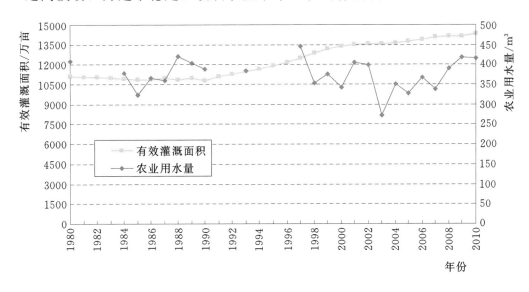

图 6－4　淮河流域有效灌溉面积和农业用水量变化趋势图

表 6－9　　　　　　　　淮河流域历年有效灌溉面积和农业用水量

年份	有效灌溉面积/万亩	总用水量/亿 m³	农业		农田灌溉		
			用水量/亿 m³	占总用水量的比例/%	用水量/亿 m³	占农业用水量的比例/%	占总用水量的比例/%
1949	1713.71						
1980	11166.52	446.1	409.1	91.7	379.5	92.8	85.1
1981	11085.12						
1982	11054.21						
1983	11035.59						
1984	10947.64	411.5	380.5	92.5			
1985	10869.94	379.5	324.2	85.4			
1986	10895.04	403.7	367.5	91.0			
1987	11016.9	402.7	360.9	89.6			

续表

年份	有效灌溉面积/万亩	总用水量/亿 m³	农业		农田灌溉		
			用水量/亿 m³	占总用水量的比例/%	用水量/亿 m³	占农业用水量的比例/%	占总用水量的比例/%
1988	10905.86	477.5	422.1	88.4			
1989	10993.73	463.9	404.2	87.1			
1990	10805.37	452.0	390.7	86.4			
1991	11107.95						
1992	11352.06						
1993	11514.39	484.0	386.5	79.9	345.2	89.3	71.3
1994	11693.82						
1995	11948.42						
1996	12210.42						
1997	12558.15	575.4	447.7	77.8	423.0	94.5	73.5
1998	12933.57	480.5	354.0	73.7	328.5	92.8	68.4
1999	13240.65	511.2	377.2	73.8	353.1	93.6	69.1
2000	13419.05	468.8	343.5	73.3	318.1	92.6	67.9
2001	13529.81	536.8	407.7	76.0	379.6	93.1	70.7
2002	13627.7	530.4	400.3	75.5	372.3	93.0	70.2
2003	13623.87	410.9	273.9	66.7	238.6	87.1	58.1
2004	13690.8	493.2	353.0	71.6	312.9	88.6	63.4
2005	13774.29	479.6	329.3	68.7	289.6	87.9	60.4
2006	13928.9	521.6	368.6	70.7	327.1	88.7	62.7
2007	14092.37	487.1	338.8	69.6	300.4	88.7	61.7
2008	14154.21	544.2	393.2	72.3	351.1	89.3	64.5
2009	14205.9	572.1	420.5	73.5	377.4	89.8	66.0
2010	14378.64	571.7	418.0	73.1	374.2	89.5	65.5

注　1. 有效灌溉面积数据引自历年《治淮会刊》（年鉴）。

　　2. 用水量数据：1980 年、1993 年数据引自《淮河片水中长期供求计划报告（1996—2000—2010年）》；1984—1990 年数据引自《淮河流域规划志》（2005 年 12 月第一版）；1997—2010 年数据引自历年《淮河流域水资源公报》。

随着流域经济社会快速发展，工业、生活和生态用水需求都在不断地增长，在控制用水总量的情况下，农田灌溉用水总量大幅增加的可能性不大，只能维持目前的规模甚至可能略有下降，因此保障粮食增产，一方面是适度发展灌溉面积，另一方面要加大灌区节水改造的力度，挖掘农业节水潜力。《淮河流域及山东半岛水资源综合规划》对 2020 年、2030 年农业需水进行了预测，预计到 2020 年淮河流域农业灌溉需水量降低到 387.2 亿 m³；到 2030 年农业灌溉需水量降低到 373.0 亿 m³。

（三）水资源对粮食产量的影响分析

影响粮食单产的因素很多，《中国农业需水与节水高效农业建设》针对不同因素对粮食作物单产的影响进行了分析，该研究采用灰色关联分析法，选取了有效灌溉面积、亩均化肥用量、亩均农机动力、亩均农药用量、良种贡献及复种指数等 6 个影响粮食产量的主要因素，采用以粮食单产为母序列，以上述 6 个因素为子因素进行灰色关联分析，并按 1952—1958 年、1959—1974 年、1975—1982 年、1983—1990 年、1991—1997 年、1952—1997 年等 6 个时间段，进行各因素与粮食作物单产的灰色关联分析，分析结果见表 6-10。

表 6-10　　　　新中国成立以来不同阶段粮食作物单产与

各因素的灰色关联分析

阶段	粮食单产与各因素的关联系数					
	有效灌溉面积（X_1）	亩均化肥用量（X_2）	亩均农机动力（X_3）	亩均农药用量（X_4）	良种贡献（X_5）	复种指数（X_6）
第一阶段（1952—1958 年）	0.9611	0.6852	0.6718	0.5432	0.9553	0.9577
	关联序：$X_1 > X_6 > X_5 > X_2 > X_3 > X_4$					
第二阶段（1959—1974 年）	0.8939	0.7067	0.6528	0.7716	0.8718	0.8526
	关联序：$X_1 > X_5 > X_6 > X_4 > X_2 > X_3$					
第三阶段（1975—1982 年）	0.7033	0.4723	0.5823	0.6917	0.7204	0.6391
	关联序：$X_5 > X_1 > X_4 > X_6 > X_3 > X_2$					
第四阶段（1983—1990 年）	0.5931	0.6343	0.5744	0.6136	0.6490	0.5805
	关联序：$X_5 > X_2 > X_4 > X_1 > X_6 > X_3$					
第五阶段（1991—1997 年）	0.6896	0.6421	0.5796	0.5581	0.7300	0.6411
	关联序：$X_5 > X_1 > X_2 > X_6 > X_3 > X_4$					
整阶段（1952—1997 年）	0.7455	0.5691	0.5506	0.7001	0.7113	0.6501
	关联序：$X_1 > X_5 > X_4 > X_6 > X_2 > X_3$					

由表 6-10 所列关联度的大小可见，新中国成立以来有效灌溉面积、亩均化肥用量、亩均农机动力、亩均农药用量、良种贡献及复种指数对粮食单产都作出了重要的贡献，但在不同的阶段对单产影响的大小是有所不同的。从总体看，1952—1997 年，各因素对单产增长的贡献由大到小依次是：有效灌溉面积、

良种贡献、亩均农药用量、复种指数、亩均化肥用量、亩均农机动力。

　　淮河流域的粮食播种面积从新中国成立初期最高的 36176 万亩下降到 20 世纪七八十年代的 24500 万亩左右，一直呈下降趋势；90 年代的粮食播种面积稳定在 24150 万亩左右；2000 年后粮食播种面积继续下滑，最低点 2004 年为 21648 万亩；近些年来，粮食播种面积开始逐年小幅增长，2010 年为 26534 万亩。总体而言，淮河流域的粮食播种面积呈下降—稳定—下降—相对增长的趋势。而粮食总产量除了 1958—1963 年和个别大水年份外，一直呈增长的趋势。图 6-5 为淮河流域粮食播种面积和粮食总产量变化趋势图。

图 6-5　淮河流域粮食播种面积和粮食总产量变化趋势图

　　比较淮河流域的粮食总产量和粮食播种面积的变化趋势，可以发现期间粮食播种面积相对稳定，而粮食总产量却呈不断增长的趋势。其中，1980—2010 年淮河流域粮食总产量从 0.44 亿 t 增加到 1.08 亿 t，增加了 145%，而播种面积仅增加了 10%，可见粮食增产主要是通过粮食单产提高来实现的。2010 年粮食亩产量达到 408kg/亩，高于全国平均水平 22%。

　　新中国成立初期，淮河流域有效灌溉面积约为 1714 万亩，到 1978 年发展到 11224 万亩，2010 年为 14379 万亩。有效灌溉面积总体上呈不断增长的趋势，经历了三个阶段，第一阶段是新中国成立初期到 20 世纪 80 年代的快速增长，增长了近 6 倍，年均增长 19%；第二阶段是 80 年代到 90 年代初期，稳定维持在 11000 万亩左右的水平；第三阶段是 90 年代以来，缓慢稳定增长到 14000 多万亩。淮河流域粮食亩均产量和有效灌溉面积变化趋势见图 6-6。由图 6-6 可见，除个别大水年份外，淮河流域粮食亩均产量和有效灌溉面积的增长之间的相关性较好，即粮食亩均产量随有效灌溉面积的增长而增长。

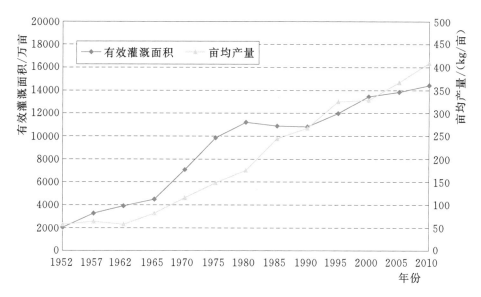

图 6-6 淮河流域粮食亩均产量和有效灌溉面积变化趋势

三、水利发展对经济社会发展的保障作用

淮河流域涉及湖北、河南、安徽、江苏、山东五省 40 个地级市，在我国国民经济中占有十分重要的战略地位。煤炭资源探明储量为 700 亿 t，且煤种齐全、质量优良，是我国黄河以南地区最大的火电能源中心，华东地区主要的煤电供应基地。流域内工业门类较齐全，以煤炭、电力、食品、轻纺、医药等为主，近年来化工、化纤、电子、建材、机械制造等有很大的发展。淮河流域也是我国重要的粮、棉、油主产区之一，总耕地面积为 1.9 亿亩，2010 年粮食总产量 10836 万 t，约占全国粮食总产量的 19.8%，人均粮食产量 559kg，高于全国人均粮食产量。

（一）近几十年水资源供给基本满足了流域经济发展的需求

新中国成立以来修建了大量的水利工程，初步形成了淮水、沂沭泗水、长江水、黄河水并用的水资源利用工程体系，年现状实际供水能力达到约 606 亿 m^3，有效保障了流域经济发展需求。据有关资料和分析表明，全流域 GDP 从 1980 年 368 亿元增加到 2010 年 39136 亿元；期间全流域供用水总量也从 1980 年 446.10 亿 m^3 增加到 2010 年 571.71 亿 m^3。表 6-11 和表 6-12 分别是 1980—1990 年和 2000—2010 年淮河流域经济发展与用水量变化情况表。

分析近几十年供用水量的变化过程，可以发现：①供用水总量是随着经济总量的增加而稳步增长，在这一期间供用水总量虽然有所波动，究其原因主要还是因降雨年际间变化比较大引起的，由于降雨年际变化较大导致农业用水量有一定幅度波动，如 2002 年、2003 年全流域用水量分别为 530.41 亿 m³、410.86 亿 m³，而农业用水量分别为 400.32 亿 m³、273.94 亿 m³，如果剔除农业用水波动的因素，则供用水总量稳步增长趋势更加明显。②用水结构也发生了明显变化，农业用水比重逐步下降，工业、生活用水比重上升，农业用水从 1980 年的 90%左右下降到 2010 年 70%略多；期间工业、生活用水量增长速度大大高于整个用水总量增加速度，供用水总量年均增加 0.8%，而工业用水总量年均增加 3.3%，这也符合期间流域内工业快速发展、城市化率水平提高的趋势。③用水效率不断提高，随着水资源管理工作不断加强，水资源论证制度得到全面贯彻落实，节水型社会建设试点工作取得初步成效，工业用水量由 2000 年的 80.60 亿 m³ 增长到 2010 年的 86.87 亿 m³，年均增长 0.8%，万元工业增加值用水量由 2000 年的 263m³ 下降到 2006 年的 127m³。

表 6 - 11　　　1980—1990 年淮河流域经济发展与用水量变化情况表

年份	GDP /亿元	用水量/亿 m³			
		合计	农业	工业	城镇生活
1980	368.1	446.10	409.11	32.85	4.14
1985	780.7	379.50	324.20	29.60	6.70
1986		403.69	367.46	30.40	5.83
1987		402.66	360.86	36.31	5.49
1988		477.54	422.13	49.48	5.93
1989		463.86	404.22	51.09	8.55
1990	1625.6	452.04	390.65	52.38	9.01

注　GDP 数据为淮河流域及山东半岛水资源综合规划编制过程中测算数据，用水量数据引自《淮河规划志》。1985 年农业用水量仅为农田灌溉用水量，合计包括林、牧、渔、畜等其他用水量。

表 6 - 12　　　2000—2010 年淮河流域经济发展与用水量变化情况表

年份	GDP /亿元	用水量/亿 m³						
		合计	农业	工业	城市居民生活	城镇公共	农村生活	生态环境
2000	8473.90	468.77	343.48	80.60	11.11	7.99	25.58	0.01
2001		536.80	407.74	80.48	13.87	9.11	25.56	0.04
2002	10574.50	530.41	400.32	79.79	14.39	9.50	26.09	0.32
2003	10466.62	410.86	273.94	83.77	15.79	6.11	27.28	3.97
2004	14439.84	493.20	353.04	86.85	18.35	6.22	25.54	3.20
2005	27970.52	479.62	329.31	95.18	18.38	6.69	26.44	3.62

续表

年份	GDP /亿元	用水量/亿 m³						
		合计	农业	工业	城市居民生活	城镇公共	农村生活	生态环境
2006	22333.85	521.61	368.62	96.20	18.93	7.74	26.00	4.12
2007	24766.58	487.07	338.82	87.65	20.78	8.47	26.69	4.66
2008	28145.92	544.23	393.24	86.84	22.02	8.73	26.61	6.79
2009	32858.29	572.11	420.47	86.41	22.73	9.44	26.97	6.09
2010	39136.36	571.71	417.99	86.87	24.64	10.29	25.21	6.71

注　2000 年 GDP 数据为淮河流域及山东半岛水资源综合规划编制过程中的测算数据，2002—2010 年
GDP 数据引自《治淮汇刊》；用水量数据引自历年《淮河流域水资源公报》。

（二）保障了城市供水安全

改革开放以前，淮河流域的城市化水平很低，城市化进程缓慢，这一阶段，水资源基本上没有制约城市的发展。改革开放以后，随着城市化水平的快速发展，淮河流域的城市供用水量大幅增加，城市用水由 1980 年的 36.99 亿 m³增长到 2010 年的 128.51 亿 m³。城镇居民生活用水快速增长，1980—1990 年间由 4.14 亿 m³ 增长到 9.01 亿 m³，年均增长 8.1%，2000—2010 年间由 11.11 亿 m³ 增长到 24.64 亿 m³，年均增长 8.3%。工业用水量由 1980 年的 32.85 亿 m³ 增加到 2010 年的 86.87 亿 m³，其中 1980—1990 年增速相对较快，年均增长 4.8%，2000 年以后增速放缓，2006 年达到用水高峰 96.20 亿 m³；2007—2010 年基本保持在 87 亿 m³ 左右。21 世纪以来，随着社会对生态环境的愈加重视和水资源统计的变化，生态用水逐渐在淮河流域水资源统计公报中出现，且用水量持续增加，从 2000 年的 0.01 亿 m³ 迅速增长到 2010 年的 6.71 亿 m³，成为城市用水的重要组成部分。

四、水利发展对水生态与水环境的改善

水利工程体系不仅具备防水害、兴水利的功能，也在维护、改善水生态与水环境方面发挥了重要的作用。早在 20 世纪 90 年代，针对淮河流域水污染问题严重的情况，淮委及流域相关省有关部门在淮河进行水质水量联合调度探索和实践活动，有效减轻了水污染造成的危害。2001 年引沂济淮和 2002 年南四湖生态补水更是充分利用水利工程保护重要河湖生态健康的成功实践。

淮河和沂沭泗河水系是淮河流域两大水系，由于废黄河的阻隔而无法自然沟通。而治淮骨干工程和南水北调东线工程建设，使得这两个水系的主要河湖

得以连通，淮河洪水可以通过分淮入沂工程调度至沂沭泗河水系的新沂河入海，南四湖、骆马湖和洪泽湖可相互调度。

（一）2001 年引沂济淮

2001 年的淮河流域气候异常，入春后，流域内持续干旱少雨，呈现出"空梅"现象。入夏后，受太平洋副热带高压控制，流域内形成持续高温、晴热、少雨天气，造成流域春夏连旱的局面，淮河发生近几十年来少有的旱情。据统计，淮河水系 3—7 月平均降雨仅为 334mm，比常年同期偏少 40%，与大旱的 1978 年的同期基本持平，比大旱年 1966 年的同期少近 20%。

严重的旱情，使流域内诸多中小河流断流，湖库水位急剧下降，淮河干流航运中断。洪泽湖从 6 月 25 日起降到死水位以下，7 月 25 日 8 时最低水位降至 10.52m，为 1978 年以来最低，接近干涸。干旱不仅给农业生产带来重大危害，而且给城市供水、农村人畜饮水及水环境带来严重影响。从 7 月中旬开始，沂沭泗河水系陆续开始降雨，7 月 20 日起，沂沭泗地区连续出现降雨天气过程，该地区旱情得以缓解，但淮河水系的旱情仍较严重，洪泽湖上游仍无来水补给。

同期，沂沭泗地区的降雨使沂河、中运河和邳苍区间相继出现洪峰，骆马湖上游来水明显增加，水位迅速上升。7 月 29 日 8 时，骆马湖水位 22.04m，距汛限水位还差 0.46m，预报次日将超过 22.5m。为充分利用沂沭泗河洪水资源，淮委紧急会商江苏省防汛抗旱部门，决定利用中运河和徐洪河紧急南调沂沭泗河水系洪水补给淮河水系，以缓解洪泽湖地区旱情。7 月 29 日，宿迁闸开启，沂沭泗河水系本应东流入海的洪水，反向流入了淮河水系。经过持续多日的调水，8 月 6 日起，洪泽湖蒋坝水位恢复到死水位以上；8 月 11 日，骆马湖上游洪水来量减少，徐洪河沙集闸和洪泽湖二河闸分别于 8 月 11 日和 12 日关闭，"引沂济淮"结束。此次共调出骆马湖洪水 7.8 亿 m^3，其中进洪泽湖水量 6.8 亿 m^3，调水期间由淮河干流和其他入湖河道进入洪泽湖的水量约 3 亿 m^3；洪泽湖水量由 1 亿 m^3 左右增加到近 11 亿 m^3，其中调入水量占 64%；洪泽湖水位从调水时的 10.60m 上升到 11.59m，上涨近 1m；湖面面积比调水前增加到 750km^2。

通过沂沭泗河洪水资源跨水系调度，有效缓解了淮河洪泽湖地区的旱情，极大地改善了洪泽湖的水生态与水环境，保护了洪泽湖的渔业资源，恢复了航运。

（二）2002 年南四湖生态补水

2002 年，南四湖流域降水量严重偏少，1—11 月，南四湖地区平均降水量为 370mm，比常年同期偏少近 5 成，其中，主汛期（6—9 月）降水量为 225mm，比常年同期偏少近 6 成。截至 2002 年 12 月 1 日，南四湖总来水量约为 2.25 亿 m³，仅为多年平均总来水量（22.52 亿 m³）的 1 成。2002 年 7 月 15 日，上级湖水位降至 32.00m，湖中基本干涸，为历史最低水位（历史第二低 32.11m，1988 年 9 月 12 日）；下级湖 8 月 25 日水位降至 29.85m（历史最低 29.21m，2000 年 6 月 19 日），相应蓄水量仅约为 0.10 亿 m³，接近干涸。南四湖遭遇了 100 年一遇的特大干旱，其中部分地区的旱情达到了 200 年一遇。

由于特大干旱，使南四湖地区遭受严重损失，湖内蓄水几近干涸，周边地区的经济损失严重，湖区人民生活用水困难，湖内水道全线断航，湖区生态与环境到了毁灭的边缘。

为了缓解南四湖旱情，山东省于 2002 年 4—5 月和 8—10 月两次实施引黄济湖，合计入上级湖水量 1.4 亿 m³，一定程度上缓解了南四湖旱情。由于黄河流域用水本已紧张，再就近从黄河引水救助南四湖基本没有可能。

为进一步缓解南四湖旱情、维系湖区生态平衡，国家防汛抗旱总指挥部办公室、水利部决定从长江向南四湖应急生态补水。补水以江苏江都抽水站为起点、以京杭运河为输水骨干河道，沿程利用江都、淮安、淮阴等 9 级抽水泵站，将长江水送到南四湖下级湖；再以设在微山县城西和昭阳街道办事处的临时泵站为起点，经由湖东老运河从下级湖向上级湖输水。

2002 年 12 月 8 日南四湖生态补水正式启动，到 2003 年 1 月 24 日，圆满完成了向下级湖补水 11000 万 m³ 的任务；2002 年 12 月 20 日，山东省启动了从下级湖向上级湖补水工程，截至 2003 年 3 月 4 日，圆满完成了向上级湖补水 5000 万 m³ 的任务。通过应急补水，长江水、淮河水、沂沭泗河水、黄河水在南四湖上级湖首次实现了交融。南四湖应急生态补水达到了预期效果，对维系湖区人民群众生活用水、保护南四湖湖区物种、恢复湖区生态系统起到了极其重要的作用。

第四节　淮河流域不同时期经济社会发展对水利的需求

据清华大学《中国水利之路：回顾与展望（1949—2050)》，社会公众对水利发展的需求可划分为三种类型，即初级层次的"安全性需求"、中级层次的"经济性需求"和高级层次的"舒适性需求"；将 1949—2050 年对我国水利发展需求划分为五个时期，并认为我国已经经历了第一时期（安全性需求占据主导地位的时期）、第二时期（安全性需求继续增长、经济性需求快速增长的时期）、第三时期（安全性需求和经济性需求并重的时期，同时舒适性需求开始涌现），目前正处于第四时期，即安全性需求、经济性需求和舒适性需求均持续增长的时期，这一时期用水需求仍将继续增长，水生态安全等舒适性需求将迅速提高。

回顾新中国 60 年的治淮历程，上述有关需求变迁的阶段划分在淮河流域有较强的适应性。

从新中国成立之初开始，淮河流域相继经历 1950 年、1952 年、1954 年、1957 年以及 1968 年流域性或区域性洪涝严重的年份，防洪除涝保安问题突出，同时为解决吃饭问题急需发展农业灌溉，因此解决洪涝旱问题成为 20 世纪 80 年代以前淮河流域水利发展的紧迫而首要问题。

20 世纪 80 年代以来，流域经济快速发展，期间虽然对防洪减灾、农业灌溉等方面的安全性需求仍然很高，但工业需水等经济性需求快速增长，从用水结构变化看，农业用水占总用水量的比重从 80 年代初期的 90% 左右降低到 2000 年 70% 略多。同时，流域水污染问题日趋严重，进入 90 年代水污染事故频发，水生态迅速恶化，水环境方面安全需求重要性日益显现。

进入 21 世纪的前 10 年，淮河流域又连续发生 2003 年、2007 年洪水，对防洪保安等安全性需求不断提高；农村饮水不安全的问题十分突出；新一轮经济快速增长以及工业化和城镇化加速推进，使工业和城镇供水需求进一步增长、水资源供需矛盾加剧，水污染事故频繁发生。同时随着一些地区居民收入从小康走向富裕，对水生态安全、水景观建设等舒适性需求开始涌现。

未来一个时期，由于自然条件的差异性和区域经济社会发展的不均衡性，三个方面的需求及迫切性在流域不同地区或许有所侧重，但总体而言，淮河流域也将和全国一样，处在安全性需求、经济性需求和舒适性需求均持续增长的时期。

第五节　流域水利发展展望

一、淮河流域在经济社会发展中地位

（一）淮河流域承载我国人口和经济活动的地位将更加重要

淮河流域地势平坦，大部分为平原地区，自然、气候适宜于人类生存，具有良好耕作和城市建设条件，适宜承载较多的人口和经济活动。流域总人口约1.7亿人，耕地约1.9亿亩，城镇化率为33.3%。从未来的发展看，淮河流域的煤炭资源丰富，现代工业基础比较好，区位优势明显，吸引产业转移的条件较为优越，经济发展的资源约束较小，发展的潜力和空间大，淮河流域在承载我国人口和经济活动的地位将愈加重要。

（二）淮河流域粮食生产对保障国家粮食安全具有战略意义

我国人均耕地面积少，且呈逐年减少趋势，人地矛盾日益尖锐。按照《国家粮食安全中长期规划纲要》，到2020年我国粮食需求总量将达到5725亿kg，粮食供需将长期处于紧平衡状态。淮河流域是我国重要的粮食产区和商品粮生产基地，在《全国新增1000亿斤粮食生产能力规划（2009—2020年）》确定的粮食产能建设核心区黄淮海区内，黄淮海区承担着新增164.5亿kg粮食产能的建设任务，占全国的32.9%，稳定和提高淮河流域粮食生产对国家粮食安全有着非常重要的意义。

（三）淮河流域仍将是国家能源安全的重要支撑

淮河流域煤炭资源丰富，全流域煤炭的探明储量约为700亿t，煤炭质地优良，分布集中、埋深较浅，易于大规模开采。全流域煤炭产量3.5亿t，约占全国煤炭总产量的16.4%，未来流域煤炭产量将适度扩大。流域内火电装机容量约5000万kW，且发展趋势不断加快。淮河流域接近主要的能源消费区域，输送距离短。淮河流域作为国家重要的能源基地，未来仍将为保障国家能源安全发挥重要支撑作用。

（四）淮河流域是国家重要的交通枢纽区域

淮河流域位于中原腹地，交通运输比较发达，是我国沟通南北、连接东西的交通枢纽区域。目前，流域内交通干线密布，由京沪、京九、京广、陇海以及新石、新长、宁西等铁路构成了覆盖全流域的铁路网络。公路网密集，分布有京沪、京珠、沪蓉、连霍、山深、同三、京台等高速公路，是国家重要的交通走廊。京杭大运河、淮河干流是国家重要的水上运输通道。流域内郑州、阜阳、蚌埠、徐州、连云港、济宁、菏泽等中心城市是国家重要的交通枢纽，具有很强的辐射作用。

（五）淮河流域将成为我国新兴的现代制造业基地

淮河流域与长三角、山东半岛相连，有较为丰富的农副产品资源、矿产资源、水土资源；劳动力充足，成本比较低；科技创新方面有一定的基础，较易获得技术和产业的转移，产生规模和集聚效应，具有发展现代制造业的良好条件。综合流域内资源优势、区位优势以及产业基础和发展趋势，淮河流域将成为我国新兴的现代制造业基地。

二、未来经济社会发展对水利的需求

（一）保障国民经济又好又快发展

随着流域内经济社会的快速发展，经济总量将进一步扩大，工农业生产、城乡生活用水都将进一步增长。目前，淮河流域水利发展相对滞后，水资源配置格局与经济发展布局不匹配，水环境承载力与经济发展方式不协调。流域经济社会发展要求进一步加快水利发展步伐，完善水利基础设施，提升水利保障能力，强化水利对区域协调发展的重要支撑作用；同时要求切实加强水资源统一管理，强化水资源配置与调控手段，充分发挥水资源管理在优化结构、提高效益、降低消耗、保护环境上的基础性、导向性作用，促进经济发展方式的转变。

（二）保障和改善民生

水利发展与保障和改善民生息息相关。防汛抗洪关系人民生命安危，饮水安全关系人民身心健康，水环境改善关系社会和谐与人民安居乐业。当前淮河流域防洪减灾体系尚不完善，部分地区还存在不同程度的洪水威胁；水质污染、水资源短缺及供水设施不足，局部城乡居民饮水安全得不到必要保障；部分地区水土资源过度开发利用，水生态环境遭到不同程度的破坏。保障和改善民生要求把群众需求放在更加突出的位置，努力保障人民群众生命财产安全和用水安全，人人共享水利发展成果。

（三）增强发展协调性

淮河流域水资源分布与流域人口和耕地分布、矿产和能源资源开发等生产力布局不协调，随着淮河流域工业化和城镇化进程加快，以及产业结构和空间布局的演进，水资源需求和用水结构必然发生变化，水资源供需矛盾更加突出。增强经济发展协调性，必须强化需水管理，实施最严格的水资源管理制度，积极推进节水型社会建设，提高水资源开发利用效率，使经济社会的发展与淮河流域水资源承载能力相适应，以维系良好的生态环境；必须统筹和兼顾区域均衡发展，用好当地水，适度增加外调水，优化水资源配置，为城市群的发展和产业规划的布局提供水资源保障。

（四）基本公共服务均等化

流域各地自然条件和经济社会发展水平差别较大，水利发展水平很不均衡，水利公共服务的能力和水平不高，覆盖面也很低，城乡公共服务存在很大的差异，影响了流域经济社会协调可持续发展。推动区域协调发展、缩小区域发展差距，要求流域水利全面协调发展，提升水利公共服务能力，既要继续推进骨干河道治理和重点工程建设，也要加强流域面上水利的发展，加快低洼易涝地区和中小河流治理，特别要着力改善农村水利条件，提高农业抗御洪涝干旱灾害能力，为农业和农村经济的发展、农民致富创造坚实的水利条件。

（五）保障粮食安全

淮河流域是我国粮食主产区，对保障我国粮食安全具有重要作用。但是淮河流域农业灌溉设施配套不足、灌溉率不高、农田除涝标准低，严重影响淮河流域粮食生产安全。因此，为保障国家粮食安全，在保障防洪安全的基础上，需进一步加强农村水利及农田水利基础设施建设，配套完善现有灌溉设施，进一步提高农田灌溉率和排水标准，改善粮食生产条件。同时，完善水资源配置格局，加强水资源应急调配能力，提高粮食生产的用水保障程度。

三、流域水利发展面临的突出问题

（一）防洪除涝减灾能力不足

淮河上游拦蓄能力不足。淮河流域山丘区面积占流域总面积的 1/3，但水库控制面积不足山丘区面积的 1/3。淮河水系大型水库控制面积仅为 1.78 万 km^2，加之淮河干流上游尚无控制工程，拦蓄能力不足，上游防洪标准仅 10 年一遇。

淮河中游行洪不畅，行蓄洪区问题突出。淮河中游河道泄流不畅，特别是在中小洪水时的行洪能力不足，汛期高水位持续时间长，防汛压力大，同时也影响沿淮两岸排涝。淮河流域行蓄洪区数量多，启用标准低，进洪频繁，社会影响大；行蓄洪区人口多，区内群众安全居住问题尚未得到很好解决，难以及时启用有效发挥作用。

淮河下游出路不足。洪泽湖防洪标准尚达不到国家防洪标准规定的 300 年一遇的要求，中低水位时的泄流能力偏小，在遇中小洪水时洪泽湖水位即快速上升，影响中游洪水下泄和排涝；洪泽湖大堤也还存在不少险工隐患；入江水道、分淮入沂虽经多次整治，仍难以安全下泄设计流量。沂沭泗河水系的防洪体系虽已形成，但仍需进一步巩固和完善。

平原洼地排涝标准低，涝灾损失大。淮河流域平原面积广大，约占流域总面积的 2/3，易涝区耕地面积约 0.9 亿亩。广大平原地区排涝设施严重不足，除涝标准较低，众多沿河、滨湖洼地受外河高水位的顶托，缺乏自排条件，抽排能力有限，面上积水无法及时排出，历来是洪涝灾害频发地区，因洪致涝、"关门淹"的问题十分突出。

（二）水资源供需矛盾突出

淮河流域水资源总量少，人均水资源量不足 500m³，70％左右的径流集中在汛期 6—9 月，最大年径流量是最小年径流量的 6 倍，水资源时空分布不均、变化剧烈。现状流域多年平均缺水量达 51 亿 m³，遇干旱年缺水形势严重，旱灾发生的频率和范围有增加的趋势。

水土资源不匹配，山丘区水资源量相对丰富，而用水需求相对较小，平原地区人均和亩均水资源量小，调蓄条件差，但用水需求大；水资源分布与流域人口和耕地分布、矿产和能源资源开发等生产力布局不协调。

水资源配置体系尚不完善，流域蓄水、调水、引水等水资源配置骨干工程建设滞后，水资源配置工程体系尚不完善，水资源配置能力不足，缺乏有效的水资源调度手段，难以实施水资源的合理配置。用水效率和效益不高，节水型社会建设的任务艰巨。

（三）水资源和水环境保护形势严峻

淮河流域经过多年治理，河湖水质总体上呈好转趋势，但水污染形势依然严峻，部分河流的水质尚未达到功能区水质管理目标要求，主要污染物入河量仍超过水功能区纳污能力。水污染进一步加剧了淮河流域水资源短缺矛盾。河湖生态用水难以保障。淮河流域河湖径流季节性变化大，水资源开发利用程度高，河道内生态用水常被挤占，出现有水无流或河湖干涸萎缩的现象，流域内中小河流水生生态系统破坏严重。水土保持综合治理进展缓慢，水土流失问题依然严重。山洪威胁人民生命财产安全等问题还较为突出。

（四）流域综合管理亟待加强

流域水行政管理体制尚未完全理顺，体制机制有待创新，水法规体系建设不能满足流域综合管理的需要。

洪水管理体系有待逐步建立和完善，水量分配和水量调度工作相对滞后，水资源保护的手段和措施不完备。水土保持监督管理机制不顺。流域水利规划体系不健全，规划管理工作急需加强。基层水管单位管理设施薄弱，保障能力不足。应急处置工作机制尚不健全，应对突发公共事件的能力不强。

支撑流域防洪除涝、水资源管理与保护、水土保持的监测监控站网体系尚不完备，流域水利信息化水平还不高，管理基础设施及能力建设急需加强。

四、未来流域水利发展的重点

未来淮河流域水利发展要围绕满足流域经济社会发展的安全性需求、经济性需求和舒适性需求持续增长，以建立、健全和完善防洪减灾、水资源保障、水资源和水生态保护、流域综合管理"四大体系"为重点。

针对流域防洪安全要求不断提高，防洪减灾能力相对不足的问题，要健全流域防洪减灾体系。进一步控制山丘区洪水，上游山丘区建设出山店、前坪等大中型水库，增加拦蓄能力；完善中游蓄泄体系和功能，调整行洪区、整治河道，扩大中等洪水通道，实施蓄滞洪区建设，开展行蓄洪区及淮河滩区的居民迁建；巩固和扩大下游泄洪能力，整治入江水道、分淮入沂，加固洪泽湖大堤，建设淮河入海水道二期工程，扩大淮河下游洪水出路，降低洪泽湖洪水位。沂沭泗河水系在既有东调南下工程格局的基础上，进一步巩固完善防洪湖泊和骨干河道防洪工程体系，扩大南下工程的行洪规模；实施沿淮、淮北地区和里下河等低洼易涝地区的综合治理；合理安排重要支流治理和中小河流治理；加强城市防洪和海堤建设。

针对经济社会快速发展，水资源供需矛盾将持续存在状况，要完善水资源保障体系。建设南水北调东线、中线和引江济淮、苏北引江工程等跨流域调水工程，完善水库、湖泊、闸坝等调蓄工程和沿黄、沿江引水工程，与淮河干流共同构建淮河流域"四纵一横多点"的水资源配置和开发利用工程格局。完善沿淮湖泊洼地及沂沭河洪水资源利用工程，加快大中型灌区节水改造，在水土资源较匹配的地区适度发展灌溉面积，提高城乡供水能力，保障城乡供水安全和粮食生产安全。全面解决农村饮水安全问题，改善农业灌排条件，整治农村水环境。加强全国内河高等级航道、区域性重要航道和一般航道网建设，完善港口体系。

针对工业和城市化进程加速，水资源和水环境保护压力倍增的状况，要构建水资源和水生态保护体系。构建以淮河干流、南水北调东线输水干线及城镇集中供水水源地为重点的"两线多点"的地表水资源保护格局。严格水功能区纳污总量控制管理和入河排污口管理。在水污染严重地区采取工程措施对水污染进行综合整治。加强地下水资源保护，禁采深层承压水，压减浅层地下开采。强化城镇集中饮用水水源地保护和管理。开展生态用水调度，重点水域实施生态保护与修复工程。加强水土流失综合治理和预防保护，防治山洪灾害。

针对社会管理和公共服务理念不断更新，流域综合管理亟待提高的态势，要进一步加强流域综合管理体系建设。完善流域管理法律法规体系，完善流域管理和区域管理相结合的水资源管理体制与机制，初步形成协调、有效的涉水事务管理和公共服务体系。加强防洪抗旱减灾管理、水资源管理、水资源保护管理、河湖岸线及水利工程管理、水土保持管理，建立健全应急管理体系。加强流域综合管理能力建设，开展重大问题研究。

小　　结

（1）回顾淮河流域水利发展的历程，可以得出，一方面，水利基础设施既是保障和促进流域经济社会发展不可或缺的条件，也可能成为制约流域经济社会发展的重要因素之一，在特定的时期和条件下甚至可能是决定性的因素。从春秋以来完成的农田蓄水灌溉工程、河道堤防工程、人工运河等对保障和促进当时及后来的经济社会发展都发挥了重要作用，有些至今仍在发挥效益。同时黄河夺淮600多年，不仅改变了淮河中下游河流水系格局，也对经济社会发展的格局产生了重要影响，在黄河夺淮以来很长一个时期内，淮河流域在我国农业经济中心的地位不复存在。另一方面，流域水利历来是经济社会事务的重要组成部分，也受制于当时的政治、社会环境和经济发展水平。历朝历代的农田水利（包括屯田水利）、人工运河，以及明清以来黄淮运统一治理，都是基于当时经济发展、社会稳定甚至国家安全的需要；同时，总体而言，两汉、隋唐和北宋等是政局比较稳定、封建社会经济有较大发展的时期，也是流域水利有长足发展的时期，而政权割据、屡遭战乱的朝代，则往往水利失修。新中国治淮60余年，淮河流域基本形成防洪、供水、灌溉综合利用多功能的水利工程体系，在保障防洪安全、供水安全、粮食安全和改善水生态方面发挥了重要作用，彻底改变了流域多灾多难的历史面貌，充分说明了水利在淮河流域发展中的基础地位。

（2）未来一个时期，淮河流域作为我国承载人口和经济活动的重要地区，将进入加快发展的重要时期，在保障国家粮食安全、支撑能源安全、实施国家交通安全战略等方面的作用和地位愈加显现，流域经济社会发展对水利的安全性需求、经济性需求及舒适性需求均处在持续增长时期，流域水利发展要围绕满足经济社会持续发展的需要，进一步建立、健全和完善以防洪减灾、水资源保障、水资源和水生态保护、流域综合管理为重点的四大体系。

第七章

几个重要问题及相关对策

第一节　淮河与洪泽湖关系研究*

一、淮河与洪泽湖的形成及演变

（一）淮河的形成及演变

淮河流域在区域地质构造上属秦岭—嵩山东西构造之东缘部分，属中朝准地台华北坳陷的南部，向东与扬子准地台苏北坳陷相连。淮河流域是叠加在东西构造带基础之上北东走向的复式向斜盆地，盆地内断块式的凸起与凹陷相间出现。淮河发育的构造背景缘起于东西部非均衡的构造升降运动，决定淮河发育过程的是黄河发育中冲积扇的形成、延伸和扩大。

从中更新世早期（距今约 100 万年）开始，黄河禹门口以下河段逐步发育，黄河冲积扇逐步形成雏形。到晚更新世早期（距今约 10 万年前），黄河冲积扇发育最为昌盛，范围也最大，并向南及东南方向推移，至界首、亳州、宿州一带。进入全新世（距今约 1 万年前），黄河冲积扇体不断增高，在南部地区形成向东南倾斜的地形，而同期南部的下扬子地台内部出现差异运动，合肥盆地不断沉降，其北部出现淮南隆起带，这两方面的地质运动，迫使淮河干流不断南移。淮河以北主要支流大多发源于黄河冲积扇体，由于黄河的不断向南冲积，逐步营造了黄淮平原，在营造黄淮平原的过程中，黄淮平原的排水系统，主要是颍河、涡河等，一直南侵压迫淮河南移到淮南山丘地区，最后形成了现代的淮河。

12 世纪后，黄河夺淮 600 多年对淮河水系产生了极大的破坏。最显著的

＊　本节高程系统除专门注明的外，均为废黄河高程系统。

表现是：淮河下游河道被黄河泥沙淤塞，在盱眙与淮阴之间的低洼地带形成洪泽湖，淮河由独流入海河道变为入江河道，同时大量泥沙排入黄海，使河口海岸线向外延伸 70 多千米；徐州以下的泗水故道被黄河侵夺，泗水中下游淤塞，沂河、沭河改道，泗水水系由淮河支流演变为黄河支流，再演变为独立水系，同时中下游形成了南四湖和骆马湖；黄河洪水挟带的泥沙通过泛道输送至淮河干支流，从而改变了淮北平原的地形地貌，也改变了淮河干流的自然特性，淮河干流浮山以下形成倒比降。

淮河全长 1000km，总落差 200m，流经河南、安徽、江苏三省，主流在三江营入长江。淮河干流洪河口以上为上游，长 360km，地面落差 178m，流域面积 3.06 万 km²，淮凤集以上河床宽深，两岸地势较高。洪河口至中渡为中游，长 490km，落差 16m，中渡以上流域面积 15.82 万 km²。其中正阳关以上沿淮地形呈两岗夹一洼，淮河蜿蜒其间，正阳关以下南岸为丘陵岗地，筑有淮南、蚌埠城市及矿区防洪圈堤；北岸为广阔的淮北平原，淮北大堤为其重要的防洪屏障；中游建有濛洼等 4 处蓄洪区、南润段等 17 处行洪区及洪泽湖周边滞洪区。中渡以下至三江营为下游入江水道，长 150km，地面落差约 6m，三江营以上流域面积为 16.51 万 km²，洪泽湖的排水出路除入江水道外，还有入海水道、苏北灌溉总渠和分淮入沂水道。

淮河干流河道基本情况见表 7-1。

表 7-1　　　　　　　　　　淮河干流河道基本情况

河段名称		起止地点	河道长度/km	河段下断面以上面积/km²	平槽泄量/(m³/s)	滩槽泄量/(m³/s)	设计水位/m	泄洪流量/(m³/s)
上游		淮滨—王家坝	26	30630	1500	7000	32.50~29.20	7000
中游		王家坝—正阳关	155	88630	1000~1500	5000	29.20~26.40	7000~9400
		正阳关—涡河口	126	120270	2500	5000	26.40~23.39	10000
		涡河口—洪山头	149	122684	3000	6900	23.39~16.44	13000
下游	入江水道	三河闸—三江营	150	165093		12000	14.24~5.50	12000
	灌溉总渠	高良涧闸—六垛南闸	168			800~1000	11.26~4.12	800~1000
	分淮入沂	二河闸—沭阳	97.6			3000	15.21~11.21	3000
	入海水道	二河新泄洪闸—入海口	160.0				13.92~3.37	2270

注　设计水位为 1985 国家高程基准。

（二）洪泽湖的形成及演变

洪泽湖形成前湖区一带是塘涧并存的湖泊沼泽区，最大的湖泊是白水塘，较大的湖泊有破釜塘、富陵塘、羡塘等。地形上呈西南高东北低（与清中期以后的洪泽湖地形相反），淮河斜穿白水塘湖区，由盱眙至淮阴码头镇。淮河在这一区域呈完全的自然河流特征，汛期水涨漫滩，枯期水落归槽。

明嘉靖后期，由于淮北平原的普遍淤高，输往河口的泥沙开始快速增加，在黄淮泗相汇的清口形成了沿岸带状淤沙。黄河在清口一带淤积达到一定程度后，水道下行受阻，致使盱眙清口一带水位抬高，洪泽湖一带原来分散的塘泊洼地逐渐汇集成水域较大的湖泊。明隆庆年间为保漕运，潘季驯提出"蓄清刷黄保运"方略，开始大规模修筑高家堰，高家堰的增高、加长使淮河向东的出口被彻底堵闭，洪泽湖的蓄水位开始上升。明万历二十五年（1597 年）武家墩、高良涧、周家桥 3 座减水闸建成，洪泽湖从季节性塘泊演变为常年蓄水且具有一定调节功能的水库。清康熙十九年（1680 年），靳辅在高家堰大堤上创建了 6 座减水坝，至此，洪泽湖大堤基本成型，通过靳辅的系统整治，洪泽湖进一步扩大，即形成了早期的洪泽湖。

高家堰形成后约 20 年间，清口依然维持着淮河高于黄河的态势。在洪泽湖南有青州涧和高良涧与宝应诸湖相通，是汛期泄洪的通道，洪泽湖常水时呈河湖分离状态，在青墩以西码头出口处与淮河相通。乾隆末年，随着黄河在清口一带淤积的积累和发展，黄河主流被迫北移，洪泽湖出现溯源淤积，盱眙以上至浮山出现淤滩和塘泊，形成了女山湖和七里湖等。洪泽湖区出清口流量逐渐减少，高家堰减水坝频繁开启泄洪，洪泽湖底形成北高南低、西高东低的地形。

清中期以后，洪泽湖继续退缩，水域距清口十几公里，高家堰前的淤积开始向湖心推移，随着频繁启用高家堰减水坝，湖流改至蒋坝镇三河口。湖区南移，龟山以东成为洪泽湖心区，由于湖中心的滞水作用，形成了淮河河口三角洲，使淮河中游侵蚀基准面上升，淮河中游河床纵比降变缓，洪泽湖进入高水位运用时期。

现在洪泽湖为淮河流域最大的湖泊，是我国五大淡水湖之一，由成子湖、安河洼、溧河洼、淮河湖湾（包括陡湖、七里湖、女山湖）等几个较大的湖湾组成，湖岸线弯曲绵延，长达 354km，湖面最宽处达 60km。湖底高程一般在 10.0～11.0m 之间，最低洼的地段在 7.5m 上下，最高水下淤滩在 11.0～12.0m 之间。上游进入洪泽湖的主要河道有淮河、怀洪新河、池河、新汴河、濉河、安河等。下游出湖的主要河道有入江水道、苏北灌溉总渠、废黄河、淮沭新河和入海水道。洪泽湖湖泊基本情况见表 7-2。

表 7-2　　　　　　　　　　　　洪泽湖湖泊基本情况

项目	特征水位 /m	相应蓄水面积 /km²	相应库容 /亿 m³	备注
死水位	11.0	1160.3	6.40	
蓄水位	13.0	2151.9	41.92	
	13.5	2231.9	52.95	南水北调抬高蓄水位
启用圩区滞洪水位	14.5	2339.1	75.85	
设计水位	16.0	2392.9	111.20	
校核水位	17.0	2413.9	135.14	

注　库容为平蓄时的容积。

二、黄河夺淮对淮河的影响

黄河夺淮对淮河自然地貌影响较大，黄水挟带的泥沙通过泛道输送至淮河干支流，从而改变了淮河平原的地形地貌，淮北平原普遍淤高，入海口不断淤积导致海岸线也不断东移。黄河产生的淤积面沿泛道呈不规则扇形分布，一般规律是愈靠近黄河干流，淤积层的堆积愈重，淤积层的厚度自东向西、由北而南递减。淮河以北开封、定陶一线的淤积厚度为 8~10m；商丘、淮阳、扶沟、尉氏、西华等地的淤积厚度为 2~5m；安徽界首、太和以北地区的淤积厚度为 0.5~1m，部分地区在 1~3m；安徽界首、太和以南地区的淤积主要发生在黄河故道、淮北平原淮河的支流沿岸。

在黄河夺淮过程中，淮河干支流水系发生较大改变。黄河主流经由汴河、泗水至清口与淮河汇合后入海，形成一条高出地面十几米的废黄河，将原本统一的淮河水系分割为淮河水系和沂沭泗河水系；在盱眙和淮阴之间逐渐形成了洪泽湖，淮河出路改由三河入高邮湖，经邵伯湖及里运河入长江，从此淮河干流由独流入海改道经长江入海；豫东、皖北和鲁西南等平原地区的大小河流，都遭到黄河洪水的袭扰和破坏，其中以濉河变化最大，濉河原是发源豫东，中经皖北，至江苏宿迁小河口汇入泗河的一条大支流，经黄河多年的决口和分洪，终被淤废，下游不得不改入洪泽湖。

黄河南泛携大量泥沙进入淮河干流，也改变了淮河干流河道的自然特性。随着洪泽湖淤积的加快，淮河入湖口逐渐向上游推移。在这两者的作用下，淮河浮山以下河道呈现倒比降，不利于洪水下泄，而淮河上游比降大，且中游正阳关汇集了大部分支流的来水，造成淮河中游干支流高水位持续时间加长，加剧了洪涝灾害。

黄河夺淮改变了淮北平原湖泊的分布。靠近黄河南北泛道两翼的一些著名湖泊逐渐消失，如圃田泽、孟诸泽、大野泽至明代（约 15 世纪时）全部消失。随着黄泛泥沙沿淮北平原自北而南的堆积，原淮北平原的天然湖泊和人工陂塘相继消失，取而代之的是由于护城堤的修筑而在淮北平原城市外围形成的洼地。

由于黄河夺淮，洪泽湖大堤不断延长、加高、加固，形成了现在的洪泽湖。淮河干流左右岸支流末端湖泊如洪河濛洼、史河城西湖、汲河城东湖、东淝河寿西湖和瓦埠湖、西淝河焦岗湖、小溪河花园湖、浍河香涧湖、池河女山湖等的形成虽主要是地形原因，但淮河高水顶托也是重要影响因素。

黄河夺淮后，在黄水和泥沙的影响下，淮北平原的整体环境产生了极大的蜕化，黄水过后，往往水淤沙压，地貌发生变化，致使渍涝经年不退，流域环境发生蜕变。淮河失去直接入海通道，淮河干流河海洄游通道不复存在，淮河河海洄游鱼类消失，同时入海河口的消失导致了河口咸淡水交汇区这一生物多样性丰富区域消失，淮河水生生态系统由淡水生态系统、河口生态系统变成单一的淡水生态系统。

三、洪泽湖水位对淮河中游的洪涝影响分析

洪泽湖对淮河中游产生了较大的影响，其中对中游洪涝影响尤为突出，而洪涝影响主要和洪泽湖高水位有关，为此开展了各种设计工况下洪泽湖水位对淮河中游的洪涝影响分析。

（一）现状工程条件下淮干水位流量分析

1. 淮河干流设计水位与中等洪水位分析

淮河干流王家坝、正阳关、涡河口、浮山、蒋坝地面高程分别为 26.12m、20.9m、17.5m、15.5m、11.0m，设计水面线各节点水位分别为 29.3m、26.5m、23.5m、18.5m、16m，设计水面线一般高出两岸地面 3～6m，因此设计水位下两岸涝水根本无法排出。

中等洪水（6000～8000m³/s）采用洪泽湖蒋坝起推水位 13m 推出的水面线普遍高出两岸地面 2～4m，因此遇中等洪水，两岸涝水也无法排出。

2. 淮干平槽泄量分析

经分析，淮干王家坝—正阳关平槽泄量为 1000～1500m³/s，正阳关—

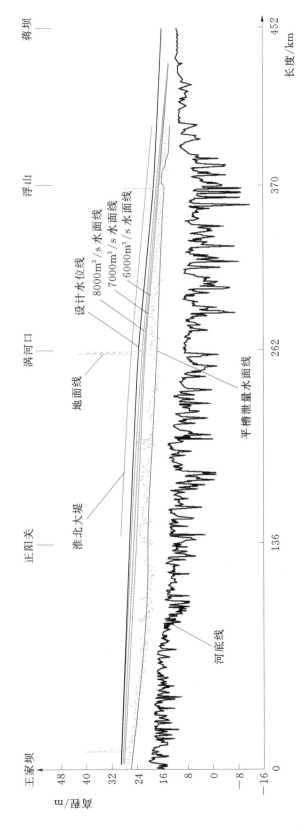

图 7 - 1　淮河干流中游设计水面线、中等洪水水面线、平槽泄量水面线（王家坝—蒋坝）示意图

涡河口平槽泄量约为 2500m³/s，涡河口以下平槽泄量约为 3000m³/s，遇中等以上洪水时，河道流量超过平槽流量的时间长达 2～3 个月，淮河干流水位高于两岸地面，涝水难以排出，形成"关门淹"。因此，淮河干流上中游来水流量大于平槽流量，致使沿程水位高于地面，且时间较长，这是影响面上排涝的最主要原因。淮河干流中游设计水面线、中等洪水水面线、平槽泄量水面线（王家坝—蒋坝）示意图见图 7-1。

（二）降低洪泽湖水位对淮河中游洪涝影响分析

1. 基本设想

洪泽湖高水位影响了淮河中游的洪涝水排泄，那么降低洪泽湖水位会对中游产生多大的影响呢？假定淮河干流河道为现状，洪泽湖出口和下游河道规模能满足蒋坝控制水位的要求，即入湖洪水在控制水位以下可全部下泄。在这种情况下，运用恒定流法和非恒定流法两种方法来分析对中游洪涝的影响。

2. 计算方法

（1）恒定流法。控制蒋坝水位分别为 12.5m、13.0m、13.5m，流量采用 3000～9000m³/s（级差 1000m³/s），推算浮山、吴家渡水位，并分析对淮干沿程水位的影响。

（2）非恒定流法。按照控制蒋坝水位不超过 12.5m、13.0m、13.5m 洪水演进的计算结果与按照现行防汛调度预案作为控制条件的计算结果比较，分析淮河干流吴家渡以下沿程水位的变化。计算以 1991 年、2003 年实际发生的洪水为例。

3. 计算结果

（1）恒定流法分析计算。经分析，影响面上排涝时（自排，下同）的浮山水位为 14.5m，吴家渡水位为 16.5m，相应淮河干流流量不到 3000m³/s。经计算，蒋坝控制水位由 13.0m 降低到 12.5m，即蒋坝水位降低 0.5m，在淮河干流流量 3000～9000m³/s 级配时，浮山水位降低 0.102～0.015m，吴家渡水位降低 0.066～0.004m；蒋坝控制水位由 13.5m 降低到 12.5m，即蒋坝水位降低 1m，在淮河干流流量 3000～9000m³/s 级配时，浮山水位降低 0.303～0.048m，吴家渡水位降低 0.185～0.017m。

由此可见，在假定工况情况下，降低洪泽湖水位对降低淮河干流浮山以下沿程水位作用较为明显，对降低淮河干流吴家渡附近水位作用已较小；当流量大于 3000m³/s 时，无论是控制蒋坝水位由 13.0m 降低到 12.5m 还是控制蒋坝水位由 13.5m 降低到 12.5m，吴家渡水位都高于面上排涝要求的水位，对解决面上排涝作用不大。

恒定流法计算结果见表7-3～表7-6。

表7-3 控制蒋坝水位13.0m与12.5m时浮山水位变化

淮河干流流量 /(m³/s)	控制蒋坝水位12.5m 相应浮山水位 /m	控制蒋坝水位13.0m 相应浮山水位 /m	浮山水位差值 /m
3000	15.068	15.17	0.102
4000	15.751	15.818	0.067
5000	16.394	16.438	0.044
6000	16.992	17.022	0.03
7000	17.54	17.563	0.023
8000	18.05	18.07	0.02
9000	18.532	18.547	0.015

表7-4 控制蒋坝水位13.0m与12.5m时吴家渡水位变化

淮河干流流量 /(m³/s)	控制蒋坝水位12.5m 相应吴家渡水位 /m	控制蒋坝水位13.0m 相应吴家渡水位 /m	吴家渡水位差值 /m
3000	16.643	16.709	0.066
4000	17.764	17.799	0.035
5000	18.758	18.781	0.023
6000	19.62	19.635	0.015
7000	20.39	20.397	0.007
8000	21.092	21.098	0.006
9000	21.746	21.75	0.004

表7-5 控制蒋坝水位13.5m与12.5m时浮山水位变化

淮河干流流量 /(m³/s)	控制蒋坝水位12.5m 相应浮山水位 /m	控制蒋坝水位13.5m 相应浮山水位 /m	浮山水位差值 /m
3000	15.068	15.371	0.303
4000	15.751	15.958	0.207
5000	16.394	16.537	0.143
6000	16.992	17.091	0.099
7000	17.54	17.613	0.073
8000	18.05	18.11	0.06
9000	18.532	18.58	0.048

表 7－6　　　　　　控制蒋坝水位 13.5m 与 12.5m 时吴家渡水位变化

淮河干流流量 /(m³/s)	控制蒋坝水位 12.5m 相应吴家渡水位 /m	控制蒋坝水位 13.5m 相应吴家渡水位 /m	吴家渡水位差值 /m
3000	16.643	16.828	0.185
4000	17.764	17.877	0.113
5000	18.758	18.825	0.067
6000	19.62	19.662	0.042
7000	20.39	20.419	0.029
8000	21.092	21.114	0.022
9000	21.746	21.763	0.017

（2）非恒定流法分析计算。从 1991 年、2003 年洪水演进计算结果可知：对于 1991 年洪水，控制蒋坝水位不超过 12.5m、13m、13.5m 洪水演进的计算结果与按照现行防汛调度预案作为控制条件洪水演进的计算结果比较。控制蒋坝水位不超过 12.5m 时，浮山水位降低 0～0.13m，吴家渡水位降低 0～0.013m；控制蒋坝水位不超过 13m 时，浮山水位降低 0～0.055m，吴家渡水位降低 0～0.01m；控制蒋坝水位不超过 13.5m 时，浮山水位降低 0～0.007m，吴家渡水位降低 0～0.003m。对于 2003 年洪水，控制蒋坝水位不超过 12.5m 时，浮山水位降低 0～0.50m，吴家渡水位降低 0～0.015m；控制蒋坝水位不超过 13m 时，浮山水位降低 0～0.44m，吴家渡水位降低 0～0.014m；控制蒋坝水位不超过 13.5m 时，浮山水位降低 0～0.31m，吴家渡水位降低 0～0.009m。由此可以看出，对于 1991 年、2003 年洪水，降低蒋坝水位到 12.5m，淮干吴家渡水位过程变化较小，对解决面上的排涝作用不大。

非恒定流法计算的 1991 年、2003 年洪水过程线见图 7－2～图 7－7。

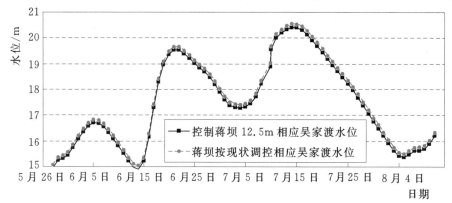

图 7－2　控制蒋坝 12.5m 与按现状调控吴家渡水位过程线比较（1991 年）

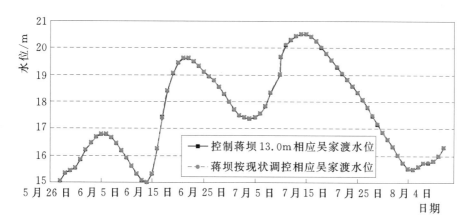

图 7 - 3 控制蒋坝 13.0m 与按现状调控吴家渡水位过程线比较（1991 年）

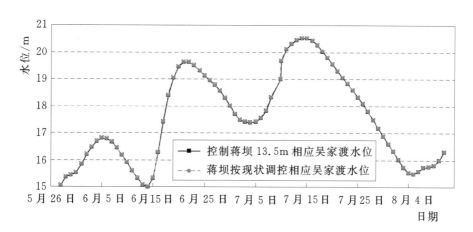

图 7 - 4 控制蒋坝 13.5m 与按现状调控吴家渡水位过程线比较（1991 年）

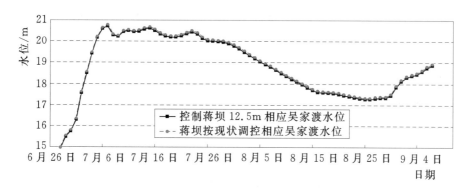

图 7 - 5 控制蒋坝 12.5m 与按现状调控吴家渡水位过程线比较（2003 年）

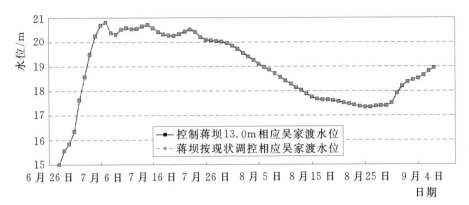

图 7 - 6　控制蒋坝 13.0m 与按现状调控吴家渡水位过程线比较（2003 年）

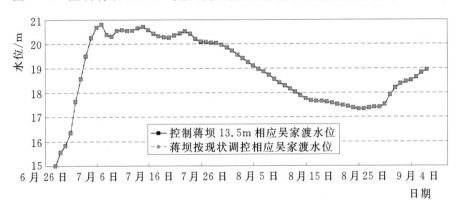

图 7 - 7　控制蒋坝 13.5m 与按现状调控吴家渡水位过程线比较（2003 年）

（三）洪泽湖内开挖一头两尾河道方案对淮河中游洪涝影响分析

1. 基本设想

在淮河干流现状工程条件下，只扩大洪泽湖出口规模及下游河道规模降低洪泽湖水位对淮河中游的水位影响较小，那么现在假定淮河干流现状，在淮河干流入湖口老子山附近分别对着二河闸、三河闸开挖新河，在洪泽湖内筑堤，使淮河形成一头两尾的河道，一支经入海水道下泄，一支经入江水道下泄，实现河湖分离。新建二河深水闸接入海水道二期，新建三河深水闸与入江水道沟通，在这种工况下，分析该方案对解决淮河中游洪涝问题的作用。一头两尾拟定方案布置示意图见图 7 - 8。

入湖段河道长约 27.4km，宽约 4.5km，由多股分汊河道组成。为使入湖段河道与湖区新开河道衔接，需对主汊河道进一步疏浚，拟定河底疏浚高程为 8～6m，底宽为 300～500m，并在距主汊河道 3km 以外左侧湖区筑堤。

湖区段入海道为老子山至二河闸开挖的新河，长约 28km，此段按堤距 1.5km 控制，拟定开挖河底高程为 6～4.5m，与入海水道河底衔接，开挖底

图 7-8　一头两尾拟定方案布置示意图

宽为 500m；湖区段入江道为老子山至三河闸开挖的新河，长约 18km，此段按堤距 2km 控制，拟定开挖河底高程为 6~4m，与入江水道河底衔接，开挖底宽为 500m。

入海水道由二河闸至海口，长约 163.5km，本方案入海水道采用二期规模，即洪泽湖防洪标准达到 300 年一遇，相应入海水道流量 7000m³/s；入江水道由三河闸至三江营，长约 157.2km，本方案入江水道采用经进一步整治后行洪能力达到 12000m³/s 的河道规模。

2. 计算方法

（1）恒定流法。湖区段形成一头两尾的分汊河道，先分析入海水道和入江水道的水位流量关系，再分别推算二河新泄洪闸—老子山、三河新泄洪闸—老子山的各种水位流量关系，合并后得出老子山断面总的水位流量关系，再以老子山不同水位流量级配 3000～9000m³/s（级差 1000m³/s），推算浮山、吴家渡水位，与现有规划方案下浮山、吴家渡水位流量关系进行比较。

（2）非恒定流法。利用淮干吴家渡—盱眙一维非恒定水流运动数学模型对一头两尾方案实施前后 1991 年、2003 年两个典型年洪水过程进行洪水演算，并与按照现行防汛调度预案作为控制条件计算出的洪水过程线比较。

3. 计算结果

（1）恒定流法分析计算。经分析，影响面上排涝时的浮山水位为 14.5m，吴家渡水位为 16.5m，相应淮河干流流量不到 3000m³/s。经计算，在淮河干流流量 3000～9000m³/s 级配时，方案计算出的浮山水位比现有规划方案下的浮山水位降低 0.392～0.591m，方案计算出的吴家渡水位降低 0.024～0.205m。该方案对降低淮河干流浮山以下沿程水位作用较为明显，对降低淮河干流吴家渡附近水位作用较小，对解决面上排涝作用不大，见表 7-7、表 7-8。

表 7-7　　　　拟定方案和现有规划方案下浮山水位比较（一）

淮河干流流量 /(m³/s)	老子山水位 /m	拟定方案浮山 水位/m	现有规划方案浮山 水位/m	浮山水位差值 /m
3000	10.69	14.477	15.068	0.591
4000	11.29	15.276	15.751	0.475
5000	11.78	15.968	16.432	0.464
6000	12.19	16.598	17.055	0.457
7000	12.55	17.149	17.601	0.452
8000	12.87	17.661	18.08	0.419
9000	13.16	18.148	18.54	0.392

表 7-8　　　　拟定方案和现有规划方案下吴家渡水位比较（一）

淮河干流流量 /(m³/s)	拟定方案吴家渡水位 /m	现有规划方案吴家渡水位 /m	吴家渡水位差值 /m
3000	16.438	16.643	0.205
4000	17.658	17.764	0.106
5000	18.696	18.758	0.062
6000	19.586	19.635	0.049
7000	20.356	20.397	0.041
8000	21.079	21.114	0.035
9000	21.739	21.763	0.024

（2）非恒定流法分析计算。

1）在1991年洪水条件下：拟定方案实施以后，大于3000m³/s以上流量时，浮山水位降低0.16~0.4m，吴家渡水位降低0.02~0.26m；吴家渡附近洼地"关门淹"历时基本没有什么变化。

2）在2003年洪水条件下：拟定方案实施以后，流量大于3000m³/s时，浮山水位降低0.14~0.36m，吴家渡水位降低0.03~0.25m；吴家渡附近洼地"关门淹"历时基本没有什么变化。

非恒定流法计算的1991年、2003年吴家渡水位过程线见图7-9、图7-10。

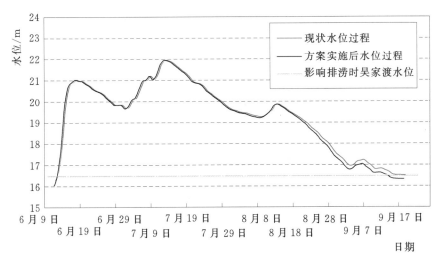

图7-9 一头两尾拟定方案实施前后吴家渡水位过程线（1991年）

图7-10 一头两尾拟定方案实施前后吴家渡水位过程线（2003年）

（四）盱眙新河方案对淮河中游洪涝影响分析

1. 基本设想

假定淮河干流现状情况，在淮河干流盱眙县城下游四山湖入口处，开挖一条新河，在三河闸下 1km 处与入江水道连通，实现河湖分离。淮河干流盱眙处建闸控制，中等以下洪水不入洪泽湖，直接由盱眙新河进入三河闸下入江水道；大洪水时，超过盱眙新河设计规模部分的流量仍进入洪泽湖。盱眙新河拟定方案布置图见图 7-11。

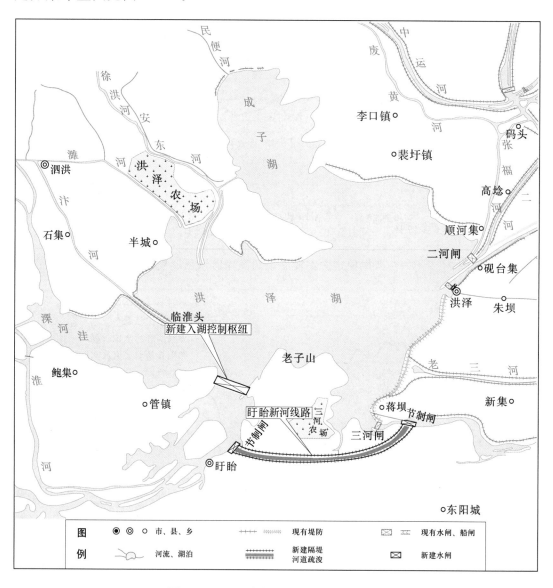

图 7-11　盱眙新河拟定方案布置图

盱眙新河规模按淮河干流盱眙 20 年一遇流量和进出口相应水位要求拟定：进口处河底高程拟定为 4.81m，与淮干河底高程相当，出口处河底高程拟定为 3.31m，与入江水道河底高程相当，开挖底宽为 710m，堤距 1000m，滩地为 50～100m，河道横断面采用梯形断面形式，边坡采用 1:3。

2. 计算方法

（1）恒定流法。计算时，根据入江水道高邮湖水位流量关系推算各流量级配下（3000～9000m³/s）浮山、吴家渡的水位，将计算结果与现有规划方案水位流量关系进行比较。

（2）非恒定流法。同一头两尾方案一样，利用淮河干流吴家渡—盱眙一维非恒定水流运动数学模型对盱眙新河方案实施前后 1991 年、2003 年洪水过程进行洪水演算，并与按照现行防汛调度预案作为控制条件计算出的洪水过程线比较。

3. 计算结果

（1）恒定流法分析计算。经计算，在淮河干流流量 3000～9000m³/s 级配时，方案计算出的浮山水位比现有规划方案下浮山水位降低 0.733～0.48m，方案计算出的吴家渡水位降低 0.272～0.059m。

该方案对降低淮河干流浮山以下沿程水位作用较为明显，对降低淮河干流吴家渡附近水位作用较小。

拟定方案和现有规划方案下浮山水位比较、吴家渡水位比较见表 7-9 和表 7-10。

表 7-9　　　　　拟定方案和现有规划方案下浮山水位比较（二）

淮河干流流量 /(m³/s)	拟定方案浮山水位 /m	现有规划方案浮山水位 /m	浮山水位差值 /m
3000	14.335	15.068	0.733
4000	15.025	15.751	0.726
5000	15.725	16.432	0.707
6000	16.405	17.055	0.65
7000	16.949	17.601	0.652
8000	17.544	18.08	0.536
9000	18.06	18.54	0.48

表 7 - 10　　拟定方案和现有规划方案下吴家渡水位比较（二）

淮河干流流量 /(m³/s)	拟定方案吴家渡水位 /m	现有规划方案吴家渡水位 /m	吴家渡水位差值 /m
3000	16.371	16.643	0.272
4000	17.599	17.764	0.165
5000	18.641	18.758	0.117
6000	19.534	19.635	0.101
7000	20.322	20.397	0.075
8000	21.04	21.114	0.074
9000	21.704	21.763	0.059

（2）非恒定流法分析计算。

1）在1991年洪水条件下：拟定方案实施后，流量大于3000m³/s时，浮山水位降低0.43～0.20m，吴家渡水位降低0.28～0.04m；吴家渡附近洼地"关门淹"历时基本没有变化。

2）在2003年洪水条件下：拟定方案实施后，流量大于3000m³/s时，浮山水位降低0.48～0.19m，吴家渡水位降低0.32～0.04m；吴家渡附近洼地"关门淹"历时基本没有变化。

非恒定流法计算的1991年、2003年吴家渡水位过程线见图7-12和图7-13。

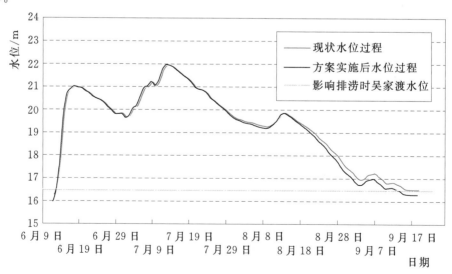

图 7 - 12　盱眙新河方案实施前后吴家渡水位过程线（1991 年）

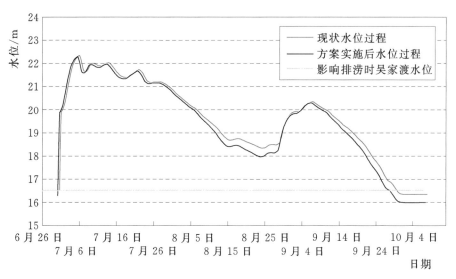

图 7 - 13 盱眙新河方案实施前后吴家渡水位过程线 (2003 年)

四、溯源冲刷的可能性及对淮河中游洪涝影响分析

(一) 拟定方案

沿淮河干流入湖口老子山附近至三河闸建隔堤,在湖内形成一条新河,将淮河与洪泽湖分离,淮河干流来水从新河通过入江水道下泄。研究降低三河闸水位、产生溯源冲刷、恢复淮河深水河床的可能性及效果,溯源冲刷方案布置图见图 7 - 14。

假定方案 1:老子山至三河闸建隔堤,长约 33km,堤距 2.5km,堤顶高程 18m,在湖内形成一条新河,淮河干流来水全部由新河至三河闸经入江水道下泄,隔堤上建一座调度闸;为便于溯源冲刷,在新河尾段至三河闸开挖 1km 长的引河,拟定河底高程 1m,开挖底宽 700m;假定现状三河闸废弃,新建三河深水闸,闸底板高程 0m,与引河河底高程相同;考虑溯源冲刷需要下边界产生一个巨大的势能,并考虑到长河道需要有一个合理的水面比降,拟将三河闸下水位降低 2～3m,方案实施后入江水道水面比降约为 0.04‰。入江水道三河闸下至高邮湖段挖河,拟定河底高程 0～2m,开挖宽度约 700m。

假定方案 2:湖内工程与方案 1 相同,但三河闸下河道维持现状;在新河尾段至三河闸开挖 1km 长的引河,拟定河底高程为 3m,与现状入江水道进口河底高程相当,开挖底宽 600m;假定现状三河闸废弃,新建三河深水闸,拟定高程为 3m,与现有入江水道河底衔接,入江水道现状不做工程,以现有规划的三河闸水位流量关系为计算的下边界条件。

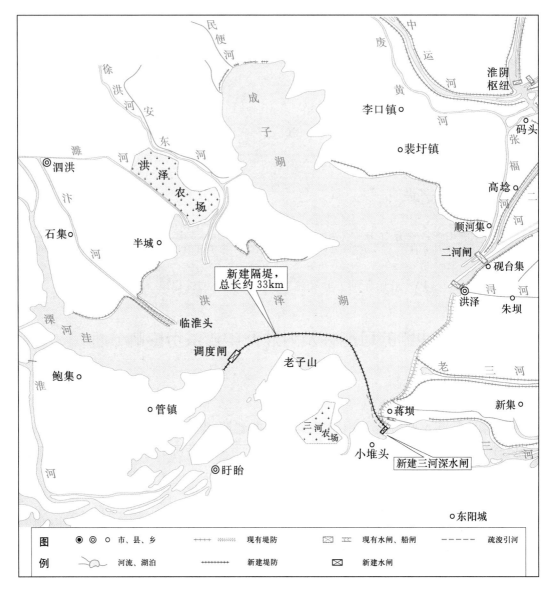

图 7-14　溯源冲刷方案布置图

两种方案下三河闸下水位流量关系见表 7-11。

表 7-11　　　　　　　　两种方案下三河闸下水位流量关系

设计流量 /(m³/s)	三河闸下水位/m	
	方案 1	方案 2
12000	12.341	14.120
11000	12.045	13.863
10000	11.698	13.597
8400	11.097	13.110

设计流量 /(m³/s)	三河闸下水位/m	
	方案 1	方案 2
7000	10.525	12.659
6000	10.069	12.313
5000	9.568	11.926
4000	9.011	11.498
3000	8.347	11.021
2000	7.418	10.320
1000	6.011	9.310

(二) 计算模型

溯源冲刷是由于出口水位骤降使水面坡降突然加大而出现的一种自下而上强烈的冲刷现象。经过冲刷,坡降逐渐减少,冲刷强度逐渐降低,冲刷末端逐渐上移,冲刷长度逐渐增加,在经过足够长的时间冲刷后,最终达到平衡的过程。

本次计算采用非耦合解恒定饱和输沙模型计算河湖分离后的河床变形。对于非均匀沙分组挟沙力的处理采用 HEC-6 的计算模式。

(三) 资料选取

1. 水沙资料选取

(1) 进口来水过程:整理 1950—2007 年 58 年吴家渡站的日均流量资料,将实际来水过程线处理成若干个梯级式恒定过程线。

(2) 进口来沙过程:由于进口断面的悬沙级配资料较少,缺乏大流量级的悬沙级配,而且所测资料精度不高。从浮山下游 7km 处小柳巷水文站实测大断面可以看出,除了 2003 年的大水造成左滩发生侧蚀崩塌使平槽面积扩大了 180.8m² 外,其余年份变化甚小,四年内的平均冲淤速率为:$\Delta A/\Delta T = 0.18m^2/d$。断面冲淤幅度很小,可以认为小柳巷的输沙处于基本饱和的状态。考虑小柳巷站的输沙可以代表浮山站的输沙,本次计算按照输沙平衡的方式近似给定进口(浮山)的含沙量和悬沙级配。

2. 床沙级配选取

浮山—洪山头河段以小柳巷床沙级配取值;洪山头—盱眙河段通过对小柳巷床沙级配和淮河盱眙特大桥桥址地质钻探资料的床沙级配进行插值得出其各

断面的床沙资料；盱眙—三河闸河段采用淮河盱眙特大桥桥址地质钻探的床沙级配资料。

3. 水沙系列

以 1950 年以来吴家渡实际发生的水沙过程作为河湖分离后浮山（进口）可能发生的水沙过程。

（1）水沙系列 1。首先采用 1950—1959 年 10 年的水沙系列进行溯源冲刷计算，考虑到放坡段高差 9.25m，河底比降 0.925‰，为满足在计算初始阶段不发生急流导致计算失败，浮山进口先以 1500m³/s 进行冲刷计算。

（2）水沙系列 2。在采用 1950—1959 年 10 年的水沙系列计算的基础上，加入之后发生较大洪水的 6 个年份（1968 年、1975 年、1982 年、1991 年、2003 年、2007 年）进行连续冲刷计算。

（3）水沙系列 3。在采用 1950—1969 年 20 年的水沙系列计算的基础上，加入之后发生较大洪水的 5 个年份（1975 年、1982 年、1991 年、2003 年、2007 年）进行连续冲刷计算。

（四）计算结果

（1）方案 1 按水沙系列 1（1950—1959 年）计算 10 年后，冲刷上溯到老子山上游 14km 附近，其中受溯源冲刷影响的入湖河段长度占整个入湖河段的 1/3，平均刷深 0.14m，老子山以下的湖区段有 21km 发生下切，平均下切深度 1.61m，见图 7-15。

（2）方案 1 按水沙系列 2（1950—1959 年、1968 年、1975 年、1982 年、1991 年、2003 年、2007 年）计算 16 年后，冲刷上溯到盱眙上游 4km 附近，其中受溯源冲刷影响的入湖河段长度约占整个入湖河段的 62%，平均刷深 0.33m，老子山以下的湖区段有 21km 发生下切，平均下切深度 1.73m，见图 7-16。

（3）方案 1 按水沙系列 3（1950—1969 年、1975 年、1982 年、1991 年、2003 年、2007 年）计算 25 年后，冲刷上溯到盱眙上游 5km 附近，其中受溯源冲刷影响的入湖河段长度约占整个入湖河段的 65%，平均刷深 0.50m；老子山以下的湖区段有 21km 的长度发生下切，平均下切深度 2.08m。在流量为 3000m³/s 时，浮山站水位较分离初始时下降 0.27m，在流量增至 8000m³/s，水位仅下降 0.05m，见图 7-17。

（4）方案 2 按水沙系列 1（1950—1959 年）计算 10 年后，冲刷上溯到老子山以下 4km 附近，平均下切深度为 0.47m，浮山站水位较分离初始时降低不明显，见图 7-18。

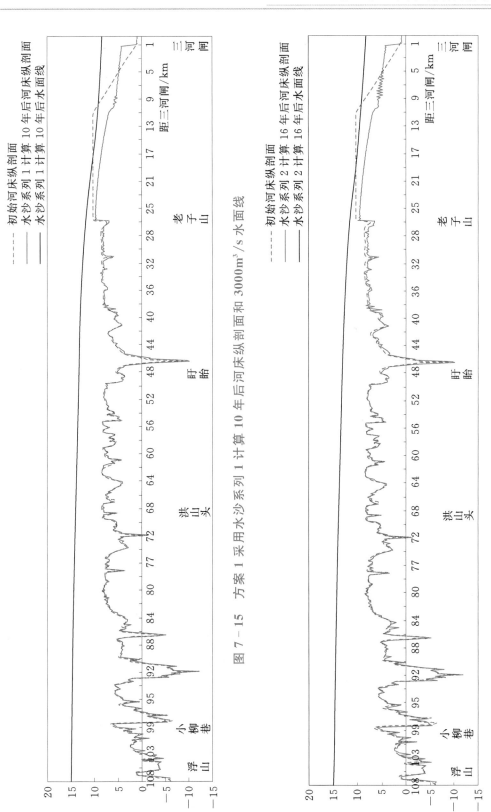

图 7-15 方案 1 采用水沙系列 1 计算 10 年后河床纵剖面和 $3000 \mathrm{m}^3/\mathrm{s}$ 水面线

图 7-16 方案 1 采用水沙系列 2 计算 16 年后河床纵剖面和 $3000 \mathrm{m}^3/\mathrm{s}$ 水面线

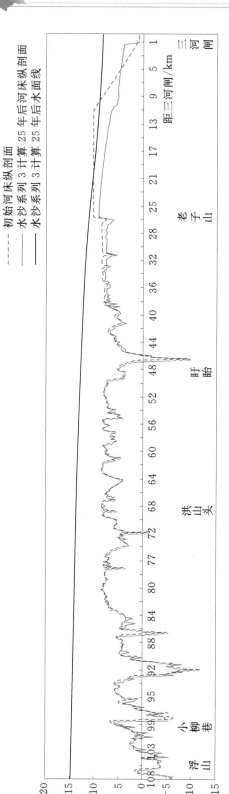

图 7-17 方案 1 采用水沙系列 3 计算 25 年后河床纵剖面和 3000m³/s 水面线

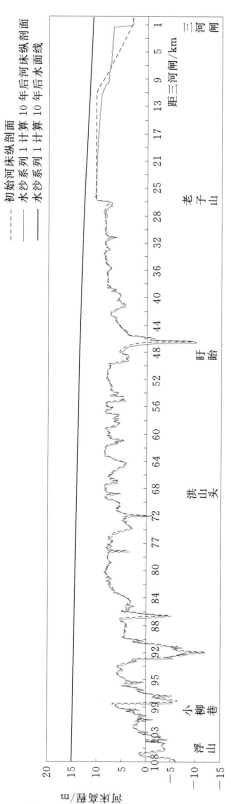

图 7-18 方案 2 采用水沙系列 1 计算 10 年后河床纵剖面和 3000m³/s 水面线

在当前淮河干流来水来沙和拟采用的河湖分离方案条件下，无论是用长系列还是短系列计算，溯源冲刷主要发生在洪山头以下河段，对中游水位的影响到浮山附近，对中游排涝作用影响不明显。

五、淮河干流中游扩大平槽泄流能力研究

（一）拟定标准

从以上分析来看，单独在洪泽湖内做工程或盱眙新河工程，对中游的防洪除涝效果不是太明显，那么扩挖淮河干流情况如何？为此，选择了3个不同标准进行初步研究：一是淮河干流中游按3年一遇除涝标准扩大平槽泄量；二是淮河干流中游按5年一遇除涝标准扩大平槽泄量；三是淮河干流中游按10年一遇除涝标准扩大平槽泄量。

（二）参数拟定

1. 除涝水位流量

除涝水位按两岸地面高程和排涝需要拟定如下：王家坝—正阳关除涝水位为24.8～20.0m、正阳关—涡河口除涝水位为20.0～16.5m、涡河口—浮山除涝水位为16.5～14.5m、浮山—盱眙除涝水位为14.5～13.25m。

淮河干流主要控制站除涝流量影响因素多，是一个复杂的技术问题，到目前为止尚未定论，本次研究暂采用各控制站实测资料系列进行频率分析的成果，其中淮干王家坝—正阳关段采用王家坝站的实测资料，正阳关—涡河口段采用鲁台子站的实测资料，淮河干流涡河口以下采用吴家渡站的实测资料。

据1951—2005年实测资料初步分析，淮河干流3年、5年、10年一遇除涝流量王家坝—正阳关段分别约为4100m³/s、5500m³/s、7400m³/s，正阳关—涡河口段分别约为4500m³/s、6000m³/s、7800m³/s，涡河口—浮山段分别约为5000m³/s、6500m³/s、8300m³/s。淮河干流3年、5年、10年一遇除涝水位、流量见表7-12。

表7-12　　　　淮河干流3年、5年、10年一遇除涝水位、流量

控制站	王家坝	正阳关	涡河口	浮山	盱眙
除涝水位/m	24.8	20.0	16.5	14.5	13.25
现状平槽泄量/（m³/s）	1000～1500		2500		3000
3年一遇除涝流量/（m³/s）	4100		4500		5000
5年一遇除涝流量/（m³/s）	5500		6000		6500
10年一遇除涝流量/（m³/s）	7400		7800		8300

2. 河道参数拟定

拟通过扩挖河槽、切滩、退堤等工程措施扩大平槽,使淮河中游王家坝—盱眙段河道基本满足 3 年、5 年、10 年一遇排涝要求。按 3 年、5 年、10 年一遇除涝标准扩挖王家坝—盱眙段河道设计参数见表 7 - 13。

表 7 - 13　按 3 年、5 年、10 年一遇除涝标准扩挖王家坝—盱眙段河道设计参数

方　　案	设计底宽/m	设计河底高程/m	开挖边坡
按 3 年一遇除涝标准扩大平槽泄流能力	380～600	15～5	1：4
按 5 年一遇除涝标准扩大平槽泄流能力	410～650	14～4	1：4
按 10 年一遇除涝流量扩大平槽泄流能力	530～750	13～3	1：4

(三) 工程量估算

工程量主要包括河道疏浚、堤防退建、移民、挖压占地、影响处理工程等几部分。经初步估算,按 3 年、5 年、10 年一遇除涝标准扩挖,经初步估算土方量分别约为 13 亿 m³、18 亿 m³、24 亿 m³,占地分别约为 63 万亩、88 万亩、114 万亩,移民分别约为 22 万人、35 万人、50 万人。

(四) 实施效果及影响分析

1. 增加了河道泄流能力

按 3 年、5 年、10 年一遇除涝标准扩大平槽泄流能力后,在现有设计水位情况下,淮河干流王家坝—盱眙段滩槽泄量较设计流量分别提高 4100～4600m³/s、5300～5900m³/s、7500～10600m³/s;在现有设计流量情况下,淮河干流王家坝—盱眙段主要控制点水位较设计水位分别降低 0.34～1.35m、0.96～2.9m、1.5～4.2m。按 3 年、5 年、10 年一遇除涝标准扩挖后河道行洪能力变化见表 7 - 14。

2. 设计防洪标准内,可不使用行洪区

淮河中游按 3 年、5 年、10 年一遇除涝标准扩大平槽泄流能力后,淮河干流王家坝—盱眙段在设计水位条件下,河道泄量增加了 4100～10600m³/s;在设计流量下,河道水位降低了 1.2～4.2m,河道本身泄流能力已经达到淮河干流设计防洪标准要求,可不使用行洪区。

3. 减少沿淮洼地"关门淹"历时

经初步分析,1991 年洪水沿淮洼地"关门淹"历时约99d,2003 年洪水

表 7 - 14　　按 3 年、5 年、10 年一遇除涝标准扩挖后河道行洪能力变化

控制条件		分河段过流能力				
		王家坝	正阳关	涡河口	浮山	盱眙
用设计水位控制	设计水位/m	29.2	26.4	23.39	18.35	15.5
	按 3 年一遇除涝标准扩挖后滩槽泄量/(m³/s)	12000～14000		14100		17400
	滩槽泄量增加/(m³/s)	4600		4100		4400
	按 5 年一遇除涝标准扩挖后滩槽流量/(m³/s)	12700～14700		15500		18900
	滩槽泄量增加/(m³/s)	5300		5500		5900
	按 10 年一遇除涝标准扩挖后滩槽流量/(m³/s)	14900～16900		17800		23600
	滩槽泄量增加/(m³/s)	7500		7800		10600
用设计流量控制	设计流量/(m³/s)	7400～9400		10000		13000
	按 3 年一遇除涝标准扩挖后各控制点水位/m	27.95	25.2	22.04	18.01	15.5
	控制点水位降低/m	1.25	1.2	1.35	0.34	0
	按 5 年一遇除涝标准扩挖后各控制点水位/m	27.4	23.5	20.5	17.39	15.5
	控制点水位降低/m	1.8	2.9	2.89	0.96	0
	按 10 年一遇除涝标准扩挖后各控制点水位/m	25.4	22.2	19.42	16.85	15.5
	控制点水位降低/m	3.8	4.2	3.97	1.5	0

注　表中高程为 1985 国家高程基准。

沿淮洼地"关门淹"历时约 90d。按 3 年、5 年、10 年一遇除涝标准扩大平槽泄流能力后，遇 1991 年洪水沿淮洼地"关门淹"历时分别减少约 30d、49d、75d；遇 2003 年洪水沿淮洼地"关门淹"历时分别减少约 25d、41d、62d。按 3 年、5 年、10 年一遇除涝标准扩大平槽泄流能力后可减少沿淮洼地"关门淹"历时，对改善面上除涝作用明显。"关门淹"历时变化见图 7 - 19～图 7 - 24。

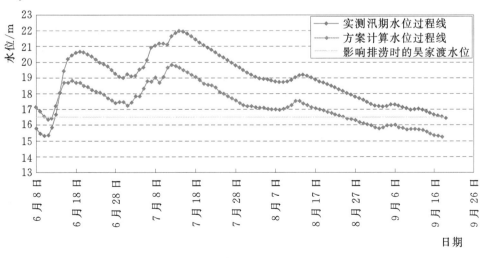

图 7 - 19　按 3 年一遇排涝流量扩大平槽流量方案与实测吴家渡 1991 年汛期水位过程线

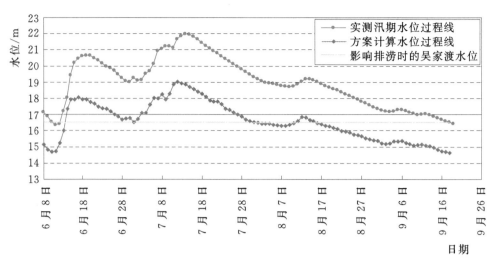

图 7 - 20　按 5 年一遇排涝流量扩大平槽流量方案与实测吴家渡 1991 年汛期水位过程线

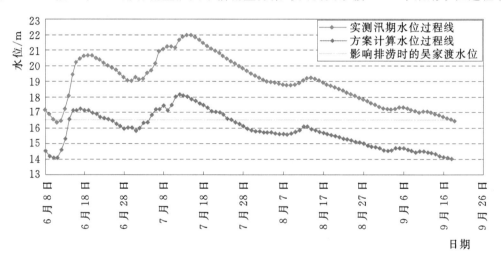

图 7 - 21　按 10 年一遇排涝流量扩大平槽流量方案与实测吴家渡 1991 年汛期水位过程线

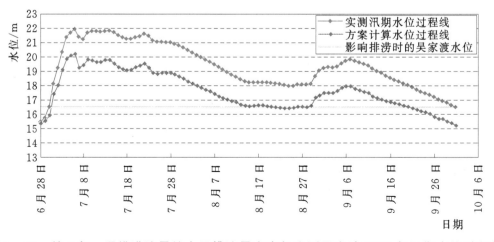

图 7 - 22　按 3 年一遇排涝流量扩大平槽流量方案与实测吴家渡 2003 年汛期水位过程线

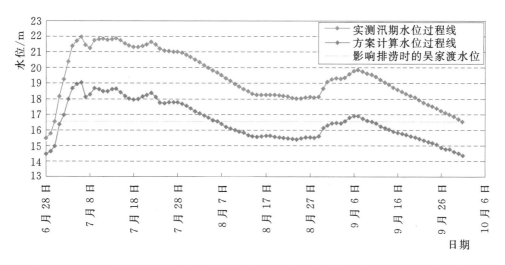

图 7 - 23　按 5 年一遇排涝流量扩大平槽流量方案与实测吴家渡 2003 年汛期水位过程线

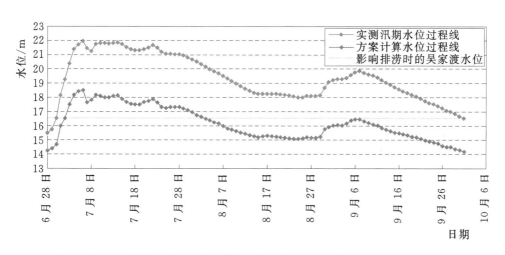

图 7 - 24　按 10 年一遇排涝流量扩大平槽流量方案与实测吴家渡 2003 年汛期水位过程线

4. 工程量巨大，代价较高

淮河中游按 3 年、5 年、10 年一遇除涝标准扩大平槽泄流能力后，挖河、筑堤土方量 13 亿～24 亿 m³，挖压占地 63 万～114 万亩，移民 22 万～50 万人，还未考虑面上配套和洪泽湖及下游工程建设的工程量。工程涉及大量的环境问题，代价较高。

5. 对现有淮河干流整体防洪除涝体系的影响

按 3 年、5 年、10 年一遇除涝标准扩大平槽泄流能力后，汇流条件发生很大变化，上游来水加快，对洪泽湖和淮河下游防洪影响还有待研究，且淮河干流临淮岗洪水控制工程、蚌埠闸、怀洪新河等防汛调度实施的控制运用条件将发生较大变化，对现有淮河干流整体防洪除涝体系将带来重大影响。

6. 对河道稳定的影响

按 3 年、5 年、10 年一遇除涝标准扩大平槽泄流能力后，平槽流量是造床流量的 $1.7\sim2.2$ 倍、$2.5\sim3.5$ 倍、$3\sim4$ 倍，河槽面积是现状的 $1.75\sim2.3$ 倍、$1.9\sim2.5$ 倍、$2\sim3$ 倍，河道流速会显著下降，将使水流挟沙能力急剧下降，不利于河道的稳定，对河道的发育将带来不利影响。

7. 社会影响大

淮河干流中游按 3 年、5 年、10 年一遇除涝标准扩挖涉及移民 22 万～50 万人，占地 63 万～114 万亩，将会产生较多的社会问题，一方面大规模移民就业安置难度较大，且淮河两岸群众多以农业生产为主，再就业能力相对较弱，移民后生产生活难以保障；另一方面淮河中游是国家重要商品粮生产基地之一，大规模征地可能会涉及粮食生产安全，社会影响大。

六、洪泽湖扩大洪水出路规模研究

（一）研究目标

研究洪泽湖扩大洪水出路规模，旨在提高洪泽湖防洪标准，降低中等洪水水位，减少洪泽湖周边滞洪圩区使用几率，洪泽湖防洪标准达到 300 年一遇，遇 100 年一遇洪水时，洪泽湖最高水位不超过 14.5m，洪泽湖周边滞洪圩区不需启用。

（二）基本设想

基本设想主要包括三部分：一是拟通过兴建入海水道二期工程，将入海水道泄流能力由 $2270m^3/s$ 提高到 $7000m^3/s$；二是拟通过兴建三河越闸工程，进一步降低洪泽湖水位，在低水位时，增加泄量；三是拟根据洪泽湖周边滞洪圩区人口、地形、重要设施的分布特点等，进行滞洪区分区，遇大洪水时，可分区滞洪。

（三）方案拟定

1. 入海水道二期工程

入海水道二期工程拟在一期工程的基础上，通过扩挖河道，扩建二河、淮安、滨海、海口四座枢纽工程等，在洪泽湖蒋坝水位 16m 时，入海泄流能力达到 $7000m^3/s$。

2. 三河越闸工程

三河越闸工程拟从洪泽湖大堤蒋坝镇以北（现越闸预留段）建深水闸，沿蒋坝引河至小金庄新挖一条入江泄洪道，在洪泽湖蒋坝水位14.2m时，入江总泄流可达12000m³/s。

3. 洪泽湖周边滞洪圩区分区运用

根据洪泽湖周边滞洪圩区地形及人口分布情况进行分区。迎湖地势低洼、滞洪效果明显的为滞洪一区；离湖较远，人口、集镇、重要设施多为滞洪二区；12.5m蓄洪垦殖堤圈线外涉及规划还湖圩区的仍作为规划还湖区，此外还有泗洪县城等作为安全区。洪泽湖周边滞洪圩区分区情况见表7-15。

表7-15　　　　　　　　　洪泽湖周边滞洪圩区分区情况

分区	面积 /km²	耕地 /万亩	人口 /万人	滞洪库容 /亿 m³
一区	504	45.7	9.5	14.5
二区	937	71.8	70.3	7.7
安全区	369	37.5	26.2	
规划还湖区	74			
合计	**1884**	**155**	**106**	**22.2**

注　表中滞洪库容为14.5m水位以下的库容。

（四）方案实施效果

根据现有防洪调度预案，对方案实施后的工况进行调洪计算，其中入海水道启用水位为13.5m。方案实施后效果如下。

（1）遇300年一遇洪水，洪泽湖最高水位15.52m，比现状17.0m降低1.48m；洪泽湖周边滞洪圩区可减少滞洪面积约215km²、可减少影响人口约15万人；渠北地区不需要分洪。

（2）遇100年一遇洪水，若控制洪泽湖最高水位不超过14.5m，经调洪演算，仍有8亿m³洪水需要圩区滞洪，按分区滞洪的安排，只要安排一区即可满足要求。因此，遇100年一遇洪水，滞洪一区9.5万人口仍需进行安置。

（3）遇1954年洪水，洪泽湖最高水位13.78m，比现状14.5m降低0.72m；洪泽湖周边滞洪圩区不需要滞洪。

（4）遇1991年洪水，洪泽湖最高水位13.42m，比现状13.64m降低0.22m。

（5）遇2003年洪水，洪泽湖最高水位13.61m，比现状13.95m降低 0.34m。

（6）加快淮河中游的洪水下泄能起到一定的作用。

方案实施后调洪演算效果见表 7-16。

表 7-16 方案实施后调洪演算效果

洪水	工况	洪泽湖最高水位/m	洪泽湖最大蓄量/亿 m³	圩区应滞洪量/亿 m³	洪泽湖周边圩区滞洪面积/km²	洪泽湖周边圩区滞洪影响人口/万人
300 年一遇	现状	17	169	49.8	1515	80
	二期＋越闸	15.52	115.0	32.4	1300	65
	ΔH	1.48				
100 年一遇	现状	15.52	115.0	32.4	1300	69
	二期＋越闸	14.5	72.9	8	260	0
	ΔH	1.02				
1954 年	现状	14.5	68	3.2	220	4
	二期＋越闸	13.78				
	ΔH	0.72				
1991 年	现状	13.64				
	二期＋越闸	13.42				
	ΔH	0.22				
2003 年	现状	13.95				
	二期＋越闸	13.61				
	ΔH	0.34				

（五）100 年一遇洪水周边滞洪圩区不滞洪方案分析

建设入海水道二期（7000m³/s）和三河越闸工程后，洪泽湖遇 100 年一遇洪水，周边滞洪圩区仍需滞洪，滞洪量约 8 亿 m³。为提高洪泽湖周边滞洪圩区的防洪标准，使周边滞洪圩区遇 100 年一遇洪水不滞洪，需进一步扩大洪泽湖洪水出路。

经分析，通过增加入海水道二期泄流能力，可以进一步扩大洪泽湖洪水出路规模。经调洪演算，遇 100 年一遇洪水，在洪泽湖水位 16m 时将入海水道二期泄流能力扩大至 8000m³/s 左右（入海水道启用水位为 13.5m），需在规划的入海水道二期规模的基础上挖深 1.5m，拓宽 30~80m，新增土方约 1 亿 m³，可以增加泄量 8 亿 m³，可避免洪泽湖周边滞洪圩区滞洪。

入海水道二期工程规模扩大至8000m³/s后洪泽湖泄流能力见表7-17。

表7-17 入海水道二期工程规模扩大至8000m³/s后洪泽湖泄流能力

洪泽湖水位/m	入江流量(包括三河越闸)/(m³/s)	入沂流量/(m³/s)	入海水道流量(规模为8000m³/s)/(m³/s)	总渠(包括废黄河)/(m³/s)	洪泽湖总泄量/(m³/s)	现状洪泽湖总泄量/(m³/s)	增加泄量/(m³/s)
12.5	6360	0	0	800	7160	5600	1560
13	7740	0	0	800	8540	6700	1840
13.5	9350	600	4800	1000	15750	10750	5000
14	11150	1150	5600	1000	18900	13250	5650
14.5	12000	1730	6150	1000	20880	15110	5770
15	12000	2320	6750	1000	22070	17380	4690
15.5	12000	2920	7350	1000	23270	18270	5000
16	12000	3000	8000	1000	24000	18270	5730
16.5	12000	3000	8000	1000	24000	18270	5730
17	12000	3000	8000	1000	24000	18270	5730

七、小结

(1)黄河夺淮改变了淮北地区的地形地貌和河流水系以及中游淮河的自然特性，淤死了淮河入海口并使海岸线向东延伸了70多km，形成了洪泽湖，抬高了淮河下游水位，迫使淮河干流入江，这些原因都直接影响淮河中游洪涝水下泄，加重了中游的洪涝灾害。

(2)淮河干流平槽泄量太小，上中游来水量远大于河道平槽泄量，淮河水位极易高于两岸地面，且历时长，严重影响面上涝水排泄。

(3)在淮河现有工况下，采取扩大洪泽湖出口规模或河湖分离等工程措施降低洪泽湖水位，对降低浮山以下河道水位有一定的作用，但到蚌埠附近已影响甚小，遇中等以上洪水时，"关门淹"的问题仍无法解决。

(4)溯源冲刷的效果主要发生在洪山头以下河段，对中游水位的影响只到浮山附近，对中游排涝作用不明显。

(5)开挖深大河槽对于增加泄量、解决行蓄洪区问题、减少沿淮洼地"关门淹"历时效果是好的，但工程量巨大、移民众多、河床能否稳定、淮北地区汇流条件如何变化和对上下游影响如何都存有大量不确定因素。

（6）本次研究是在当前背景下对淮河与洪泽湖的关系的一次初步探讨，是阶段性成果，对有些问题还存在认识上的局限性和不足，仍需在今后的工作中深入研究。对淮河中游的洪涝灾害近期还是要按照现有规划进行综合治理，对行蓄洪区要进行适当调整和建设，结合淮河干流河道整治和开挖冯铁营引河扩大行洪能力，减少行洪次数，提高使用标准；对沿淮和沿湖洼地重点是建设一批大型泵站提高抽排能力；对淮北平原洼地主要是治理骨干河道增加排水能力，疏浚面上排水沟渠，形成比较完善的排涝体系；对淮南洼地重点是加强圩区堤防、配套涵闸和排涝泵站，并在岗畈高地分流，实现高水高排；在加强排涝的同时应考虑有条件的湖洼增加蓄水，调整产业结构和农业内部结构；要结合城镇化和新农村建设，引导和带动洼地人口向集镇转移，提高居民的生活水平。对洪泽湖周边滞洪圩区需要结合扩大洪泽湖出路，统筹治理。对于高程12.5m以下的圩区退田还湖；通过实施入海水道二期工程和三河越闸工程，控制洪泽湖100年一遇或更大洪水时水位接近或不超过14.5m，使圩区在设计条件下少进洪甚至不进洪，同时也可减小对中游河道洪水位的影响。

第二节　淮河中游洪涝治理

一、淮河中游主要洪涝问题

从1991年以来发生的三场大洪水来看，淮河中游仍存在着行蓄洪区人口众多、难以及时启用，广大平原洼地排涝出路不畅、涝灾严重，洪泽湖周边滞洪圩区涉及面广、使用困难等问题。

（一）行蓄洪区问题

淮河干流现有行蓄洪区21处，总面积3148km²，蓄滞洪容积127亿m³，内有耕地265万亩，人口134万人。

淮河干流行洪区是淮河干流泄洪通道的一部分，用于补充河道泄洪能力的不足，设计条件下如能充分运用，行洪流量占干流相应河段河道设计流量的20％～40％。淮河干流4个蓄洪区有效蓄洪库容63.1亿m³，占正阳关50年一遇30d洪水总量的20％，对淮河干流蓄洪削峰作用十分明显。在淮河历次防洪规划中，行蓄洪区的作用已被计入防洪设计标准内的行蓄洪能力之中。只有行蓄洪区充分运用，才能保证淮北大堤保护区达到设计防洪标准。

行蓄洪区在历年大洪水中分洪削峰、有效降低河道洪水位、减轻淮北大堤、城市圈堤等重要防洪保护区的防洪压力，为淮河防洪安全发挥了重要作用。1991 年洪水中，淮河干流共启用了 17 个行蓄洪区（包括已废弃的童园、黄郢、建湾、润赵段），濛洼共拦蓄洪水 6.9 亿 m³，城西湖也有效的分蓄了淮河洪水，对避免淮、沂洪峰遭遇，减轻正阳关洪水压力，保证淮北大堤安全起到重大作用。2003 年洪水中，淮河干流共启用了 9 处行蓄洪区，蓄洪区分蓄洪量 8.5 亿 m³，据初步分析，由于行蓄洪区的启用，降低淮河干流正阳关洪峰水位 0.2～0.4m、淮南洪峰水位 0.2～0.4m、蚌埠洪峰水位 0.4～0.6m。2007 年洪水中，淮河干流共启用了 9 处行蓄洪区，蓄洪总量约 15 亿 m³，降低了润河集、正阳关、淮南、蚌埠站水位，最大降幅分别为 0.5m、0.29m、0.61m、0.46m。行蓄洪区的及时运用对降低干流洪峰水位，缩短高水位持续时间，保证淮北大堤等重要堤防的防洪安全发挥了重要作用。

淮河流域行蓄洪区虽然在保证防洪保护区安全方面起到了重要作用，但也带来了一系列的问题。如启用标准低，进洪频繁，社会影响大，区内群众生产、生活不安定，人与水争地、防洪与发展的矛盾十分突出。从 1991 年以来的三场大洪水中行蓄洪区运用情况来看，仍难以做到及时、有效的行洪、蓄洪。

（二）洪泽湖周边滞洪圩区问题

洪泽湖周边滞洪圩区位于洪泽湖大堤以西，废黄河以南，泗洪县西南高地以东，以及盱眙县的沿湖、沿淮地区。主要范围为沿湖周边高程 12.5m 左右蓄洪垦殖工程所筑迎湖堤圈至洪泽湖校核洪水位 17.0m 高程之间的圩区和坡地。涉及江苏省宿迁、淮安两市的六个县区及省属洪泽湖、三河两个农场，共 49 个乡镇，总人口约 106 万人，总面积 1884km²，耕地 155 万亩。其中地面高程在 15.0m 以下的低洼地大部分已圈圩封闭，高程 15.0m 以上地区为岗、坡地，基本未封闭圈圩。洪泽湖设计洪水位 16.0m 时周边圩区滞洪库容约为 30 亿 m³，是洪泽湖及下游地区达到防御 100 年一遇洪水能力的重要组成部分。

洪泽湖周边滞洪圩区是淮河流域防洪体系的重要组成部分，洪泽湖设计防洪标准是在利用洪泽湖周边滞洪圩区滞洪的情况下才能达到。洪泽湖周边滞洪圩区是流域防洪规划及流域洪水调度方案明确的设计标准内的滞洪区。国务院国发〔1985〕79 号文批准的《黄河、长江、淮河、永定河防御特大洪水方案》、国家防汛抗旱总指挥部国汛〔1999〕9 号文发布《淮河洪水调度方案》、国务院批复的《淮河防御洪水方案》（国函〔2007〕48 号），都明确了洪泽湖

223

周边滞洪圩区的启用方案："当洪泽湖蒋坝水位达到 14.5m 且继续上涨时，滨湖圩区破圩滞洪。"

按照现在的防洪规划，一旦洪泽湖水位达到 14.5m，洪泽湖周边滞洪圩区需要滞洪，但目前区内人口众多，防洪安全建设严重滞后，启用后居民生命财产难以得到保障，启用相当困难；滞洪圩区除涝标准低，区内涝灾严重。

（三）中游易涝洼地问题

淮河中游易涝洼地主要分布在沿淮两岸、支流河口洼地、分洪河道的两侧，淮河中游易涝洼地总面积约 19099km²、耕地约 1831 万亩、人口约 1472 万人。其中沿淮洼地面积约 5367km²、淮北平原洼地面积约 12987km²、淮南支流洼地面积约 745km²。

淮河流域历来是洪涝灾害频发的地区。据不完全统计，1949—2007 年的 59 年中，流域平均成灾面积为 2664 万亩/a，平均成灾率（成灾面积与同期耕地面积之比）超过 14.3%。严重的洪涝灾害，对社会、经济、环境、安全造成很大的负面影响。其中沿淮地区及淮北支流是淮河流域洪涝灾害最为频繁的地区，因洪致涝"关门淹"现象较为严重。在历年洪涝灾情统计中，涝灾面积大都占受灾面积的 2/3 以上，越是大水年份，干、支流降雨遭遇的可能性越大，淮河干流水退得越慢，沿淮洼地"关门淹"的时间越长。

二、问题成因分析

造成淮河中游洪涝灾害的原因是多方面的，既有共性的因素，也有各自的特殊性。主要有以下几方面。

（一）自然因素

1. 特殊的水文气象条件及暴雨洪水

淮河流域地处我国南北气候过渡地带，具有气候易变性、旱涝交替的高发性、年内和年际降水的不均匀性、致洪暴雨天气组合的多样性，特定的气候背景、水文气象条件及暴雨洪水特征极易造成流域洪涝灾害。

2. 自然地理及河道特性

淮河流域西部、西南部及东北部为山区、丘陵区，其余为广阔的黄河冲积平原和为数众多的湖泊、洼地，淮河干流南北支流呈不对称的扇形分布。每当汛期大暴雨时，淮河上游及支流洪水汹涌而下，洪峰很快到达王家坝，由于洪河口至正阳关河道弯曲、平缓，泄洪能力小，加上绝大部分山丘区支流相继汇入，河道水位迅速抬高。淮南支流河道源短流急，径流系数大，但中下游河道狭小，河槽不能容纳时即泛滥成灾。淮北支流流域面积大，汇流时间长，加上地面坡降平缓，河道泄洪能力不足，淮河河槽又被淮南及淮河干流上游的洪水所占，造成了淮北和沿淮严重的洪涝灾害。淮河干流滩槽泄量小，高水位持续时间长，对洪涝影响大。目前，正阳关以上河道的平槽泄量为 $1000\sim1500\mathrm{m}^3/\mathrm{s}$，正阳关—涡河口和涡河口以下的平槽泄量约为 $2500\mathrm{m}^3/\mathrm{s}$ 和 $3000\mathrm{m}^3/\mathrm{s}$。河槽断面和平槽泄量都较小，遇较大洪水时水位高出地面，长达 $2\sim3$ 个月，致使沿淮低洼地区彻底失去了自排条件，形成"关门淹"的不利局面。淮河流域特殊的自然地理及河道特性也极易造成流域洪涝灾害。

（二）社会因素

1. 水土资源过度开发，人水争地矛盾突出

淮河两岸行蓄洪区和沿淮洼地虽然经常遭受洪涝袭击，但该地区土地肥沃，人口集中，人与水争地的矛盾突出。部分群众为了生产、生活的需要，自行在河滩地上圈圩种地，种植阻水植物，在湖泊周围围垦，不给水让出足够的通道和贮水的地方，行洪区堤防不断被加高，行洪受阻，河道水位抬高，这就使洪涝发生时灾害的程度加重。此外，由于群众对水利工程与洪涝灾害的关系认识不足，面上已建水利工程除年久失修外，还遭到人为破坏，连续干旱几年，排水沟渠就被损坏、堵塞，一旦再遇强降雨，面上水就不能及时排出，也加重了作物的受灾程度。

2. 经济条件较为薄弱

淮河流域虽然自然资源丰富，但总体经济水平仍然较低，特别是沿淮洼地，主要靠农业。这些地区生产技术水平比较低，水土资源开发利用不合理。沿淮群众对土地依赖程度较高，主要以农业生产为主，工业发展仅集中于原料加工，缺少高科技含量、高附加值的工业项目，2007 年沿淮洼地农民人均纯收入仅 2500 元左右，比相关县区农民人均纯收入低 452 元左右，比所在省农民人均纯收入低 635 元左右。经济的薄弱使得洼地群众自身抗御洪涝灾害的能力也不强，一旦受水淹没，房倒屋塌，财产殆尽，恢复起来十分困难。因此，淮河流域人类活动等社会因素加重了流域洪涝灾害。

（三）工程因素

1. 上游拦蓄洪水能力较小

淮河流域洪水主要来自山丘区，治淮以来，淮河水系建成大型水库 20 座，

但控制面积仅 1.78 万 km²，总库容 155 亿 m³，其中防洪库容 45 亿 m³。虽然大型水库的拦洪削峰作用十分显著，但由于控制面积还不到正阳关以上流域面积的 1/4，并且水库分布在各支流的上游，不能同时有效地发挥拦洪作用，大量洪水仍要通过河道下泄，下游地区的防洪压力仍然较大。

2. 中游河道滩槽泄量小，高水位持续时间长

淮河干流洪河口至正阳关河道河槽窄小、弯曲、比降平缓，河道行洪能力仍不足。淮河干流中游河道行洪区使用前的滩槽流量正阳关—涡河口约为 5000m³/s，涡河口以下约为 7000m³/s，当洪水超过这一流量时就要使用行洪区行洪。

淮河中游遇中等洪水时，水位高、持续时间长、影响两岸排涝。2003 年、2007 年大水，在开启行蓄洪区的情况下，润河集超警戒水位（24.3m）时间 30d；正阳关超警戒水位（24.0m）时间 24d；蚌埠超警戒水位（20.3m）时间 24d。由于中游高水位顶托，沿淮洼地涝水难以排出，"关门淹"现象严重。

3. 下游洪水出路不足

洪泽湖防洪标准尚未达标。洪泽湖是淮河中下游结合部的巨型综合利用平原水库，承接上游 15.8 万 km² 来水，设计洪水位 16.0m 时总库容 132 亿 m³，校核洪水位 17.0m 时总库容 169 亿 m³。洪泽湖大堤保护渠北、白马湖、高宝湖和里下河地区，总面积 2.74 万 km²，耕地 1946 万亩，人口 1775 万人。根据《防洪标准》（GB 50201—94），洪泽湖的防洪标准应达到 300 年一遇，现状防洪标准仅为 100 年一遇。

淮河下游洪水主要出路有入江水道、灌溉总渠（废黄河）、分淮入沂和入海水道近期工程 4 处，总设计泄洪能力 15270～18270m³/s。由于洪泽湖在淮河干流中下游的结合部，具有调节洪水的作用，而现有出路规模较小，入江水道和分淮入沂工程未达到设计标准。

洪泽湖低水位时下游泄洪能力较小，蒋坝水位为 12.5m 时，入江水道泄流能力仅为 4800m³/s，灌溉总渠加废黄河泄流能力为 1000m³/s，分淮入沂和入海水道尚未达到启用条件。

4. 面上除涝标准低且排水工程不完善

沿淮洼地面上除涝标准低。如淮北地区经过初步治理的地方，除涝标准仅 3～5 年一遇，有些支流还未列入治理范围之内，加上排水沟系不健全，配套工程建设标准低，沿淮又缺乏排涝泵站，因此遇较强降雨时，极易出现大面积、长时间的地面积水。

因此，工程建设滞后于经济社会发展的需求，涝灾问题仍很严重。

三、治理对策研究

(一) 行蓄洪区

1. 治理对策

根据淮河流域防洪的总体要求，按照构建流域防洪减灾体系的需要，结合淮河干流河道整治，扩大行洪通道；建设有控制的标准较高、调度运用灵活的行蓄洪区，行蓄洪区的安全措施完备，群众居住安全，保证及时有效行洪、滞洪；在淮河干流遇设计标准及以下洪水，行蓄洪区正常运用时，群众生命安全有保障，区内群众不需要大规模撤退转移，财产少损失，实现人与自然的和谐。建立较为完善的行蓄洪区管理制度，使得行蓄洪区的综合管理工作坚强有序，经济社会活动朝着良性方向发展。结合社会主义新农村建设，基本形成适应行蓄洪区特点的可持续发展的经济社会体系，提高区内居民的生活水平和改善生态环境质量。具体有以下治理对策。

(1) 进行行蓄洪区调整。由于行洪区是淮河洪水通道的组成部分，行洪区行洪流量占设计流量的 20%～40%，其行洪作用不可能全部靠挖河和退堤工程措施代替，因此，在很长一段时期内，不可能将原有的行洪区全部取消。在满足淮河干流上中游河道治理目标的同时，结合淮河干流河道整治，调整行洪区，扩大行洪能力，提高河道滩槽泄量，减少行洪区及行洪区进洪机遇，使王家坝—正阳关河道滩槽流量提高到 $7000 \mathrm{m}^3/\mathrm{s}$，正阳关—涡河口提高到 $8000 \mathrm{m}^3/\mathrm{s}$，涡河口以下提高到 $10500 \mathrm{m}^3/\mathrm{s}$；建设有控制的标准较高、调度运用灵活的行洪区，保证运用及时有效，满足设计排洪的要求。

淮河干流行洪区调整的总体布局是：南润段、邱家湖行洪区改为蓄洪区；姜家湖、唐垛湖联圩成有闸控制的姜唐湖行洪区（已建成）；上六坊堤、下六坊堤废弃还给河道；石姚段、洛河洼、方邱湖、临北段、香浮段、潘村洼行洪区改为防洪保护区；寿西湖、董峰湖、汤渔湖、荆山湖、花园湖改建为有闸控制的行洪区；鲍集圩作为洪泽湖滞洪圩区的一部分。淮河干流行蓄洪区调整规划示意图见附图 4。

(2) 加强行蓄洪区工程建设。重点加强行蓄洪区圩堤、隔堤建设，形成工程完善、分区合理、调控灵活、运用自如的行蓄洪区。改善行蓄洪区排涝条件，提高排涝标准，减轻涝灾的危害。

(3) 加快居民迁建及安全设施建设。坚持以人为本的原则，把人民的生命财产安全放在突出位置，解决好行蓄洪区群众居住问题，改善其生存与发展的基本条件。采取行蓄洪区内集中建安全区、人口外迁等办法，把居住在低洼区和行洪范围内的群众迁移到保庄圩或安全区集中安置，解决好区内群众平时及行蓄洪时的居住问题，做到行蓄洪时群众基本不搬迁、不撤退转移，群众能安居乐业；使区内群众生产、生活安定，人水和谐。促进当地经济社会的稳定和可持续发展。

（4）全面规划、综合治理、加强管理。坚持全面规划、综合治理的原则，建立综合性的管理机构对行蓄洪区进行有效管理，加快制定行蓄洪区管理法律法规；严格执行国家计划生育政策，引导人口外迁，控制人口增长；恢复部分湿地，控制区内无序建设，严禁建设影响行蓄洪的任何设施；重点加强扶持和引导，改变区内的种植结构和产业结构，鼓励在区外发展深加工业；继续搞好行蓄洪区运用补偿，健全其他社会保障机制。

2. 治理效果

淮河干流行洪区原有 17 处，经调整后减少了 8 处行洪区，其余 9 处行洪区中 2 处改建为蓄洪区，6 处改为有闸控制的行洪区，1 处列入洪泽湖周边滞洪圩区。

淮河干流行蓄洪区调整，通过废弃和退堤共退还河道面积 99km²，淮河干流正阳关以下河段基本整理出宽 1.0～1.5km 的排洪通道，正阳关—涡河口段河道滩槽流量由现状的 5000m³/s 提高到 8000m³/s，涡河口—洪山头段滩槽流量由现状的 7000m³/s 提高到 10500m³/s，遭遇中小洪水时，淮河干流行蓄洪区的启用次数将大为减少；淮河干流的平槽流量王家坝—正阳关由现状 1500m³/s 提高到 1600m³/s，正阳关—洪山头由现状的 2500～3000m³/s 提高到 2500～3700m³/s。

调整后行蓄洪区的启用标准将由现状的 4～18 年一遇提高到 10～50 年一遇，还有 6 处行洪区改为防洪保护区，在淮河干流设计泄洪标准内可不启用。

通过将一部分行洪区改为防洪保护区和区内建保庄圩，增加了安全区的范围，共计增加保护面积 480km²，增加保护人口 96 万人（包括工程移民），改善了居住环境。

通过建行蓄洪区进、退水闸，使得防汛调度可以做到进洪及时、调度灵活。

在通过建进、退水闸的同时，将行蓄洪区范围内的人口进行迁移安置，行蓄洪范围的房屋、附属设施和其他阻水设施将大为减少，能做到通畅行洪，蓄洪、行洪效果好。

行蓄洪区调整后，多年平均减少淹没面积 51km²；石姚段、洛河洼、方邱湖等建成防洪保区后，区内耕地可转化为城镇建设用地；同时改善了区内生产、生活条件，加快了区内经济增长速度；多年平均综合效益 17 亿元。

通过淮河干流行蓄洪区的调整和安全建设，遇一般常遇洪水，在使用沿淮行蓄洪区蓄洪、行洪时，将不再需要临时转移大量人口，不仅能有效、及时地蓄洪、行洪，而且能大量减少灾民，减轻社会救助工作的难度和负担，社会、政治作用巨大。

（二）洪泽湖周边滞洪圩区治理对策

1. 总体布局及治理对策

按照构建流域防洪减灾体系的需要，结合淮河干流扩大下游规模，降低洪泽湖设计水位，提高洪泽湖周边滞洪区启用标准，遇 100 年一遇洪水时，洪泽湖最高水位接近或不超过 14.5m，周边滞洪圩区不破圩或仅使用部分圩区滞洪，区内群众基本不搬迁；因地制宜，分区运用，把洪泽湖周边滞洪圩区建设成为有控制、标准较高、调度运用灵活的滞洪圩区，实现人与自然的和谐；加强滞洪圩区建设，使滞洪圩区内的广大人民群众生产、生活条件得到较大改善，促进流域社会经济可持续发展。

针对洪泽湖周边滞洪圩区人口、重要设施的分布及地形、现有水利工程状况等特点进行分区运用，使滞洪圩区运用灵活，及时适量蓄滞洪水，减少滞洪损失。具体有以下治理对策。

（1）人口安置。洪泽湖周边滞洪圩区现有 6 座保庄圩，面积 9.62km²，可安置人口 5 万人；新建安全区安置 5 万人；其余人口主要居住在 15.0～16.0m 高程的圩区及坡地，采取撤退措施。

（2）结合洪泽湖扩大洪水出路进行分区运用研究。拟通过兴建入海水道二期工程，将淮河下游总出路规模提高到 20000～23000m³/s，减少洪泽湖周边滞洪圩区的进洪机遇；拟通过兴建三河越闸，进一步降低洪泽湖中等洪水水位，使洪泽湖周边滞洪圩区的进洪机遇提高到近 100 年一遇。

拟根据洪泽湖周边滞洪圩区分布特点，将迎湖地势低洼、滞洪效果明显的地区作为滞洪一区，面积为 504km²，人口为 9.5 万人；离湖较远，人口、集镇、重要设施多的地区作为滞洪二区；将滞洪圩区内泗洪县城、省属农场等重要区域建设成安全保护区。洪泽湖周边滞洪圩区分区示意图见图 7-25。

（3）加强区内建设。加固沿湖圩堤，保证滞洪前的挡洪能力；对进洪效果显著的滞洪一区需建闸，控制进退洪；滞洪一区与二区之间建隔堤，以实现灵活调度和减少应用损失；新建、重建、合并排涝泵站等，改善排涝条件，使排涝标准提高到 5 年一遇。

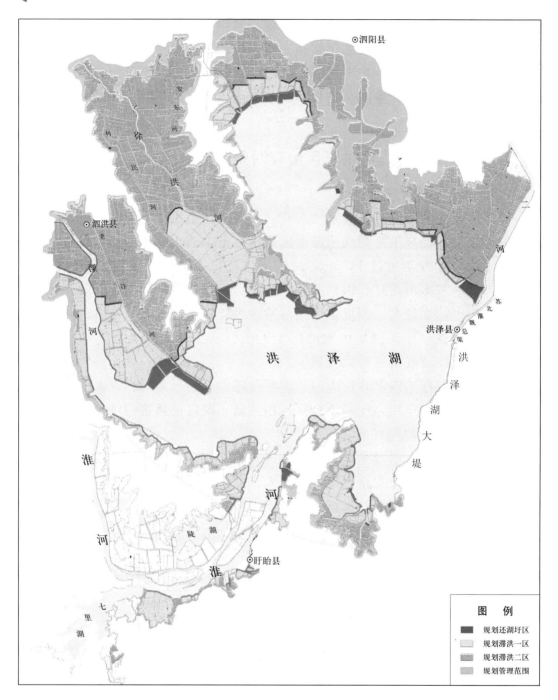

图 7‒25 洪泽湖周边滞洪圩区分区示意图

2. 治理效果

兴建入海水道二期工程和三河越闸后，遇 1954 年洪水，洪泽湖最高水位 13.78m，不需要启用洪泽湖周边滞洪圩区；遇 100 年一遇洪水，洪泽湖最高 水位如果不超过 14.5m，使用滞洪一区部分地区蓄洪约 8 亿 m^3 就可以满足洪水安排，不需组织群众撤退；若将入海水道二期规模扩大至 8000m³/s，则不需要使用洪泽湖周边滞洪圩区。

现状洪泽湖周边滞洪圩区没有进洪口门，多以自然溃堤或人工破口方式进行分洪，口门大小、进洪流量和进洪时机都难以把握，通过建闸控制进退洪，使防汛调度灵活，进洪及时，效果显著。

通过洪泽湖扩大洪水出路规模和分区运用的灵活调度并实施安全建设工程，可有效保护区内泗洪县城、省属农场等重要地区的防洪安全，保障区内100 多万人口的生命财产安全。

洪泽湖周边滞洪圩区建设滞后，存在的洪水风险严重制约了当地经济社会发展，通过治理，保证了重要特殊地区的防洪安全，滞洪时也能够保障人民群众的生命财产安全，改善了区内生产、生活条件，使区内人民生活水平不断提高。

现状洪泽湖周边滞洪圩区如遇大洪水需滞洪时，没有安全保障的 100 多万人，均需社会动员，全部撤退，2003 年大水期间撤退转移圩区居民 27 万多人，一方面老弱病残的人口转移难度大；另一方面产生大量灾民，不仅社会救助难度大，政治影响也大。通过治理，洪泽湖周边滞洪圩区遇 100 年一遇洪水时不破圩或仅使用部分圩区滞洪，区内群众基本不搬迁。减少了灾民，减轻了社会救助工作的难度，社会作用巨大。

（三）中游易涝洼地治理对策

1. 总体布局及治理对策

以现有防洪除涝体系为基础，兼顾生态环境和水资源的可持续利用，协调人与自然的关系，构建较为完善的除涝减灾体系，统筹考虑除涝与粮食生产安全，为把淮河中游建设成国家级商品粮基地创造条件。中游易涝洼地总体治理目标是在设计标准内，通过洼地治理等项目的实施，使中游易涝洼地排涝标准基本达到 5 年一遇，重要区域可提高至 10 年一遇，改善区域排涝条件，能够通过除涝工程设施及时除涝除灾；在超标准情况下，能够通过除涝工程设施及时排除部分涝水，尽量减少涝灾面积，降低经济损失，使治理区内的广大人民群众生产、生活条件得到较大改善，促进流域社会经济可持续发展。具体有以下治理对策。

（1）全面规划，突出重点，实施河道疏浚、泵站工程、圩堤加固等防洪除涝工程，提高防洪除涝减灾能力。

针对淮河流域易涝地区存在的突出问题，应以防洪治涝为主要目标，工程措施与非工程措施相结合，分片综合治理。治理措施包括排涝泵站工程、圩区堤防加固工程、支流河道治理工程等。淮河干流中游易涝洼地治理范围见图 7-26。

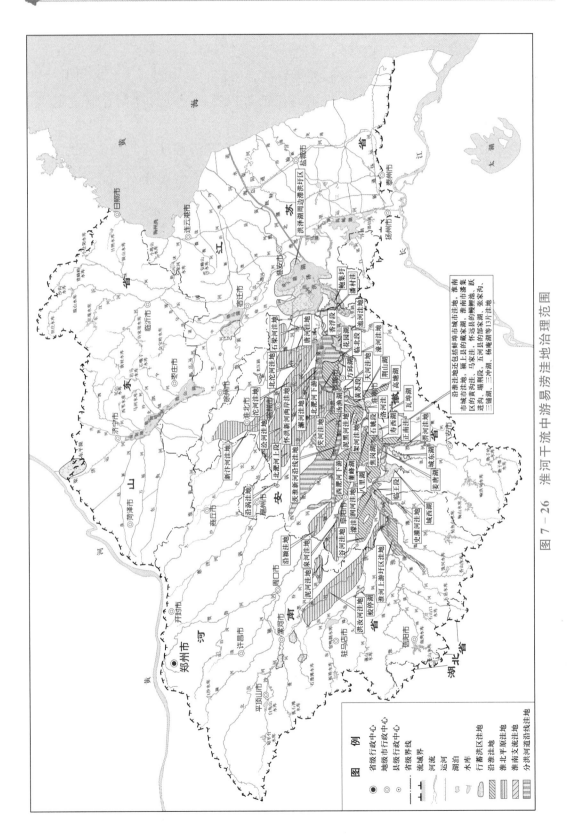

图 7-26 淮河干流中游易涝洼地治理范围

根据多年来除涝工程的实践，除涝工程的措施主要包括高截岗、疏沟排水、洼地建站、出口建闸、加固圩堤等。针对淮河中游洼地范围广、面积大、情况复杂等具体情况，拟采取不同的措施，完善排涝工程体系，减轻洪涝灾害。

1) 沿淮湖洼地。通过建设一批骨干排水泵站，着力提高抽排能力，对保护面积较大或区内人口较多的圩区，按一定的标准进行加固，提高防洪能力；对于保护面积小、堤身单薄、有碍排洪滞洪的圩堤应尽可能退田还湖，实施低洼地群众移民迁建。

2) 淮北平原洼地。排涝重点是建立并完善各区域的排水系统，通过治理支流河道为面上涝水的下泄与抢排创造条件；畅通排水干沟，改变由于沟道断面窄小、堵塞导致面上积水无法外排的局面。

3) 淮南支流洼地。加固圩区堤防、配套涵闸和排涝站；按照高水高排、低水低排的原则，在洼地与岗畈过渡地带设置撇洪沟渠；对一些面积较小、阻碍排洪的生产圩堤，实施退田还湖；对低洼地群众实施人口迁移。

4) 淮北支流。河道按除涝 5 年一遇，防洪 20 年一遇标准治理；泵站抽排标准采用 5～10 年一遇；圩堤防洪标准 10～20 年一遇；面上大沟疏浚采用 5 年一遇。

（2）合理确定自排与抽排的规模，处理好防洪与治涝，临时滞蓄洪涝水与洪水资源利用、生态保护的关系，综合治理易涝区域。

在加强防洪除涝工程建设的同时，研究抬高湖泊洼地蓄水范围，一方面可有效降低抽排规模，另一方面可实现洪水资源化。淮河干流洪水资源化可增加调节库容近 10 亿 m^3，改变沿淮湖洼地长期以来围湖造田、与水争地的局面。通过进行适当的退田还湖，不仅可增加供水量，提高水资源的利用率，而且扩大了沿淮湿地面积，有利于保护生物多样性和提高水体自净能力，对淮河流域的生态环境将起到显著的改善作用。

（3）因地制宜，大力开展农业结构调整，宜农则农，宜林则林，宜水则养，促进沿淮易洪易涝地区人与自然和谐。

淮河中游易涝洼地大都是沿河、沿湖周边的地势低洼地。长期以来，随着人口的增加，人均耕地资源的减少，对许多低洼地进行了垦殖。过度围垦，侵占了水面，抬高了水位，易涝多灾还增加了农业生产的成本。为了改变这一状况，一方面要加强以排涝建设为重点的水利建设；另一方面需要通过调整农业结构，来适应自然，达到减灾的目的。

沿淮地区种植业以粮食、油料为主。由于地势低洼，洪涝频繁，广种薄收，耕作粗放，"收一季保全年"的思想比较普遍。多年来，粮食单产低于全省平均水平。近年来，易涝地区农业结构进行了一些调整，如提高优质稻、麦、油的种植比例，发展了一些特色农业，但总体来说农业种植结构仍然以稻-麦、稻-油传统模式为主，具有地域特色的畜牧水产、蔬菜等特优作物发展不快。

调整农业结构总的思路是以市场需求为导向，以科技进步为动力，以增加农民收入为核心。改变该区域农业结构层次低的问题，建立适应沿淮地区特点的农业结构体系，提高应对灾害的应变能力，实现增产增收。

农业结构调整措施，一是因地制宜，大力发展养殖业、适应性农业；二是发挥优势，大力发展特色高效农业；三是加工增值，大力发展农产品加工业；四是立足区情，大力发展农村劳务经济；五是发展湿地经济。

（4）总结移民建镇经验，结合城镇化进程和新农村建设，引导洼地内群众向集镇转移。

按照新的治水思路，以防洪减灾为主线，从可持续发展的高度研究现有圩区的整治方案。考虑圩堤保护面积、所处位置、圩内人口、重要性、形成年代等因素，分别采取加固、平圩行洪、人口迁移、维持现状（限制堤顶高程）等措施，确定各圩区的治理方向，通过加强管理，达到防洪减灾的目的。

淮河中游洼地约有 100 万群众居住在洪涝高风险区。2003 年大水后，行蓄洪区及河滩地共实施移民 20 多万人，改善了他们的生存条件，成效显著。为了减轻居住在低洼地群众的洪水风险和淹没损失，应结合新农村建设和小城镇建设，引导洼地内群众向集镇转移。

（5）多渠道解决除涝工程建设资金问题，创新管理机制，保证除涝工程建设的顺利开展和工程效益的发挥。

淮河中游易涝洼地，由于历史等多方面原因，经济发展水平和财力与先进地区相比，存在较大差距。地方财力有限，难以对面上排涝工程进行大规模的治理投入。在积极争取中央投入的同时，应按分级负责的原则，结合新农村建设、农业开发项目、土地整理项目、农村交通网络建设以及乡村"一事一议"等统筹安排。

排涝工程点多面广，管理任务十分繁重。需加强完善和创新排涝工程管理体系，确保工程的持续有效运行。

排涝工程为纯公益性水利工程，工程管理应实行统一管理和分级管理相结合的原则，分级负责，建立健全管理组织机构，按照工程隶属关系，分级负责，落实运行维护费用。对于大中型排涝泵站，特别是排水跨行政区划的大型泵站，要建立合理可行的运行管理机制和经费渠道，以保证其及时有效运用。研究大型骨干泵站由省统一支付电费的办法。对于面上农田水利工程，由乡镇设立水利管理服务中心，加强本行政区域内小型农田水利工程的管理。

2. 治理效果

采取加固堤防，疏浚河道，开挖和疏浚排涝干沟，新建、改扩建排涝站涵等治理措施，这些工程实施完成后，堤防防洪标准由现状 5～10 年一遇提高到 10～20 年一遇。面上排涝大沟自排标准可由现状 3～5 年一遇提高到 5～10 年一遇；抽排泵站标准由现状 3～5 年一遇提高到 5 年一遇。

通过对湖洼及中小河道的整治，可以极大地改善这一地区的水利基础设施条件，构筑较为完善的淮河中游除涝减灾体系。特别是 20 世纪 80 年代以前建设的泵站，经过改造重建，将焕发出新的活力。防洪除涝工程的实施，使治水面貌得到明显改观。

易涝地区治理所带来的经济效益，即工程所减免的洪涝灾害所产生的效益，包括提高粮食产量、减少居民房屋财产淹没及交通中断等造成的损失。初步分析，淮河中游易涝洼地按 5 年一遇除涝标准、20 年一遇防洪标准治理完成后，多年平均内涝减淹面积约 300 万亩，防洪减淹面积约 100 万亩。

易涝地区治理后，随着防洪除涝标准的提高，易涝多灾的面貌得以改变。堤防的加固培厚、泵站和涵闸的更新改造、大沟上桥梁的修建，都会直接改善当地群众的生产、生活条件。农民人均纯收入预计年均增长 10％以上，有利于消除贫困，缩小与其他地区的差距。

除涝骨干工程和面上配套工程的实施，有利于改善农业生态环境，减轻了洪涝灾害可能伴生的疾病流行、生存环境恶化等严重危害。退垦还湖和移民迁建，可使区域小环境得到改善，生态水面积增加，湿地面积增加。湿地具有更好的调节水循环和养育丰富生物多样性的基本生态功能，也可以作为地下水和地面水的补给以及具有排洪、蓄洪功能。退垦还湖还表现在草滩湿地面积增加，植被群落结构变化和生物量增加，鱼类产卵场和育肥场改善和渔业资源的增加，使栖息面积增大和越冬环境变好，从而改善治理区内湖泊湿地生态系统的结构和功能。

新建和加固堤防、配套桥梁，以及疏浚河道，大大改善这一地区的交通条件。除涝能力的提高，有利于促进地区生产力的合理布局和产业结构的合理调整。"灾区形象"的改变，为招商引资创造了最基本的条件，改善了投资环境，有利于区域经济的发展和工业化水平的提升，为地区经济的可持续发展提供保障。

工程体系的完善为科学调度和决策创造了条件，流动排涝泵站的建设使排涝更具灵活性，也节省了部分运行费用。通过管理体制改革、制定相关法规，进一步明确管理主体和管理范围，建立合理可行的运行管理机制，落实管理运行及维护所需经费，确保除涝工程的可持续运行。

四、小结

（1）当前淮河中游存在的主要洪涝问题是：行蓄洪区数量多，启用标准低，进洪频繁，社会影响大，区内群众生产生活不安定，人与水争地、防洪与发展的矛盾十分突出；洪泽湖周边滞洪圩区安全建设严重滞后，启用后居民生命财产难以得到保障，启用相当困难，滞洪圩区内除涝标准低，区内涝灾严重；广大平原洼地骨干排水河道排水能力低，加上外河水位常高于内河水位，形成"关门淹"，骨干排水泵站建设不足，面上配套不完善，人与水争地矛盾突出，涝灾损失严重。

（2）解决淮河中游主要洪涝问题的对策：①对淮河干流行蓄洪区进行调整和改造完善，结合淮河干流河道整治，扩大淮河干流中游中等洪水出路，妥善解决好行蓄洪区群众安全居住问题，做到行蓄洪时群众基本不搬迁、不撤退转移。②对洪泽湖周边滞洪圩区，一是扩大洪泽湖下游洪水出路，降低周边滞洪圩区使用频率；二是考虑分区运用，使滞洪圩区调度运用灵活。③对淮河中游低洼易涝地区，要因地制宜地采取降、截、抽、整、调、蓄等综合措施并结合进行治理，改善农业生产的水利条件，提高排涝能力。

（3）建议继续加强流域防洪除涝体系的建设。近些年来，在水利部组织下淮河水利委员会相继完成了《淮河流域综合规划》《淮河流域防洪规划》《淮河干流行蓄洪区调整规划》《淮河流域重点平原洼地除涝规划》等规划，对流域防洪除涝体系中的突出问题进行了研究，提出了治理措施，下一步应当按照规划的安排，加强流域防洪除涝体系建设，以巩固和完善治淮骨干工程的建设成果，特别是淮河干流行蓄洪区调整和建设、洼地除涝建设和巩固扩大洪泽湖下游洪水出路等工程的建设。

第三节　临淮岗控制工程蓄水问题研究

一、工程概况

临淮岗工程为淮河中游洪水控制工程，它与上游的山区水库、中游的行蓄洪区、淮北大堤以及茨淮新河、怀洪新河等共同构成淮河中游综合防洪体系。

临淮岗洪水控制工程的主要任务是配合现有水库、行蓄洪区和河道堤防，关闸调蓄洪峰，控制洪水，使淮河中游防洪标准提高到 100 年一遇，确保淮北大堤和沿淮重要工矿城市安全。当淮河上中游发生洪水时，首先按照防汛调度运用的有关规定，陆续开放沿淮行蓄洪区，控制正阳关水位和流量不超过设计值（正阳关设计水位和流量分别为 26.4m 和 10000m³/s，本节高程系为 1985 国家高程基准）；当洪水来量继续增加，沿淮行蓄洪区业已充分发挥作用后，正阳关水位和流量仍将超过设计值时，启用临淮岗控制工程控制洪水，在上游洼地前期滞蓄洪水的基础上，进一步抬高上游行蓄洪水位，并利用部分圩区和洼地蓄洪，增加蓄洪量，削减洪峰，控制泄量，使正阳关水位和流量不超过设计值。

临淮岗洪水控制工程为 I 等大（1）型工程，正常运用洪水标准为 100 年一遇，非常运用洪水标准为 1000 年一遇。100 年一遇坝上设计洪水位为 28.41m，相应滞蓄库容为 85.6 亿 m³，1000 年一遇坝上校核洪水位为 29.49m，相应滞蓄库容为 121.3 亿 m³。

临淮岗洪水控制工程由主坝、南北副坝、深孔闸、浅孔闸、姜唐湖进洪闸、船闸及上、下游引河等组成。

主坝为碾压式均质土坝，坝长 8.545km，坝顶高程 31.60m，坝顶宽度 10.0m。副坝为碾压式均质土坝，南、北副坝共长 69.062km，其中南副坝 8.408km，北副坝 60.654km；坝顶高程南副坝为 32.15m，北副坝为 32.11～32.85m；坝顶宽度 6.0～8.0m。

浅孔闸为开敞式结构，共 49 孔，单孔净宽 9.8m，闸底板高程 20.50m。姜唐湖进洪闸为开敞式结构，共 14 孔，单孔净宽 12m，闸底板高程 19.70m。船闸为 500t 级，闸室净宽 12.0m、长 130m，坞式结构。姜唐湖退水闸为开敞式结构，共 16 孔，单孔净宽 10m，闸底板高程 19.00m。

引河全长 14.39km，河底高程为 14.90～14.10m，河底宽 160m，边坡 1：4。

临淮岗洪水控制工程示意图见图 7-27。

二、工程蓄水的必要性和初步方案

《水法》明确规定："开发、利用水资源，应当坚持兴利与除害相结合，兼顾上下游、左右岸和有关地区之间的利益，充分发挥水资源的综合效益，并服从防洪的总体安排。"临淮岗洪水控制工程是淮河干流防洪体系的重要组成部分，有效地提高了淮河中游防洪保护区的防洪标准。近年来，随着安徽沿淮淮

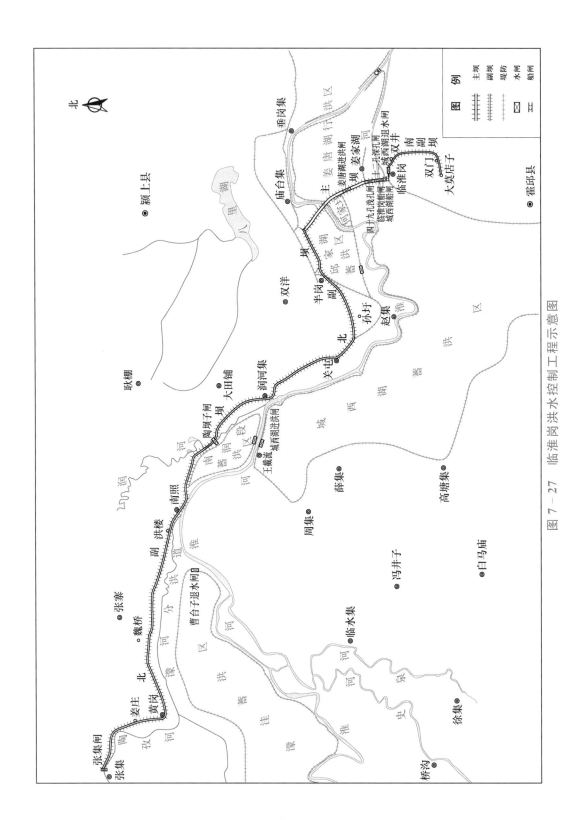

图 7-27　临淮岗洪水控制工程示意图

北地区的经济社会发展和粮食生产基地供水保障等对水资源需求日益旺盛，水资源保障已成为当地经济社会发展的重要制约因素。研究利用临淮岗以上淮河干流河槽及河滩地，适度拦蓄洪水尾水并在非汛期进行河道内蓄水，可提高淮河中上游水资源利用水平，优化淮河流域水资源配置，缓解淮北地区水资源供需矛盾，改善生态环境和通航条件。提出合适的蓄水方案是十分迫切和必要的。

临淮岗工程河道蓄水，主要是利用淮河干流洪河口—临淮岗坝址的河槽蓄水。洪河口至临淮岗坝址全长约 107km，其河底高程临淮岗附近约 11m，洪河口附近约 15m，河滩地高程临淮岗附近约 20.5m，洪河口附近约 25m。临淮岗工程河道蓄水水位库容关系见表 7-18。

表 7-18 临淮岗工程河道蓄水水位库容关系

水位/m	17	17.6	18	19	20	20.5	21	21.5	22	22.5	23	23.5	24
河道库容/亿 m³	0.74	0.84	0.92	1.17	1.5	1.73	1.95	2.26	2.57	2.98	3.4	3.94	4.47

从地形条件和工程现状，综合考虑河道通航，沿淮灌溉用水，特别是两岸排涝条件因素，初拟五组蓄水方案进行研究。

方案一：蓄水位为 20.5m；方案二：蓄水位为 22m；方案三：蓄水位为 22.5m；方案四：蓄水位为 23m；方案五：蓄水位为 24m。

根据以上选定河道蓄水位，死水位按 17.6m 考虑（最低通航水位），河道蓄水方案一至方案五兴利库容分别为 0.88 亿 m³、1.73 亿 m³、2.14 亿 m³、2.56 亿 m³、3.63 亿 m³。

三、工程蓄水的作用

（一）提高水资源利用水平，缓解区域水资源供需矛盾

临淮岗工程蓄水兴利供水范围为淮河干流淮滨至蚌埠闸上区段以及沿淮两岸影响区域，包括河南省信阳市淮滨县、固始县，安徽省阜阳市市区、阜南县、颍上县、临泉县，淮南市市区、凤台县，六安市霍邱县。临淮岗工程蓄水可增加供水量 0.99 亿～3.96 亿 m³，改善灌溉面积 30 万～240 万亩，多年平均供水效益 2.37 亿～8.13 亿元。

1. 各方案增供水量

方案一：供水范围仅包括安徽省，规划 2020 年本工程多年平均可新增供

水量 0.94 亿 m³，其中生活及工业供水 0.73 亿 m³，农业供水 0.21 亿 m³；规划 2030 年可新增供水量 0.99 亿 m³，其中生活及工业供水 0.77 亿 m³，农业供水 0.22 亿 m³。

方案二：供水范围包括安徽和河南两省，规划 2020 年本工程多年平均可新增供水量 1.82 亿 m³，其中生活及工业供水 1.37 亿 m³，农业供水 0.45 亿 m³；规划 2030 年可新增供水量 1.92 亿 m³，其中生活及工业供水 1.44 亿 m³，农业供水 0.48 亿 m³。

方案三：供水范围包括安徽和河南两省，规划 2020 年本工程多年平均可新增供水量 2.23 亿 m³，其中生活及工业供水 1.67 亿 m³，农业供水 0.56 亿 m³；规划 2030 年可新增供水量 2.35 亿 m³，其中生活及工业供水 1.76 亿 m³，农业供水 0.59 亿 m³。

方案四：供水范围包括安徽和河南两省，规划 2020 年本工程多年平均可新增供水量 2.80 亿 m³，其中生活及工业供水 2.07 亿 m³，农业供水 0.73 亿 m³；规划 2030 年可新增供水量 2.93 亿 m³，其中生活及工业供水 2.16 亿 m³，农业供水 0.77 亿 m³。

方案五：供水范围包括安徽和河南两省，规划 2020 年本工程多年平均可新增供水量 3.86 亿 m³，其中生活及工业供水 2.53 亿 m³，农业供水 1.33 亿 m³；规划 2030 年可新增供水量 3.96 亿 m³，其中生活及工业供水 2.60 亿 m³，农业供水 1.36 亿 m³。

2. 各方案供水经济效益

方案一：改善灌溉面积 30 万亩，新增供水量 0.99 亿 m³，多年平均供水效益约 2.37 亿元，供水对象位于安徽省境内。

方案二：改善灌溉面积 85 万亩，新增供水量 1.92 亿 m³，其中安徽省 1.69 亿 m³，河南省 0.23 亿 m³，多年平均供水效益约 4.44 亿元，其中安徽省 4.02 亿元，河南省 0.42 亿元。

方案三：改善灌溉面积 105 万亩，新增供水量 2.35 亿 m³，其中安徽省 2.07 亿 m³，河南省 0.28 亿 m³，多年平均供水年效益约 5.42 亿元，其中安徽省 4.91 亿元，河南省 0.51 亿元。

方案四：改善灌溉面积 135 万亩，新增供水量 2.93 亿 m³，其中安徽省 2.41 亿 m³，河南省 0.52 亿 m³，多年平均供水效益约 6.65 亿元，其中安徽省 5.69 亿元，河南省 0.96 亿元。

方案五：改善灌溉面积 240 万亩，新增供水量 3.96 亿 m³，其中安徽省 3.23 亿 m³，河南省 0.73 亿 m³，多年平均供水效益约 8.13 亿元，其中安徽省

6.79 亿元，河南省 1.34 亿元。

（二）改善生态环境

蓄水后临淮岗上游蓄水水质主要取决于初始水质，如上游水质达到功能区相应标准，蓄水水质能够得到保证；蓄水水体富营养化为轻度至中度水平；枯水季节根据沙颍河、涡河来水情况，相机增加临淮岗下泄流量，可减轻沙颍河、涡河污水下泄对淮河干流水质的影响。

临淮岗洪水控制工程地处淮河中游，通过抬高临淮岗工程蓄水位，扩大水面湿地，增加蓄水库容，可在淮河中游形成大型湿地和水面，对构建淮河中游生态保护屏障、调控淮河中游生态基流、保护淮河中游水质、扩大淮河中游环境容量、抑制中深层地下水超采均有重要的生态环境效益。

临淮岗坝上常规蓄水，使坝上约 100km 河段新增了约 100km² 的永久水域和河滩湿地，增加了坝上河段的环境容量。同时，临淮岗蓄水可提高相机补给坝下河段生态基流的调控能力，减少了淮河中游河道断流几率，保证淮河干流鲁台子控制点的非汛期最小生态需水量为 22.8m³/s。

由于临淮岗供水区水资源利用以开发利用当地地表水和地下水为主，根据《淮河流域跨省地下水超采区划定报告》，该区域部分地区地下水已经超采，引发了部分地区出现地质灾害问题。利用该工程蓄水进行供水，可有效增加该区域地表水的开发利用量，同时会置换出部分地下水的开发利用量，使研究区域的供水水源结构能够得到优化和改善，不仅有利于促进区域水资源的协调利用，而且有利于区域地下水的保护，特别是现状地下水超采区的水生态环境保护。

（三）改善通航条件

各蓄水方案的实施均可明显增加临淮岗洪水控制工程上游航道的通航水深，最大增加航深 3.9～6.4m，蓄水位越高，航深增加越明显。航深的增加及通航保证率的提高，为临淮岗闸上河段航道等级的提高创造了条件。临淮岗洪水控制工程蓄水利用的实施对临淮岗以上河段的航运是有利的。临淮岗工程蓄水利用后，临淮岗将保证淮河干流鲁台子控制点的非汛期最小生态需水量为 22.8m³/s，高于河道历史最小流量，临淮岗工程下游通航流量将得到保证，也将相应地提高该工程下游段的通航保证率。

另外，蓄水利用方案实施后，临淮岗洪水控制工程上游航道宽度有所增加，有利于上、下行船舶的转向；同时，上游水流流速有所减缓，这对船舶航行、转向等均有利。总之，蓄水利用方案实施后，临淮岗坝上的航道条件明显改善，可促进水运发展，蓄水对工程河段的通航总体上是有利的。

（四）对区域经济社会发展的作用

临淮岗工程周边区域相较于相邻地区，特别是东部地区，其经济发展速度相对较慢，特别是农业在经济中的比重和农村人口在总人口中的比重较大，城市化和工业化速度明显处于低水平。

临淮岗工程蓄水提供了在时间和空间上重新配置水资源的能力，工程蓄水新增了可供的水源及运输优势，提高了水资源利用水平，可以充分利用其适当发展一些大耗水、大运量工业及相关产业，提高区域经济发展水平，增加居民生活收入，同时对城市化发展提供可靠的饮水水源。

蓄水后，改善了坝址上水生态环境，对改善投资环境，对创建临淮岗风景区具有积极的推动作用。

四、工程蓄水的影响

临淮岗工程蓄水作用是显著的，效益也是巨大的，但同时也对上游河滩地、上游行蓄洪区洼地的排涝、堤防和临淮岗枢纽工程等有一定不利影响。

（一）淹没上游河滩地，造成一定的经济损失

临淮岗工程蓄水将淹没临淮岗—王家坝大片河道滩地，涉及安徽省的霍邱、颍上、阜南和河南省的固始 4 个县，对耕种的农民造成一定的经济损失。

蓄水方案实施后，方案一：增加滩地淹没面积 5.1km²；方案二：增加滩地淹没面积 29.4km²；方案三：增加滩地淹没面积 48.6km²，其中河南 0.9km²；方案四：增加滩地淹没面积 74km²，其中河南 2.1km²；方案五：增加滩地淹没面积 97.2km²，其中河南 8.9km²。

（二）对行蓄洪区及洼地产生浸没影响，造成粮食减产

临淮岗洪水控制工程蓄水后，在蓄水期会明显抬高上游河道的水位，造成两岸地下水水位的抬升，产生一定的土地浸没影响，将影响临淮岗上游沿淮行蓄洪区及洼地农作物耕种，造成粮食减产。

经计算，蓄水方案一地下水无逸出；蓄水方案二王截流至临淮岗河段的两岸有地下水逸出；蓄水方案三、蓄水方案四、蓄水方案五曹集至临淮岗河段的两岸均有地下水逸出。

通过浸没预测计算结合实地调查，产生渍没面积 12.4km²，其中城西湖

$8.2km^2$，南润段 $1.7km^2$，邱家湖 $2.5km^2$。

（三）对上游洼地排涝产生不利影响，增加抽排几率

临淮岗坝上蓄水后将影响上游部分地区的自排机会，影响到濛洼、临王段、城西湖、邱家湖、南润段、谷河洼、陈大圩区等洼地范围内的排涝，特别是部分涵闸失去自排机会，相应增加泵站抽排时间。

方案一：影响总面积 $324km^2$；方案二：影响总面积 $1396km^2$；方案三：影响总面积 $1616km^2$，其中河南 $16km^2$；方案四：影响总面积 $1660km^2$，其中河南 $35km^2$；方案五：影响总面积 $1734km^2$，其中河南 $91km^2$。

（四）对工程产生一定的不利影响

临淮岗工程蓄水后，将对防洪堤坝及临淮岗工程本身产生一定的影响，主要包括临淮岗主体工程、重要涵闸及堤防工程。

影响的主要方面包括：①深孔闸闸门及埋件现有结构强度只能满足闸上 $20.5m$ 的蓄水条件，启闭机容量也只能保证闸门在闸上 $20.5m$ 时正常安全运行。②由于原闸门设计检修条件为非汛期无水检修，未设检修门。当蓄水后闸前长期有水，需增设检修设施。③抬高蓄水位对堤防的主要影响是抬高了蓄水期的水位，使部分堤段长期挡水，风浪的长期淘刷将影响堤坡稳定。

（五）对淮河水资源配置的影响

临淮岗蓄水利用主要影响蚌埠闸供水功能，但总体看增加了本区域水资源供给量，提高了淮河中游水资源利用率，仅在特枯年份存在蚌埠闸、临淮岗供水效益"搬家"现象。

五、小结

（1）临淮岗蓄水利用是发挥临淮岗工程综合效益的举措。临淮岗洪水控制工程是淮河干流防洪体系重要组成部分，工程的主要作用是提高淮河中游防洪保护区的防洪标准，同时临淮岗洪水控制工程具有利用淮河河槽蓄水的条件，为淮河洪水资源利用和改善通航创造条件，但由于河南、安徽两省对此有不同意见，一直未能深入研究。为更好发挥临淮岗工程综合效益，开展临淮岗工程蓄水利用研究是十分必要的。

（2）临淮岗工程蓄水具有正负两方面的影响。利用临淮岗工程蓄水，对水资源利用、改善生态环境和航运条件等方面均有一定的作用，蓄水位越高蓄水

量越大，作用也越显著，但随着蓄水位的抬高，淹没面积、浸没影响范围也增大，当蓄水位超过 22m 时，淹没影响将涉及河南省。

蓄水淹没区水利工程设计中未考虑非汛期蓄水利用，临淮岗深孔闸、姜唐湖进洪闸等水闸未建检修闸门；部分堤段长期挡水，风浪的长期淘刷将影响堤坡稳定；尤其是临淮岗以上河滩地（耕地）未进行永久征地，随着临淮岗蓄水位越高，这些影响处理的难度也越大。

（3）临淮岗工程蓄水应先实施影响处理后蓄水。临淮岗工程蓄水影响涉及安徽、河南两省，尤其涉及农民土地，为避免新的省际水事矛盾和群体性上访事件，必须先期开展影响处理工程建设，然后再蓄水利用。近期蓄水位以 23m 为宜。

随着经济社会发展对水资源需求的增加、并对推荐方案实施后效果评估以及影响处理工程的进一步实施，远期可以研究继续抬高蓄水位的可行性。

（4）临淮岗蓄水效益显著，应尽早实施。临淮岗工程蓄水利用现有防洪工程，主要投资为蓄水影响处理工程，投资较少，而工程蓄水后无论蓄水位多高，其供水效益都是显著的，为尽早解决临淮岗供水区水资源短缺问题，应尽早实施临淮岗蓄水。建设投资由两省自行解决。

第四节　跨流域调水

淮河流域属我国严重缺水地区，长期以来存在水资源供需矛盾。淮河流域南靠长江，引江方便，跨流域调水是解决淮河水资源供需矛盾的重要途径。

一、跨流域调水工程规划研究历程

淮河流域从 20 世纪 50 年代初开始探索跨流域调水方案。淮委 1956 年编制的淮河流域规划和 1957 年编制的沂沭泗流域规划提出利用淮河入江水道抽引长江水入洪泽湖，再经京杭运河逐级建站从洪泽湖抽水入骆马湖、南四湖，为淮河和沂沭河下游地区 4119 万亩耕地提供灌溉水源。

1958 年 6 月，长江流域规划办公室在《长江流域综合利用规划要点报告（草案）》中提出，南水北调总的布局是从长江上、中、下游分别调水，上游从金沙江、怒江、澜沧江调水济黄；中游近期从丹江口水库调水，远景从长江干流调水济黄济淮；下游沿京杭大运河从长江调水济黄、济淮，并从裕溪口、凤凰颈调水济淮。

规划所提从长江下游引水的两条调水线路分别为大运河提水线和巢湖提水线，并且分别是南水北调东线工程和引江济淮工程的前身。其中，大运河提水线从淮河入江水道引水，经高宝湖、洪泽湖、南四湖，沿运河线于东平湖入黄河；巢湖提水线，从长江裕溪口引水，经巢湖跨江淮分水岭入淮河，沿颍河上溯至河南周口。

1957年，为了在徐州、淮阴地区推广农业旱改水扩种水稻，进一步治涝、治渍和发展灌溉，江苏省提出淮水北调、江水北调规划，并开始实施淮沭河（又称分淮入沂水道）工程，引淮水北上。1960年1月，江苏省编报《苏北引江灌溉工程电力抽水站设计任务书》，经批准后于1961年开始建设江都泵站。经逐年扩建，至1977年江都站已建成四座泵站，总抽江规模达到400m³/s。此外，江苏省还陆续建成淮安站及以北各梯级泵站，形成江水北调体系。

1972年华北大旱，水电部组建南水北调规划组，研究近期从长江向华北调水方案，初步提出三条可能的线路，即京杭运河线、巢湖线和引汉线。研究后认为，引汉线（中线）工程艰巨，近期难以实施；经巢湖引江，只能作为济淮的调水线；京杭运河线（东线）可利用现有河湖输水和调蓄，有江水北调工程作基础，现实可行。1976年水电部《南水北调近期工程规划报告》采纳了以京杭运河为输水干线送水到天津作为南水北调近期工程的实施方案。

1981—1988年淮委编制第一期工程有关报告。1980年、1981年海河流域连续干旱，1981年12月，国务院召开治淮会议，要求淮委编报东线第一期工程可行性研究报告。考虑当时国家经济承受能力，淮委主任李苏波给国务院写信，建议"分期实施，先通后畅"；1983年1月，淮委提出了《南水北调东线第一期工程可行性研究报告》，调水到黄河南岸的东平湖，主要解决黄河以南地区工农业和航运用水问题。1983年2月，国务院批准了南水北调东线第一期工程方案，要求第一步要通水、通航到济宁，为北煤南运创造条件。

按照基建程序，淮委于1984年11月提出东线第一期工程设计任务书。中国国际工程咨询公司从1986年9月至1988年2月对东线第一期工程设计任务书进行了评估，国家计划委员会（以下简称国家计委）于1988年5月提出审查报告，要求"以解决北方缺水为重点，论证提出调水工程东线总方案"，"而后在总体规划的指导下，提出分期实施方案"，"而后再考虑《设计任务书》的审批事宜"。

1988—1994年，水利部南水北调规划办公室组织开展南水北调规划修订工作。根据国家计委对东线第一期工程设计任务书的审查意见和1976年以后国民经济和社会发展对水资源开发利用的新要求，于1990年5月和1992年

12月分别编制了《南水北调东线工程修订规划报告》和《南水北调东线第一期工程可行性研究修订报告》。1993年9月水利部审查了这两份报告。此后，又开展了东线第一期工程总体设计工作。

1995—1998年，水利部组织开展南水北调工程论证。1995年6月，国务院第71次总理办公会议研究南水北调问题，要求开展南水北调工程论证，水利部成立了南水北调工程论证委员会。淮委和水利部海河水利委员会（以下简称海委）组成东线工作组，于1996年1月提出《南水北调工程东线论证报告》。在东、中、西线和5个专题论证报告基础上，论证委员会提出了《南水北调工程论证报告》。1996年3月至1998年2月，南水北调工程审查委员会对有关论证报告进行了近两年审查后，提出了《南水北调工程审查报告》。

东线论证报告根据东线工程前期工作的深度和对受水区缺水状况的分析预测，提出在2020年以前分三期实施1990年修订规划提出的南水北调工程规划方案；将胶东地区列入东线供水范围；研究了经连云港沿滨海向胶东调水的"滨海线"。

1999年5月，水利部成立了南水北调规划设计管理局，组织有关单位开展南水北调工程前期工作，首先布置了解决北方水资源问题的8项专题研究，淮委开展了专题之一《江水北调补充南四湖和胶东用水方案》的研究工作。2000年水利部组织编制《南水北调工程实施意见》，同期淮委编制了《南水北调东线应急调水方案》。

2000年9月，国务院召开南水北调座谈会后，按国家发展计划委员会和水利部联合会议部署，淮委会同海委开始编制《南水北调东线工程规划（2001年修订）》和《南水北调东线工程治污规划》〔同年，水利部长江水利委员会（以下简称长江委）、黄河水利委员会和有关单位完成了中、西线规划及9个有关专题规划〕。2002年9月，在12个附件基础上，国家发展计划委员会和水利部联合编报了《南水北调工程总体规划》。

2002年12月23日，国务院批复《南水北调工程总体规划》。12月27日，国务院和江苏、山东省分别在北京人民大会堂、江苏省扬州市、山东省济南市举行了隆重的南水北调开工典礼。朱镕基总理宣布南水北调工程开工，东线一期工程的江苏三阳河、潼河、宝应站工程和山东济平干渠工程同时开工建设。

东线一期工程开工之后，在完成开工项目的可行性研究、初步设计等前期工作的同时，在淮委负责会同海委牵头组织下，中水淮河规划设计研究有限公司、中水北方勘测设计研究有限责任公司及江苏、山东两省的有关设计单位，于2003年编制了《南水北调东线第一期工程总体设计方案报告》，2004年6

月编制了《南水北调东线第一期工程项目建议书》，2005 年 3 月编制了《南水北调东线第一期工程可行性研究总报告》。经过水利部审查、中国国际工程咨询公司评估，2005 年 8 月和 2008 年 11 月，国家发展和改革委员会在请示国务院批准之后批复了《南水北调东线第一期工程项目建议书》和《南水北调东线第一期工程可行性研究总报告》。

二、跨流域调水工程的总体格局

目前，与淮河流域有关的引江调水工程主要有南水北调中、东线工程，江苏省东引工程和在建中的引江济淮工程，供水范围基本覆盖了淮河流域主要缺水地区。

（一）南水北调东线工程

东线工程在江苏省江水北调工程基础上，扩大规模、向北延伸。

东线工程的供水范围主要是黄淮海平原东部地区和山东省胶东地区，涉及海河、淮河和山东半岛 25 座地市级以上城市，总面积约 18.3 万 km^2，其中淮河流域受水区包括苏北、皖东北、鲁西南 11 个地市，面积约 7.9 万 km^2。

东线工程拟分三期实施，其中第一期工程首先调水到山东省鲁北和胶东地区，设计引江规模在江苏省江水北调工程现有 400m^3/s 基础上扩大到 500m^3/s，过黄河 50m^3/s，到胶东 50m^3/s。建成通水后可实现多年平均净增供水量 36.01 亿 m^3，其中淮河流域 24.76 亿 m^3，海河流域 3.79 亿 m^3，胶东 7.46 亿 m^3。第一期工程于 2013 年完工。

（二）南水北调中线工程

南水北调中线工程从长江支流汉江的丹江口水库引水，跨江、淮、黄、海四大流域，向京津华北地区城市供水。远景考虑从长江三峡水库或以下长江干流引水增加北调水量。

一期工程设计输水规模，陶岔渠首 350m^3/s，穿黄河 265m^3/s，进北京和天津各为 50m^3/s。受水区包括北京、天津、河北、河南等省（直辖市）的 21 座地级以上城市，总面积 15.1 万 km^2，其中淮河流域受水区有河南省的平顶山、漯河、周口、许昌和郑州 5 个地市的部分地区，面积约 3.8 万 km^2。中线一期工程总干渠陶岔渠首多年平均调出水量 95 亿 m^3，分配给淮河流域的水量约为 12.8 亿 m^3。

中线一期工程于 2014 年建成通水，主要缓解北京、天津等城市的供水紧张局面，而且也将使淮河流域上游地区的部分城市供水条件得到改善。

（三）江苏省东引工程

江苏省从 20 世纪 50 年代后期开始提出江水北调规划设想，以后分期实施，逐步完善，形成北调和东引两部分。北调工程目前已发展成为南水北调东线工程的组成部分；东引工程以自流引江供水为主，主要向里下河地区和东部沿海地区供水。

东引工程规划为"两河引水、三河输水"，既利用新通扬运河和泰州引江河从长江引水，利用三阳河、卤汀河和泰东河向里下河腹部和东部沿海输水。江苏省于 2002 年完成泰州引江河一期工程和通榆河工程，江水可送达连云港赣榆。

2009 年以后，结合南水北调东线一期工程建设，江苏省实施了泰州引江河二期工程以及卤汀河、泰东河拓浚等里下河腹部河网治理。上述工程的完成使向东部沿海和连云港地区的供水条件大为改善，并且发挥排水、航运等综合效益。

（四）引江济淮工程

引江济淮工程由长江干流下游上段引水，向淮河中游淮北地区调水。主要任务以城乡供水和发展江淮航运为主，结合灌溉补水和改善巢湖及淮河水生态环境。

引江济淮工程区域南起长江，北至黄河、废黄河；东西向位于京沪铁路与京广铁路之间。供水范围涉及安徽省安庆、芜湖、铜陵、马鞍山、合肥、六安、滁州、淮南、蚌埠、淮北、宿州、阜阳、亳州 13 个市以及河南省周口、商丘 2 个市的部分地区，总面积约 7.06 万 km²，其中安徽 5.85 万 km²，河南 1.21 万 km²。供水范围的东、西、北三面分别与南水北调东、中线工程及河南引黄工程供水范围相邻。

依据 2040 年水资源供需分析初步成果，规划引江 300m³/s，过江淮分水岭 290m³/s，入淮河 280m³/s。多年平均抽引江水 43.00 亿 m³，过江淮分水岭 29.89 亿 m³，入淮河 26.37 亿 m³。可向安徽省沿淮及淮北地区增供水量 21.83 亿 m³，向河南省增供 6.34 亿 m³。

输水线路规划由凤凰颈闸站、枞阳闸 2 个口门从长江取水，并分别经西河兆河线和菜子湖线双线至巢湖，过巢湖段后利用派河上溯翻越江淮分水岭入瓦埠湖和淮河，再经淮北沙颍河、西淝河、涡河和怀洪新河四条输水河道继续北送至安徽省淮北地区和河南省黄河以南的东部地区。输水干支线总长约

1089km，其中长江至淮河段 395km，淮河以北段 694km。

三、南水北调东线一期工程及其后续工作要点

国务院批复《南水北调工程总体规划》已 10 多年，在当前情况下，对今后如何开展南水北调东线前期工作有以下几点认识。

（一）东线工程分期实施步骤及其调整的必要性

南水北调东线主体工程按照国务院批准的规划拟在 2030 年以前分三期实施。目前，第一期工程的通水目标已实现，第二期工程连续实施的条件尚不具备。而且，国务院批复《南水北调工程总体规划》已 10 多年，期间我国社会、经济、环境均发生了巨大变化，现状情况已经与原规划条件存在较大差距。因此，对原规划提出的南水北调东线工程分期实施步骤进行重新论证和调整是必要的。

（二）东线第二期工程的建设时机

这里讨论的第二期工程是指下一期工程，与原规划第二、第三期均不相同。

南水北调东线第一期工程主体工程已完工，配套工程的实施以及工程达到设计效益期尚需时日。对于东线淮河流域片供水范围，第一期工程实施后供水条件有较大改善，江苏、山东两省也需要有一个消化调整过程，按原规划在近年启动二期工程建设并不迫切。

河北省东部缺水情势紧迫，天津市在中线一期工程通水后仍然缺水。河北、天津已连续 9 年引黄补水，应急引黄几乎成为常态。为了解决河北、天津较为紧迫的缺水问题，建议开展东线工程向河北、天津供水的方案研究并尽早实施。目前，穿黄河工程是按照 100m³/s 规模建设，有条件向河北、天津供水。这样既做到先通后畅，也有利于充分发挥已建工程的效益。

（三）东线后续工程补充论证工作的重点

目前，南水北调东线后续工程补充论证工作正在进行，主要任务是对影响东线规划方案变化较大的关键问题进行补充分析论证，为下一阶段组织项目建议书编制工作奠定基础。对东线后续工程补充论证应注意以下重点。

1. 关于需调水量与调水分期论证

补充论证工作根据供水范围内海河、淮河和胶东地区水资源状况及受水区

经济社会发展和环境改善需求，论证东线后续工程合理的供水范围和工程规模，研究论证东线二、三期工程合并实施的必要性。

东线规划安徽省供水范围为淮河蚌埠闸以下蚌埠市、淮北市以东沿淮、沿新汴河地区，对该区域范围及与南水北调东线水资源配置之间的关系存在定位含糊问题。建议结合引江济淮工程规划把安徽省南水北调供水范围作为重点进一步论证。

此外，随着京津冀协同发展战略的实施，向北京供水宜统筹考虑。

2. 关于南水北调东线治污规划实施效果分析

论证工作的主要任务是，调查治污规划中提出的各项治污措施的落实情况；监测输水沿线各治污控制单元污染源达标及污染负荷变化情况；监测和调查评价输水沿线各节点水质达标情况以及治污规划实施以来的变化趋势，重点评价南四湖、东平湖水质状况；预测分析现状治污水平下南水北调东线输水水质目标的可达性。

山东省实施的截污导流工程，基本是中水拦蓄回用。不少人对其运行效果和对当地环境的影响存在担忧。建议对截污导流工程的实施效果进行充分调研，分析存在的问题，为今后安排治污措施提供科学依据。

3. 关于南水北调东线后续工程总体布局研究

研究的重点是工程"扩建"问题，后续工程在第一期工程基础上扩大规模，部分区段存在扩建困难。例如，梁济运河和胶东输水干线，全部为混凝土衬砌断面，穿济南市区段 20 多 km 为地下暗涵输水，在原断面基础上扩建有很大难度。如果后续工程增加向胶东输水的规模，建议研究经连云港、日照到青岛的滨海线输水方案。

调水线路各区段都可能存在经济和技术问题，甚至存在社会矛盾。如长江—洪泽湖区段，考虑三阳河继续扩建有一定难度，可比选经入江水道输水入洪泽湖的运西线方案；骆马湖—南四湖区间，韩庄运河、不牢河分别属于山东和江苏两省，新增加的规模如何安排也需协调苏鲁两省意见。

四、引江济淮工程建设的必要性及有关问题分析

（一）引江济淮工程建设的必要性

1. 水资源短缺已成为淮河中游地区经济发展的制约因素

淮河中游沿淮及淮北地区包括安徽省蚌埠、淮南、阜阳、亳州、宿州、淮

北 6 个市和河南省周口、开封、商丘 3 个市，面积约 6.8 万 km²，人口 5600
万人。根据《淮河流域及山东半岛水资源综合规划》成果，该区域现状枯水年
尤其是特枯年份水资源短缺达 43 亿～75 亿 m³，预测到 2020 年，在实施洪水
资源利用工程和南水北调东、中线工程后，多年平均缺水仍有 23.7 亿～28.8
亿 m³。该地区地表水体污染严重，浅层地下水也遭污染，大多数城市供水以
开采地下水为主，已出现地下水漏斗和地面下沉等环境问题。近几年持续发生
春旱、夏旱，农业受损，河道断航，城市饮用水水源亦承受水量、水质的双重
压力。未来随着城镇人口增加和第二、第三产业的发展，水资源供需矛盾将日
益突出。

2. 南水北调东、中线一期工程不能解决淮河中游缺水问题

南水北调中线工程主要供水目标是京津华北地区，一期工程在淮河流域是
沿总干渠沿线提供一部分城市生活和工业用水，供水范围主要在河南省沙颍河
白龟山水库以下、周口市以上区域，周口市东部和开封市、商丘市均无中线供
水区。南水北调东线工程供水范围主要是京杭大运河沿线和胶东半岛，一期工
程除在江苏省江水北调工程基础上增加供水、提高供水保证率外，并向鲁西
南、鲁北和胶东部分城市供水，二期工程将扩大供水范围至河北省和天津市。
规划的东线工程安徽省供水范围为蚌埠闸以下淮河干流沿岸和新汴河下游地
区，但在 2001 年修订规划仅考虑了为洪泽湖周边地区的后续发展预留一部分
水量，而未对安徽省供水范围及其发展作出具体安排。因此，南水北调东、中
线一期工程实施后不能解决淮河中游地区缺水问题。

根据南水北调工程总体规划和全国水资源综合规划，引江济淮工程与其他
跨流域调水工程有各自合理的供水范围，在南水北调东、中线一期工程实施
后，仍不能从根本上解决淮河中游地区的缺水问题。

3. 在安徽省内开辟引江调水线路有利于工程建设

有关向淮河中游淮北地区的调水方案，在以往南水北调前期工作中曾做过
一些探讨。中线工程规划曾提出黄河以南受水区范围，西以总干渠为界，东抵
豫皖省界，北临黄河，南达鄂豫省界和淮河流域的汝河，即供水范围覆盖整个
豫东地区；东线工程规划曾研究经淮河、新汴河向蚌埠、宿州、淮北供水，继
续向北扩大供水范围至河南永城、夏邑。目前，也有建议研究扩大南水北调
东、中线以替代引江济淮可能性问题。

引江济淮供水范围主要是安徽淮北地区，在安徽省内开辟引江口门和输水
线路，可以避免跨省矛盾和与其他规划交叉引起的协调难度，有利于实现发展
航运、改善巢湖生态环境的建设目标，有利于统筹工程沿线防洪、排涝、交

通、环境等综合治理，加快前期工作进度和尽早立项实施，有利于促进工程建设和运行管理的良性发展。

南水北调东、中线一期工程建成通水后，淮河上游和下游地区水资源供给条件将有不同程度的改善，但淮河中游水资源配置工程仍为空白，缺水问题已成为制约该地区经济发展的"瓶颈"。引江济淮前期工作已开展了几十年，安徽省政府高度重视，沿线人民积极支持。为保障淮河中游地区城乡供水安全、促进工农业发展、遏制环境进一步恶化，实施引江济淮工程是十分必要的。

（二）引江济淮工程主要规划问题分析

引江济淮工程的建设目标包括济淮、济巢和结合航运建设。由于工程的多目标开发要求和自然地理环境等条件，工程规划问题比较复杂。

1. 关于调水水质问题

与南水北调东线工程类似，引江济淮工程同样存在水质污染问题。引江济淮的源头水质良好，为Ⅱ类水，但通过巢湖及沿线其他现有河道后，水质难有保证。

淮北平原地势平坦，支流较多，但是现有河道承接上游排污，利用其输水不能保证向城市生活供水的水质要求。近十几年来，淮河流域水污染的治理工作取得很大成绩，据监测结果表明，淮河干流和主要支流水质明显改善，不少河段达到Ⅲ类水标准，但仍存在水质不稳定因素。因此，在重视水质保护规划的同时，应研究分质供水问题，即向农业和一般工业供水可利用沙颍河、茨淮新河、涡河等天然河道输水；向城市自来水厂供水另辟输水专线，新建管道或利用水质较好的支流河段输水。

2. 关于运行费用高的问题

引江济淮工程由长江取水口调水至淮北皖豫边界，输水距离约 500km，需泵站提水跨越江淮分水岭后降落至淮河，再由淮河提水送至淮北供水区。在江淮分水岭段采取加大开挖深度方案后，总的地形扬程仍达 40m 左右。泵站提水运行费用高的问题，对受水区是不小的负担。因此，应遵循"三先三后"的原则，在充分考虑节水和充分利用当地水资源基础上，科学论证调水规模。

3. 关于"济巢"和"济淮"

巢湖近年来污染严重，水质恶化，蓝藻频发，环境问题成为困扰巢湖流域经济发展的重要因素之一。

引江济淮工程经巢湖向淮河流域调水，巢湖生态环境和水质状况是影响调水水质的关键因素。对于引江济淮工程来说，"济巢"与"济淮"是一个工程，两大功能，济淮为济巢提供了必要性支撑，济巢将为济淮提供水量水质的保障。无论从环巢湖地区社会经济发展的需要，还是为济淮提供水质保障的需要，巢湖水环境治理都是当务之急的大事。引江济巢的主要作用是恢复历史上长江与巢湖水体可以自然交换的能力，以促进巢湖水体循环，提高巢湖水体自净能力，但这仅仅是巢湖水环境治理的措施之一，并不能替代巢湖周边污染源治理。治污是根本，调水是辅助。

4. 关于调水与航运结合实施问题

引江济淮工程与航运工程结合建设的主要目的是，在京杭运河基础上打通第二条淮河至长江的水运通道，构建淮北地区与长江中上游及苏、浙、沪地区连接的高等级航运网络，航运部门称这项工程为"江淮运河"。该工程实施后，淮北至长江中上游水运可减少绕行 200～600km，并且可避免京杭运河航运繁忙和枯水期航道不畅的影响。根据航运规划预测，江淮运河水运量 2030 年约为 6500 万 t，2040 年约为 9000 万 t，按Ⅲ级（江淮沟通段按Ⅱ级）航道标准建设。

由于淮河流域水资源丰枯变化较大，引江济淮工程建成后在丰水年或丰水期存在不开机、不调水的闲置风险。引江济淮工程结合航运，一方面，可以促进工程的综合利用，充分发挥工程效益。另一方面，在非调水期通航，船闸运行和维持河湖通航水深将加大航运用水量，在规划中应考虑充分。

通航问题交通部门有强烈要求，地方政府支持率很高。但是，调水工程与航运工程结合实施关系到线路布置和工程量，而且涉及水质保护、投资分摊以及工程管理等诸多问题。应对航运效益和航道等级等进行充分论证，开展多方案经济技术比较，为科学决策提供依据。

五、跨流域引江向黄河补水问题

南水北调东线替代引黄供水问题早已提出，淮委组织编制《南水北调东线规划（2001 年修订）》过程中曾研究利用南水北调东线替代引黄供水问题，并开展了一些分析工作，主要目的是解决黄河断流对生态环境和沿黄地区用水的影响。根据当时资料，黄河断流主要发生在山东省内，而山东省大量引黄又加剧了黄河水资源的危机。20 世纪 90 年代以来，黄河连年断流，而这一时期山东省引黄水量仍维持在 75 亿～94 亿 m³ 之间。黄河断流最严重的 1997 年，山东引黄水量仍高达 85 亿 m³。因此，减少山东省引黄来解决黄河断流问题是最直接、有效的办法。

在山东省南四湖以北地区，南水北调东线供水范围和引黄供水范围大部分是重叠的，长江水调到东平湖后，不论是向胶东，还是向鲁北，都能很方便地与引黄地区衔接。至于替代多少黄河水，取决于东线工程规模和水量调度。东线工程替代引黄供水在工程上和水量上都具有一定的条件。

最近，水利部有关部门开展了《南水北调工程与黄河流域水资源配置的关系研究》课题研究，重点分析调整龙羊峡、刘家峡水库联合运用方式，增加黄河上中游地区用水，以及扩大南水北调东、中线工程的供水能力置换黄河下游引黄水量的可能性及其相关影响，以期为南水北调工程下一步前期工作提供支持。

按照 1990 年 5 月《南水北调东线工程修订规划报告》，东线工程预期远景可达最大规模为抽江 1400m^3/s，过黄河 700m^3/s；多年平均抽江水量 260 亿 m^3，过黄河 120 亿 m^3/s，主要为农业供水，但根据当前和今后社会经济发展情况，原规划区域内农业需水很难达到原规划水平。按照这个分析，东线有较大的能力置换黄河水量。但是，原规划的东线工程地理位置偏低，可置换的引黄供水范围大致在黄河位山以下区域，以及河北、天津的经位山引黄的地区，可置换范围基本还在东线原规划的供水范围内；东线从长江取水处水量丰沛，可以研究调水进洪泽湖后，利用淮河以及淮北支流（引江济淮工程在淮北流量不大，与东线调水并无矛盾）在郑州、开封一带进入黄河，为河南、山东两省引黄地区补水，扩大置换引黄的范围，在此条件下，研究南水北调工程实施后的黄河分水方案问题。东线替代引黄的关键问题是水价差别大，需与西线调水以及黄河分水联系，从总体上研究制定合理而又切实可行的水价政策。

六、小结

（1）淮河流域属我国严重缺水地区，长期以来存在水资源供需矛盾，跨流域调水是解决淮河流域水资源供需矛盾的重要途径。涉及淮河流域的有关引江调水工程有南水北调中、东线工程，江苏省东引工程和在建的引江济淮工程，与淮河干流共同构成"四纵一横"的水资源配置格局，供水范围可基本覆盖淮河流域主要缺水地区。

（2）在山东南四湖以北地区，南水北调东线供水范围和引黄供水范围大部分是重叠的，东线工程替代引黄供水在工程上和水量上都具有一定条件，可以研究东线工程调水进洪泽湖后，利用淮河以及淮北支流（引江工程在淮北流量不大，与东线调水并无矛盾）在郑州、开封一带进入黄河，为河南、山东两省引黄地区补水。南水北调替代引黄的关键问题是水价差别大，需与南水北调西线调水以及黄河分水联系，从总体上研究制定合理而切实可靠的水价政策。

第五节　淮河流域采煤沉陷区问题

淮河流域是我国重要的能源基地，煤炭资源丰富，开采历史悠久，部分矿区已有上百年历史，采煤所造成的沉陷也引起了诸多社会和生态问题，如土地减少、环境破坏、移民安置等，对水利、交通、民用建筑等基础设施也带来了较大的不利影响，这一现象在一些矿区已相当突出和严重。

一、主要矿区与采煤沉陷区概况

（一）主要煤矿基本情况

淮河流域内矿区分布涉及安徽、河南、山东、江苏四省。重点矿区包括安徽淮南、淮北矿区，煤炭资源储量约 486 亿 t；河南省登封、平顶山、永夏等矿区，煤炭资源储量约 164.4 亿 t；江苏省徐州矿区、丰沛矿区，煤炭资源储量约 44.7 亿 t；山东省兖州济宁、枣庄、滕州等矿区，煤炭资源储量约 201.8 亿 t。淮南、淮北及南四湖周边主要煤矿基本情况如下。

1. 淮南矿业集团

淮南矿业集团所属矿区面积约 1570km²，煤炭资源储量 285 亿 t，行政区主要涉及安徽省淮南、阜阳市。集团现有生产矿井和在建矿井共 15 对，设计生产能力 4960 万 t。2010 年实际开采量为 6619 万 t，2020 年和 2030 年预计开采能力分别为 7690 万 t、9000 万 t。

2. 淮北矿业集团

淮北矿业集团所属矿区面积约 9600km²，煤炭资源储量 85 亿 t。现有生产矿井 22 对，核定生产能力 4000 万 t/a。2010 年实际开采量 3595 万 t，2015 年煤炭资源规划开发规模维持在 5000 万 t/a 左右。

3. 枣庄矿业集团

枣庄矿业集团主要位于山东省枣滕矿区，辖有陶枣、官桥、滕南和滕北四个煤田，区域面积约 5000km²，煤炭资源储量 13.7 亿 t，集团公司现有生产矿井 11 对。枣庄矿业集团在南四湖地区共涉及 5 对矿井，分别是柴里煤矿、高庄煤业公司、付村煤业公司、新安煤业公司、滨湖煤矿，煤炭资源储量共计 2.2 亿 t，设计开采能力 1320 万 t/a，2010 年实际开采量 1268 万 t，2020 年、2030 年预计开采能力分别为 1030 万 t、630 万 t。

4. 兖州矿业集团

兖州矿业集团主要位于山东省兖州济宁矿区，矿区面积 440km²，煤炭资源储量 36 亿 t。集团公司现有矿井 8 对，设计生产能力 2700 万 t，2010 年实际开采量 3700 万 t。兖矿集团在南四湖地区共涉及 3 座煤矿，分别为鲍店、济二、济三煤矿，煤炭资源储量 11.3 亿 t，设计开采能力 1200 万 t/a，2010 年实际开采量 1500 万 t，2020 年、2030 年预计开采能力均为 1480 万 t。

5. 大屯煤电集团

大屯煤电集团主要位于江苏省丰沛矿区，矿区总面积 245km²，煤炭资源储量 5.4 亿 t。集团公司现有姚桥、孔庄、徐庄、龙东 4 对生产矿井，设计开采能力 645 万 t/a，2010 年实际开采量 892 万 t，2020 年、2030 年预计开采能力分别为 760 万 t、400 万 t。

6. 永煤集团

永煤集团在河南省永城市，主要有陈四楼等 5 座煤矿，探明储量 16 亿 t，设计开采能力 840 万 t/a。2010 年实际开采量 1350 万 t，2020 年、2030 年预计开采能力分别为 1400 万 t、1210 万 t。

7. 神火集团

神火集团在河南省永城市，主要有新庄等 4 座煤矿，探明储量 3.8 亿 t，设计开采能力 405 万 t/a。2010 年实际开采 473 万 t，2020 年、2030 年预计开采能力均为 285 万 t。

（二）主要采煤沉陷区情况

截至 2010 年，上述淮南矿业集团等 7 家煤企在淮河流域主要采煤沉陷区面积约 415.9km²，涉及耕地 52.3 万亩，人口 44.6 万人，预计 2020 年、2030 年沉陷区面积将分别达到 662.6km²、928.2km²，最终沉陷面积将达到 2654.4km²。以淮南矿业集团潘谢矿区沉陷区为例，预计到 2020 年采煤沉陷面积为 186.9km²，其中积水面积 112.65km²，最大积水深度约 13m；到 2030 年，累计采煤沉陷面积为 275.2km²，其中积水面积 195.4km²，最大积水深度约 16m。见表 7-19。

表 7 - 19　　　　　　　　淮河流域主要煤矿沉陷区基本情况表

序号	矿区名称	截至2010年沉陷区面积/km²	截至2010年影响耕地面积/万亩	截至2010年涉及人口/万人		预计2020年沉陷区面积/km²	预计2030年沉陷区面积/km²	预计最终沉陷区面积/km²
				城镇	农村			
1	淮南矿业集团	108.0	14.0		11.0	186.9	275.2	1093.0
2	淮北矿业集团	150.0	20.3		13.1	216.7	283.4	795.7
3	枣矿矿业集团	42.7	4.5		4.1	66.7	80.0	110.0
4	兖矿矿业集团	45.4	6.1	0.6	8.3	65.1	89.9	173.9
5	大屯煤电集团	36.0	2.8		3.3	48.7	59.4	98.5
6	永煤集团	19.6	2.7		2.4	55.6	87.1	260.0
7	神火集团	14.2	1.9		1.8	22.9	53.2	123.3
	合计	**415.9**	**52.3**	**0.6**	**44.0**	**662.6**	**928.2**	**2654.4**

二、采煤沉陷对水利工程的影响

淮河流域平原广阔，水系复杂，水利工程众多，采煤沉陷对防洪安全的影响，主要集中在淮河干流中段和南四湖地区。

（一）对淮河干流堤防的影响

淮河中段堤防受采煤沉陷影响的堤段主要为淮南城市防洪堤和西淝河左堤以及下六坊堤行洪区堤防。

淮南城市防洪堤黑李下段受采煤影响长度 1.26km，最大累计下沉量 3m；老应段受采煤影响长度 1.4km，最大累计下沉量 1.5m。

西淝河左堤是淮北大堤的组成部分，堤防等级为 1 级。目前，淝左堤下尚未开采，但据沉陷变形观测，受周边采煤影响，淝左堤刘集段长 600m，最大累计沉降已达 0.14m；淝左堤港河闸段也发现沉陷，港河闸底板高程实测值较设计值沉降 200mm。此外，紧临此段护堤地的许大湖生产圩区部分耕地已沉陷较重，形成深水湖面。

淮河下六坊堤行洪区堤防受采煤影响长度达 5.5km，最大累计下沉量达 5.4m。

（二）对南四湖堤防的影响

南四湖堤防受采煤影响已较为严重，其中，湖西堤防洪保护区面积

5577km²，区内人口 494 万人，耕地 496 万亩，堤防等级为 1 级，采煤沉陷段长 9.53km，最大下沉量为 4.5m。湖东堤防洪保护区内人口 62 万人，耕地 45 万亩，部分堤段堤防等级为 2 级，沉陷段长 2.7km，累计最大下沉量 3.8m。南四湖沿湖支流堤防，如泗河堤防，受兖矿集团所属各煤矿采煤影响，累计影响堤防长度 12.9km，最大下沉 9m。

南四湖穿堤涵闸也受到影响，如湖西大堤大屯闸，位于大屯煤电公司徐庄矿采煤沉陷区内，经 2011 年检测，闸体最大沉陷达 3.996m，预计最终沉陷约 4.5m。虽经多次加固，该闸现仍存在钢闸门漏水、浆砌石翼墙大部分长期淹没水下等安全隐患。挖工庄东闸因受采煤影响，2000 年进行了重建，但由于沉陷区发展，该闸目前又发生了沉降，最大沉降已达 1m 多。

（三）对南水北调东线有关工程的影响

南水北调东线二级坝泵站枢纽工程是南水北调东线第一期工程的第十级抽水梯级泵站，主要建筑物有泵站主厂房、副厂房、变电所、进水闸等工程。2011 年 8 月，二级坝泵站引水渠、二级坝公路桥及引水渠交通桥工程通过合同验收。由于受采煤影响，已完工的引水渠部分发生沉陷，部分区段已全部沉陷到水下，最大沉陷点分别较设计高程下沉 3.71m 和 3.49m。

（四）对面上水利工程的影响

采煤沉陷对面上水利工程影响甚大。中小河流治理、重点平原洼地治理工程是进一步治淮确定的重要内容，因受采煤沉陷影响，致使部分工程刚建不久就失去原有功能，需加固或重建；部分工程因采煤沉陷而无法实施，影响规划总体效益的发挥。如淮河干流中段的西淝河下段、永幸河、架河和泥黑河等水系均受到采煤沉陷影响，涉及面上河道、堤防、大沟、闸涵、生产桥与泵站等众多水工建筑物。西淝河下段主要支流有港河、苏河、济河，2010 年沉陷面积已达 43.7km²，预计到 2025 年港河受影响长度将达 10km，累计最大沉降量 14.5m；济河受影响长度将达 12.3km，累计最大沉降量 22m。永幸河灌区，总干渠现不受影响，预计 2020 年输水总干渠采煤沉陷影响长度为 4.3km，累计最大沉降量达 8m。架河水系，预计 2020 年采煤沉陷影响长度为 2.7km，累计最大沉降量为 4m。

此外，部分地区因受采煤影响，地面高程低于河道排涝水位，区内排水困难；同时地面沉降，扩大了低洼地范围，增加了排水负担。如江苏沛县的龙固、杨屯洼地，铜山区境内的桃源河、拾屯河、郑集河等。

三、采煤沉陷对土地资源的影响

淮河流域地势平坦，人口密集，耕地资源少，却是我国粮食主产区。淮河流域总耕地面积约为 1.9 亿亩，人均耕地面积 1.12 亩，低于全国人均耕地面积；粮食总产量约占全国粮食总产量的 19.8%，提供的商品粮高达全国的 25%。采煤沉陷使土地大量减少，截至 2010 年，两淮及南四湖周边主要煤矿共减少土地约 52.3 万亩。部分县采煤沉陷面积占土地和耕地面积的比例较高，如安徽省凤台县采煤沉陷土地为 8.32 万亩，占全县总面积的 6.2%；江苏省沛县耕地面积为 113 万亩，人均耕地不足 1 亩，采煤沉陷土地为 7.7 万亩，约占耕地面积的 6.8%。山东省微山县耕地面积为 48.13 万亩，人均耕地面积仅为 0.67 亩，截至 2009 年，采煤沉陷面积 2.8 万亩，其中常年积水面积 1.7 万亩，分别占耕地面积的 5.8% 和 3.5%。据初步测算，万吨煤约影响土地 2.5 亩；若沿淮河流域主要煤炭企业年开采量维持在目前的规模，每年将影响土地约 4 万亩。采煤沉陷对土地的影响将是持续和深远的。

四、采煤沉陷对沉陷区内居民的影响

淮河流域采煤沉陷区大都位于平原地区，人口居住密集，两淮及南四湖周边主要煤矿涉及人口达 48 万人，由于采煤沉陷造成了大量居民搬迁。在实施居民搬迁过程中，由于公共建设资金不足和缺乏统一规划，部分居民安置点公共设施配套或排水、垃圾处理等基础设施不完善，部分采煤企业在进行居民安置时未能做到"先搬后采"或"先征后采"，严重影响沉陷区群众的利益；同时，由于采煤沉陷造成大量土地减少，部分农民无地可耕，采煤企业主要予以青苗补偿，虽可暂时解决失地农民的部分生活，但无法解决沉陷区群众的可持续发展问题，失地农民社会心理压力大。另外，采煤沉陷大面积变成了湖泊、湿地，对当地居民居住环境也造成了较大影响。部分地区由于采煤沉陷造成土地减少等社会问题已较严重。

五、采煤沉陷对水环境与生态的影响

淮河流域矿区所在区域内地势平坦，地下水潜水层水位较高，地面沉陷积水区将造成旱地作物和树木死亡，田间小型野生动物将迁移离开原来的栖息地，原有的农田生态系统将会逐渐消失并发生演变，形成湿地或人工型湖泊生态系统；随着沉陷区面积和沉陷水域不断增大，使得矿区范围内出现陆生生态系统和水生生态系统并存的格局，现有的人工平原农田景观逐渐转化为平原旱地与沉陷水域交错的景观。

六、对采煤沉陷区的初步认识和对策建议

（一）初步认识

（1）淮河流域是我国重要的能源基地之一，为华东地区经济发展提供能源保障。同时淮河流域也是《全国主体功能区规划》确定的农产品主产区，流域耕地面积约占全国耕地面积的12％，粮食产量约占全国粮食总产量的1/6，提供的商品粮约占全国的1/4，节约和保护耕地对保障国家粮食安全具有重要意义。由于淮河流域采煤沉陷区大都位于人口密集，土地开发利用程度高的平原地区，因而采煤沉陷涉及防洪安全、粮食安全和生态安全，对经济、社会、环境产生重大影响。采煤沉陷是煤炭开采的必然产物。煤炭开采涉及国家能源、国土、安监等多部门，采煤沉陷影响还涉及水利、环境、交通、电力等部门，目前管理上无统一的协调机制，政策法规上也不配套，因而，需要在国家层面上统筹协调，妥善解决。

（2）淮河流域采煤沉陷区对水利设施的不利影响大，特别是涉及淮河干流、南四湖堤防等一些重要的水利工程，由于开采前缺乏对防洪影响的总体评估，难以制定防御对策；部分工程虽经过加固处理，但采煤沉陷是一个长期动态过程，对加固措施缺乏安全检测评估，工程仍存在安全风险。此外，目前采煤沉陷区受损的水利工程修复由煤炭负责，资金也由煤企筹措。由于受到煤炭价格波动和煤矿资源的枯竭的影响，煤企将难以持续承担受损水利工程的维护。因而，需要建立采煤沉陷区防洪安全评价体系和水利工程安全防控长效机制。

（3）淮河流域采煤沉陷区影响范围大，区内人口众多，采煤沉陷造成大量居民迁移，土地大量减少，对社会影响大。目前，采煤沉陷区内居民安置和土地补偿主要由煤企负责，采用赔偿青苗费的方式对土地进行补偿，尽管煤矿企业每年都能及时补偿到位，由于失地农民数量大，专门的生产安置能力有限，受影响的农民生产、生活难以保证可持续发展。随着煤炭开采，受影响的范围不断增大，受影响的民众不断增多，煤炭资源的减少，煤炭价格的波动，都可能影响土地补偿的落实，因而，需要建立有效的政府主导、政企合作的机制，结合移民建镇做好移民安置规划，实行采煤沉陷区综合治理，改善当地经济结构，才能在促进当地社会经济发展的同时，既保护群众的利益，又保障能源发

展的需要。

（二）主要建议

（1）合理确定煤炭开采规模。淮河流域是国家重要的粮食主产区和能源战略基地，应从国家经济发展战略上统筹协调能源需求和粮食需求之间的关系，综合考虑当地社会环境和生态环境的承载能力，合理确定煤炭开采规模。

（2）统筹开展国家层面的政策研究。采煤沉陷是在保障国家能源安全的过程中形成的特殊问题，应在国家层面统一领导，开展采煤沉陷区治理、移民安置等方面的政策研究。完善法律法规配套、加大财政资金投入，并从政策上创造条件，多方筹集资金，建立采煤沉陷区综合治理的长效机制。

（3）研究建立统筹协调的洪水影响评价体系。在现有法律法规的框架下，研究建立水利工程下采煤管理规划洪水影响评价制度，对涉水煤炭开发建设的防洪安全实行动态评价，建立和完善"三下"采煤许可制度；建立已受损和可能受损的水利工程的防洪安全标准。

（4）研究建立水利、国土、能源等多部门组成的工作机制，协调区域治理、水资源利用、土地整治、沉陷区治理等需求，统筹制订区域治理规划。对于洪涝水调蓄工程、水资源利用工程、水系连通调整工程、影响处理工程、土地复垦工程等研究不同的扶持政策。

（5）研究建立以政府为主导，政企合作的沉陷区居民生产、生活保障机制。结合城镇建设规划，因地制宜地推进移民安置，改善居民的居住条件；研究设立农民创业园区，加大失地农民社保、就业培训等国家投入；开展沉陷区水面和土地利用模式研究，积极探索影响区移民生产安置模式，确保影响区居民的生产、生活的可持续发展，合理减轻企业负担。

七、小结

（1）淮河流域是国家重要的粮食主产区，人口密度大，水利、交通等基础设施众多，因采煤导致大面积沉陷已经并将继续对河流水系、耕地、居民的生产、生活、水利、交通等基础设施及区域生态与环境造成巨大的不利影响，成为淮河流域新的环境问题。

（2）重视采煤沉陷区问题。应从国家层面统筹协调能源开采与粮食生产和地面基础设施之间的关系，合理确定煤炭开采规模；采取措施控制采煤沉陷发展，防止发生大的灾害；研究建立多部门协调工作机制，编制采煤沉陷区综合整治利用规划并组织实施。

第八章

主 要 结 论 和 建 议

第一节 结 论

一、水利是淮河流域经济社会发展首要的基础条件

淮河流域悠久的水利发展历程证明，水利基础设施是保障和促进流域经济社会发展不可或缺的条件，在特定的时期和条件下甚至是决定性的因素。从春秋时期以来历朝历代的农田水利（包括屯田水利）、人工运河的建设，以及明清以来黄淮运统一治理，都是基于当时经济发展、社会稳定甚至国家安全需要，也对保障和促进当时及后来的经济社会发展发挥了重要作用，有些至今仍在发挥效益。黄河夺淮 600 多年，淮河流域河流水系及水利条件遭受重大破坏，对经济社会发展产生了重大影响，淮河流域作为我国农业经济中心的地位不复存在，这也从另一角度说明了水利至关重要的作用。新中国治淮 60 年，淮河流域基本建成了防洪除涝减灾体系和水资源利用体系，保障了流域经济社会发展，彻底改变了流域多灾多难的历史面貌，充分说明了水利在淮河流域发展中的基础性地位。

二、特殊的自然地理和社会条件决定了治淮的长期性、复杂性和艰巨性

过渡带气候条件导致了流域内降雨时空分布不均，极易发生水旱灾害；淮河流域平原面积比重大、地势低平、蓄排水条件差的特点以及淮河南北扇形不对称的河流水系形态决定了淮河流域是极易孕灾的区域；黄河 600 多年夺淮加剧了流域洪涝旱灾害，影响深远。流域内人口密集，土地开发利用程度高，人

与水争地的矛盾突出；随着经济增长，又出现了水质恶化、水资源过度开发、城市无序发展等问题，加剧了水旱灾害的影响程度和水资源的供需矛盾；经济社会发展还将对水利的发展不断提出新的要求。这些都决定了淮河流域治理是一个长期的、复杂的、不断完善的过程，不可能一蹴而就。

三、流域管理是淮河流域水利发展的核心问题

淮河水利发展的历史实践证明，流域管理能够最大限度地发挥水管理的综合功能，最有效地治水害、兴水利。60多年来，以流域管理机构为主导，坚持规划先行，组织编制了一系列流域治理规划，科学指导不同时期的治淮工作，为治淮建设奠定了坚实基础。流域水利管理工作坚持流域管理与区域管理相结合，坚持顾全大局、团结协作的治淮精神，以协调和指导作为基本手段，对流域的水事活动进行监督管理，加强重要水利工程的建设和管理，减少了水事纠纷，实现了淮河流域蓄、泄、引、提、排功能协调和洪、涝、旱、渍、污兼治，显著发挥减灾兴利效益，为经济社会的可持续发展提供了重要支撑保障。

当前流域管理也面临着诸多问题，主要是法律法规不健全，管理体制有缺陷，管理手段不完善，协调与合作机制的效能有待提高；随着水利建设的不断推进、工程体系的逐步完善，如何更加有效地发挥各类水利工程的效益，更好地协调和满足不同地区、行业和群体的利益诉求，更加体现公平合理，也是新的课题。解决这些问题，是流域管理今后的重要任务。

四、淮河中游洪涝治理是流域防洪除涝体系的薄弱环节

经过60多年的持续治理，淮河流域已经基本形成较为完备的防洪除涝体系。但是，淮河中游的洪涝仍然是治淮的重大问题。

当前淮河中游存在的主要问题是行蓄洪区数量多，进洪频繁，社会影响大，区内群众生产、生活不安定，防洪与发展的矛盾十分突出；洪泽湖周边滞洪区缺少安全设施，启用困难，居民生命财产难以得到保障；平原洼地排涝标准低，骨干河道排水不畅，抽排能力明显不足，支流和沿淮低洼地区常受干流高水位影响形成"关门淹"。经常性的暴雨洪水、低洼的地势和平缓的河道特性是造成洪涝的最主要原因，人类活动的影响加重了洪涝灾情。淮河中游的洪涝治理比较困难，需要根据不同地区的具体情况，因地制宜，采取综合措施。提高中下游排水能力，调整行蓄洪区，应该是治理的主要方向。

五、跨流域调水是解决淮河流域区域性缺水和枯水期缺水的根本途径

淮河流域气候复杂，地势低平，降水时空分布不均，当地水资源调蓄能力差，属严重缺水地区，水资源短缺已成为经济社会发展的主要制约因素。解决缺水问题需要开源节流并举。首先要加强节水型社会建设，提高水资源利用效率，通过水价机制、限制高耗水项目等措施抑制需求；同时大力开源，在充分挖掘当地水资源潜力的基础上，实施跨流域调水。从流域水资源分布和配置的情况看，区域性缺水和枯水期缺水无法利用当地水资源解决，只能依靠外流域调水。淮河流域南靠长江，引江方便，引江调水工程主要有南水北调中、东线工程，江苏省苏北引江工程和拟议中的引江济淮工程，这四项调水工程与淮河干流形成淮河流域"四纵一横"的水资源配置格局，供水范围基本覆盖了淮河流域主要缺水地区，随着这些工程的实施，将为淮河流域水资源供需平衡提供可靠的保障。

六、水质改善是淮河流域生态文明建设最为重要的任务

水资源时空分布特点和经济活动造成的污染等原因导致了 20 世纪末以来的淮河流域水质恶化。经过 10 多年的治理，水质恶化的趋势已经得到遏制，流域水质总体呈明显改善态势，但部分支流水质依然较差，无法达到水功能区的水质目标，2010 年水功能区水质监测中劣 V 类水仍占 28.9％。

水生态文明是淮河流域生态文明建设的重要基础，良好的水质是保障水生态系统安全的必要条件。虽然目前淮河流域水质恶化的趋势已经得到明显改善，但距良好的生态要求尚有差距，水质改善仍是淮河流域生态文明建设最为重要的任务。严格的水功能区水质管理和水功能区纳污红线管理是实现水质改善目标的主要手段。

七、采煤沉陷区是流域环境面临的新问题

淮河流域煤炭资源丰富，煤炭开采造成大面积沉陷。淮河流域是国家重要的粮食主产区，人口密度大，水利、交通等基础设施众多，采煤沉陷已经并将对河流水系、耕地、居民的生产、生活、水利、交通等基础设施及区域生态与环境造成巨大的不利影响，成为淮河流域新的重大环境问题。

第二节 建 议

一、落实流域立法，强化流域管理

（1）落实流域立法。淮河流域面临的防洪、缺水、水污染等问题均比较突出，在各大流域中具有代表性；流域内自然、社会人文条件相近，区域之间经济发展水平相当，面临的水问题相似；流域管理的历史长、实践经验丰富，各地对流域管理的认同程度比较高；国务院颁布的《淮河流域水污染防治暂行条例》已在淮河流域施行。2009 年国务院批复的《淮河流域防洪规划》明确提出，"在完善国家相关法律的基础上，针对流域防洪实际，研究制订淮河法或江河流域管理法"，2013 年国务院批复的《淮河流域综合规划（2012—2030年)》中也有类似要求。因此，在淮河流域制定法律的条件已经成熟，可以列入国家的立法计划。

（2）理顺流域管理的体制与机制。立足淮河流域的实际情况并借鉴国际上比较成熟的经验，进一步明确流域管理的目标、原则，创新体制机制，理顺流域和行政区域（中央和地方）及各部门之间在洪水管理、水资源管理、水利工程管理等方面的事权划分；建立健全以流域管理机构主导、各方共同参与、民主协商、科学决策、分工负责的决策和执行机制。

二、落实流域规划，推进水利基础设施建设

近年来水利部已经组织编制了淮河流域防洪规划、水资源综合规划等一批规划，修编了流域综合规划，对未来流域水利建设做出部署。上述规划均已经国家批准，应按照这些规划的安排组织实施，主要包括以下工作内容。

健全流域防洪除涝减灾体系。兴建出山店、前坪等一批大中型水库，增加拦蓄能力；适时加固病险水库、水闸。采取废弃、改为蓄洪区或适当退建后改为保护区的方式，对淮河中游现有行洪区进行调整，整治河道，扩大中等洪水通道，巩固排洪能力。实施淮河入海水道二期、入江水道整治等工程，增建三河越闸，巩固和扩大淮河入江入海泄洪能力，降低洪泽湖洪水位。扩大韩庄运河、中运河、新沂河等沂沭泗洪水南下工程的行洪规模，完善湖泊和骨干河道防洪工程体系。治理沿淮、淮北平原、里下河、南四湖滨湖、邳苍郯新、分洪

河道沿线等低洼易涝地区；建设城西湖、洪泽湖周边、杨庄、南四湖湖东等蓄滞洪区工程和安全设施，推进行蓄洪区和淮河干流滩区居民迁建。治理洪汝河、沙颍河、汾泉河、包浍河等重要支流和中小河流，开展流域内21座重要城市的防洪建设。

完善水资源保障体系。适时启动建设南水北调东线后续工程、引江济淮工程、苏北引江工程等跨流域调水工程，提高引江能力，增加外调水量，从根本上解决淮河流域水资源和水环境承载能力不足的问题。研究利用临淮岗洪水控制工程等现有水利工程与湖泊洼地蓄水，增加平原区水资源调蓄能力。建设一批区域性的调水、水库等水资源调配工程，完善流域内水资源配置工程体系，提高水资源调配能力。通过新建、改造水源地等措施，提高城乡供水保障能力。

大力推进农业节水。加快大中型灌区节水改造、农田排灌设施建设，推广管灌、喷灌、滴灌等先进灌溉技术，在适度发展灌溉面积的情况下，维持农业用水规模基本不变。

三、研究和解决采煤沉陷区问题

建议在国家层面尽快组织对淮河流域采煤沉陷区问题进行专题研究，提出相应的对策。

（1）重视沉陷区防灾，控制采煤沉陷发展。由水利、安全生产、国土资源、能源等主管部门组成联合调查组，尽快掌握沉陷区尤其是其地下的基本情况、发展趋势及对水利工程等基础设施和耕地、民居的影响，尽快采取措施，防止发生大的灾害；能源主管部门会同地方政府，统筹考虑调整沉陷区煤矿发展定位和生产计划，制定办法，严格控制沉陷的发生发展。

（2）组织编制淮河流域采煤沉陷区综合整治与利用规划。由国土资源和水利等主管部门共同组织开展相关规划工作，组织实施采煤沉陷区综合整治与利用。探索采煤沉陷区有效利用的途径和鼓励政策。对于无法继续农业耕种的连片沉陷区，实行企业赔偿、国家征用，开展整治利用。对于历史遗留沉陷区，国家应设立专项资金支持开展综合整治和利用。

四、统筹南水北调后续规划，重视从长江下游调水

如果从长江向北方调水是一定值，则多从下游调水最为合理。长江下游水量丰沛，调水对全江的生态与环境影响小，工程相对简单，不影响长江水力发

电。虽需抽水，但相对中线后续水源调水和西线调水入黄河后再高扬程向受水区供水，能耗也少。

可以设想，从过去已有规划的南水北调东线运西线调水入洪泽湖，再利用淮河以北支流或辟专线从郑州、开封一带入黄河，部分置换引黄水量（东线现有线路也可部分置换引黄水量），并可以过黄河进入南水北调中线供水区补充水源。

从长江下游调水部分置换引黄水量，难点是黄河下游现有水价便宜。黄河现有分水方案是 1987 年南水北调实施前提出的，其中明确的前提是"南水北调工程实施前"，考虑到黄河上游产水区高价使用南水北调西线供水的不合理性，尤其是从长江下游调水总体上具有明显优势，从黄河全河利益出发，可以用统筹水价的措施解决这个问题。

建议南水北调后续工程规划中统筹考虑多从长江下游调水的问题。

参　考　文　献

［1］　水利部淮河水利委员会. 淮河流域综合规划（2012—2030 年）［Z］. 2013.

［2］　水利部淮河水利委员会. 淮河流域防洪规划［Z］. 2009.

［3］　水利部淮河水利委员会. 淮河流域防汛水情手册［Z］. 2013.

［4］　水利部淮河水利委员会. 治淮 19 项骨干工程总体评估报告［Z］. 2007.

［5］　水利部淮河水利委员会. 筑梦淮河——纪念新中国治淮六十周年（1950—2010）
　　　　［Z］. 2010.

［6］　水利部淮河水利委员会. 治淮汇刊（年鉴）（2000—2014）［Z］.

［7］　淮委科学技术委员会. 淮河中游洪涝问题与对策研究综合报告及专题一至专题八
　　　　［Z］. 2009.

［8］　淮河水利委员会水文局. 淮河流域洪涝特征研究［Z］. 2011.

［9］　淮河水利委员会水文局. 淮河流域片水旱灾害分析［Z］. 2003.

［10］　淮河流域水资源保护局. 淮河流域城镇入河排污口监测报告（1993—2012）
　　　　［Z］. 2012.

［11］　淮委水利水电工程技术研究中心. 淮河中段治理与淮南采煤沉陷区综合治理关系研
　　　　究报告［Z］. 2011.

［12］　中国科学院地理科学与资源研究所，淮河流域水资源保护局. 淮河流域重点水域水
　　　　生物调查监测与评价［Z］. 2008.

［13］　水利部淮河水利委员会，《淮河志》编纂委员会. 淮河志 第二卷　淮河综述志
　　　　［M］. 北京：科学出版社，2000.

［14］　水利部淮河水利委员会，《淮河志》编纂委员会. 淮河志 第四卷　淮河规划志
　　　　［M］. 北京：科学出版社，2005.

［15］　水利部淮河水利委员会，《淮河志》编纂委员会. 淮河志 第五卷　淮河治理开发志
　　　　［M］. 北京：科学出版社，2004.

［16］　水利部淮河水利委员会，《淮河志》编纂委员会. 淮河志 第六卷　淮河水利管理志
　　　　［M］. 北京：科学出版社，2007.

［17］　水利部淮河水利委员会. 淮河志（1991—2010）（上、下册）［M］. 北京：科学出
　　　　版社，2015.

［18］　水利部治淮委员会《淮河水利简史》编写组. 淮河水利简史［M］. 北京：水利电
　　　　力出版社，1990.

［19］　淮河水利委员会. 中国江河防洪丛书 淮河卷［M］. 北京：中国水利水电出版
　　　　社，1996.

［20］　水利部淮河水利委员会. 1991 年淮河暴雨洪水［M］. 北京：中国水利水电出版

社，2011.

[21] 水利部水文局，水利部淮河水利委员会. 2003 年淮河暴雨洪水 ［M］. 北京：中国水利水电出版社，2010.

[22] 沂沭泗水利管理局. 沂沭泗防汛手册 ［M］. 徐州：中国矿业大学出版社，2003.

[23] 沂沭泗水利管理局 . 2003 年沂沭泗暴雨洪水分析 ［M］. 济南：山东省地图出版社，2006.

[24] 水利部水文局，水利部淮河水利委员会 . 2007 年淮河暴雨洪水 ［M］. 北京：中国水利水电出版社，2010.

[25] 《中国河湖大典》编纂委员会. 中国河湖大典（淮河卷）［M］. 北京：中国水利水电出版社，2010.

[26] 宁远，钱敏，王玉太. 淮河流域水利手册 ［M］. 北京：科学出版社，2003.

[27] 王祖烈. 淮河流域治理综述 ［Z］. 水利电力部治淮委员会《淮河志》编纂办公室，1987.

[28] 李伯星，唐涌源. 新中国治淮纪略 ［M］. 合肥：黄山书社，1995.

[29] 石玉林，卢良恕. 中国农业需水与节水高效农业建设 ［M］. 北京：中国水利水电出版社，2001.

[30] 钱正英，张光斗 . 中国可持续发展水资源战略研究综合报告及各专题报告 ［M］. 北京：中国水利水电出版社，2001.

[31] 陈桥驿. 淮河流域 ［M］. 上海：春明出版社，1952.

[32] 王亚华，胡鞍钢. 中国水利之路：回顾与展望（1949—2050）［J］. 清华大学学报（哲学社会科学版），2011（5）.

[33] 焦艳平. 我国主要农作区粮食产量贡献率分析 ［J］. 作物杂志，2006（1）.

[34] 淮河流域水污染防治暂行条例：国务院令第 183 号 ［Z］. 1995.

[35] 国务院关于淮河流域水污染防治规划及"九五"计划的批复：国函〔1996〕52 号 ［Z］. 1996.

[36] 国务院关于环境保护若干问题的决定：国发〔1996〕31 号 ［Z］. 1996.

[37] 关于印发《淮河、海河、辽河、巢湖、滇池、黄河中上游等重点流域水污染防治规划（2006—2010 年）》的通知：环发〔2008〕15 号 ［Z］. 2008.

[38] 关于印发《重点流域水污染防治规划（2011—2015 年）》的通知：环发〔2012〕58 号 ［Z］. 2012.

[39] 国务院关于全国重要江河湖泊水功能区划（2011—2030 年）的批复：国函〔2011〕167 号 ［Z］. 2011.

[40] 关于淮河流域入河排污口监督管理权限的批复：水资源〔2012〕279 号 ［Z］. 2012.

[41] 入河排污口管理办法：水利部令第 22 号 ［Z］. 2004.

附录

附件1 课题组成员名单

组　　长：宁　远　国务院南水北调工程建设委员会专家委员会副主任，教授级高级工程师

副 组 长：顾　洪　水利部淮河水利委员会副主任，教授级高级工程师

顾　　问：王　浩　中国工程院院士

成　　员：王世龙　水利部淮河水利委员会规划计划处调研员，教授级高级工程师

　　　　　储德义　水利部淮河水利委员会副总工程师，教授级高级工程师

　　　　　王九大　水利部淮河水利委员会规划计划处调研员，教授级高级工程师

　　　　　万　隆　中水淮河规划设计研究有限公司董事长，教授级高级工程师

　　　　　何华松　中水淮河规划设计研究有限公司副总经理，教授级高级工程师

　　　　　陈　彪　中水淮河规划设计研究有限公司总规划师，教授级高级工程师

　　　　　张少华　中水淮河规划设计研究有限公司副总工程师，教授级高级工程师

　　　　　沈　宏　中水淮河规划设计研究有限公司水科学研究院院长，教授级高级工程师

　　　　　陈光临　水利部淮河水利委员会治淮工程建设管理局局长，教授级高级工程师

　　　　　钱名开　水利部淮河水利委员会水文局（信息中心）局长（主

任），教授级高级工程师

张炎斋　淮河流域水资源保护局总工程师，教授级高级工程师

蒋云钟　中国水利水电科学研究院，教授级高级工程师

雷晓辉　中国水利水电科学研究院，教授级高级工程师

李原园　水利部水利水电规划设计总院副院长，教授级高级工程师

杨　栋　国务院南水北调工程建设委员会办公室

课题秘书：王世龙（兼）

　　　　　杨　栋（兼）

附件 2　参加本书编著的主要人员名单

第一章　钱名开　赵　瑾　程兴无

第二章　储德义　沈　宏　梅　梅　赵　瑾

第三章　姜永生　舒卫先　杨　智

第四章　陈光临　何华松　王九大　姜健俊　王再明

第五章　顾　洪　储德义　朱国勋　姜健俊

第六章　顾　洪　王世龙　姜健俊　王晓亮

第七章　第一节　万　隆　洪　成　张学军

　　　　第二节　何华松　何夕龙　张学军

　　　　第三节　陈　彪　刘　玲　张学军

　　　　第四节　宁　远　张少华

　　　　第五节　张友祥　薛亚锋

第八章　宁　远

统　稿　宁　远　顾　洪　王世龙

附件 3　多瑙河流域管理综合考察报告
（多瑙河流域综合考察代表团）

2012 年 5 月 21—30 日，"淮河流域环境与发展问题研究"项目组组长沈国舫，项目组副组长宁远，项目组成员杜鹏飞、王振海和徐海燕一行 5 人对奥地利、匈牙利、斯洛伐克和罗马尼亚等国境内的多瑙河流域进行了综合调研与考察。

"淮河流域环境与发展问题研究"是中国工程科技发展战略研究院（由中国工程院、清华大学联合成立）承担的重大战略咨询项目。根据研究计划，项目组在国内调研的基础上，经充分酝酿，组织了此次综合考察与调研。在出访前，代表团就此次考察调研工作进行了充分准备，收集了相关资料，提前将考察背景、目的和调研提纲等发给访问单位和组织，赢得了对方的理解和支持；我国驻匈牙利和罗马尼亚大使馆对此次出访也给予了大力支持和协助。项目组组长沈国舫还应邀为我驻匈牙利大使馆作了题为"三峡工程与生态环境保护"的学术报告，并就相关问题进行了热烈讨论，受到使馆同志的热烈欢迎。

一、考察概况

2012 年 5 月 21 日，代表团一行飞抵维也纳。22 日，代表团访问了位于维也纳联合国大厦的多瑙河保护国际委员会（ICPDR，International Commission for the Protection of the Danube River）总部，ICPDR 的专家向代表团系统地介绍了多瑙河流域的基本情况、ICPDR 的工作机制、流域管理、环境保护和科学调查等，代表团就有关问题与 ICPDR 的专家进行了交流。23 日，代表团实地考察了多瑙河上游的二级支流萨尔察赫河（Salzach River）及月亮湖（Moon Lake）水域。萨尔察赫河是多瑙河右岸主要一级支流因河（Inn River）的重要支流，其汇入因河段是奥地利与德国的界河。24 日，代表团从维也纳乘船考察了多瑙河干流河道及两岸生态，并于 24 日晚赶到匈牙利首都布达佩斯。25 日，代表团访问了匈牙利农村发展部（MRD，Ministry of Rural Development）国立环境研究所（National Institute for Environment Hungary），听取了有关情况介绍，并实地考察了多瑙河湾。26 日，代表团考察了匈牙利境内多瑙河右岸的巴拉顿湖区（Lake Balaton）。27 日，代表团赴罗马尼亚首都布加勒斯特，并于 28 日访问了罗马尼亚环境保护部（MEP，Ministry of Environment Protection）和水资源管理总署（National Administration APELE ROMANE），听取了有关情况的介绍，当晚赶赴位于多瑙河三角洲的图尔恰市（Tulcea）。29 日，代表团访问了位于图尔恰市的多瑙河三角洲研究与开发国立研究所（Danube Delta National Research & Development Institute - Tulcea），并乘船实地考察了多瑙河三角洲。30 日，代表团圆满完成此次综合考察与调研任务，启程回国。

二、多瑙河流域的基本情况

多瑙河（Danube River）是欧洲第二长河，仅次于俄罗斯的伏尔加河（Volga River）。它发源于德国西南部的黑森林山的东坡，自西向东流经奥地利、斯洛文尼亚、克罗地亚、捷克、斯洛伐克、波黑、黑山、匈牙利、塞尔维亚、保加利亚、罗马尼亚、摩尔多瓦和乌克兰等 14 个国家，在罗马尼亚和乌克兰交界处注入黑海，是世界上干流流经国家最多的河流。多瑙河流域的基本特征可参见表 1。

表 1　　　　　　　　　　　多瑙河流域的基本特征

流域行政区面积	807827km²
流域面积	81.7 万 km²
汇水区面积大于 2000km² 的多瑙河国家	**欧盟成员国（9 个）**：奥地利、保加利亚、捷克、德国、匈牙利、斯洛伐克、斯洛文尼亚、罗马尼亚、克罗地亚 **非欧盟成员国（5 个）**：波黑、摩尔多瓦、黑山、塞尔维亚、乌克兰
汇水区面积小于 2000km² 的多瑙河国家	**欧盟成员国**：意大利、波兰 **非欧盟成员国**：阿尔巴尼亚、马其顿、瑞士
居民	约 8050 万人
多瑙河长度	2850km
平均流量	6430m³/s（多瑙河口）
汇水区面积大于 4000km² 的主要支流（29 个）	Lech、Naab、Isar、Inn、Traun、Enns、March/Morava、Svratka、Thaya/Dyje、Raab/Rába、Vah、Hron、Ipel/Ipoly、Siò、Drau/Drava、Tysa/Tisza/Tisa、Sava、Timis/Tamis、Velika、Morava、Timok、Jiu、Iskar、Olt、Yantra、Arges、Ialomita、Siret、Prut
面积大于 100km² 的湖泊（4 个）	Neusiedler See/Fertö - tó、Lake Balaton、Yalpug - Kugurlui Lake System、Razim - Sinoe Lake System
重要的地下水体	多瑙河流域行政区目前有可识别的具有流域重要性的跨界地下水体 11 个
主要功能和用途	工业、农业和生活供水水源，饮用水源，市政污水及工业废水受纳水体；水力发电、航运、疏浚和砂石开采、娱乐、多种生态功能等

多瑙河全长 2850km，流域面积 81.7 万 km²，河口年平均流量 6430m³/s，多年平均年径流量 2030 亿 m³。多瑙河干流从德国河源至斯洛伐克布拉迪斯拉发附近的匈牙利门为上游；从匈牙利门至铁门峡为中游；铁门峡以下为下游。

多瑙河是中欧和东南欧重要的商业水道，也是沿岸国家水资源、水能资源和水产资源的丰富产地，在中东欧的社会经济发展中一直发挥着十分重要的作用，曾经孕育了古老而强盛的欧洲文明。进入 21 世纪后，多瑙河依然继续发挥着贸易大动脉的作用，是名符其实的中东欧地区的母亲河。然而，沿岸国家工业化和城市化进程也为多瑙河带来了水污染等问题。1994 年，多瑙河流域 14 个国家和欧盟签署了《多瑙河保护公约》，并在 1998 年成立了多瑙河保护国际委员会（ICPDR）。该委员会是欧洲最大的流域管理委员会，承担了多瑙河水资源开发和保护的主要工作。

2004 年的《多瑙河流域分析 2004》（DBA）报告指出了目前多瑙河流域的四个重大水管理问题（SWMIs，Significant Water Management Issues），分别为有机污染、营养物污染、危险物质污染和水型态变化。以上四个主要问题与地下水问题一并成为多瑙河流域管理当前关注的重点。除此之外，防洪以及应对突发性污染事件也是多瑙河流域管理面对的主要问题。

罗马尼亚金矿氰化物泄漏事件

2000 年 1 月 30 日，罗马尼亚境内一处金矿污水沉淀池，因积水暴涨发生漫坝，10 多万 L 含有高达 120t 氰化物、铜和铅等重金属的污水冲泄到索莫什河，而后汇入匈牙利的蒂萨河，并顺流南下，进入多瑙河向下游扩散，造成下游长达 500 多 km 严重污染，蒂萨河及其支流内 80% 的鱼死亡，罗马尼亚、匈牙利等国均受到影响。专家认为这次事件是欧洲近半个世纪以来仅次于切尔诺贝利核电站爆炸的最为严重的环境事件。

事件发生后，罗马尼亚、匈牙利、南斯拉夫等国政府迅速宣布蒂萨河沿河地区进入紧急状态。接到罗马尼亚预警报告后，受影响最为严重的匈牙利迅速采取预防措施，下令立即关闭以蒂萨河为饮用水水源的所有自来水厂，大量张贴公告告诫住在蒂萨河沿岸城镇的居民注意防范，不要喝河水，更不要吃河中的死鱼。罗马尼亚、匈牙利两国政府联合组成一个专家委员会，迅速着手调查污染的情况，并提供赔偿的经费预算、清除污染的措施等。

由于在环境灾难发生后，上下游政府反应迅速、协调合作，采取的预防措施得力，所以没有发生人员受危害的事件。然而，蒂萨河以及多瑙河流域的环境仍然遭到了前所未有的破坏，河流生态严重退化，给流域修复工作带来了沉重的环境成本和经济成本。这次事件之后，多瑙河流域成员国加紧治理各自境内的污染源，建立短期和中长期的计划，加强河流污染预警系统的现代化建设，严格水质检测制度，及时准确地对水样数据进行分析和处理。

三、多瑙河流域管理的主要经验

1. 逐步完善的流域管理法律体系

第二次世界大战之后，随着流域内各国经济的快速发展，多瑙河的污染问题逐渐凸显。为了加强流域内各国之间的合作，明确上下游国家的权利和义务，切实推动多瑙河流域水污染防治工作，自 1958 年以来，多瑙河流域沿岸各国相继签署了一系列公约或行动计划，形成了比较完善的流域管理法律体系（见表 2）。

表 2 　　　　　　　　　　　多瑙河流域管理法律法规

时间	名称	签署成员国	主要内容
1958 年	《关于多瑙河水域内捕鱼公约》	罗马尼亚、保加利亚、南联盟和苏联 4 国	要求各缔约国采取有效措施，制止未经处理的污水造成污染和危害鱼类
1985 年	《多瑙河国家关于多瑙河水管理问题合作的宣言》（《布加勒斯特宣言》）	8 个多瑙河沿岸国家	沿岸国家达成了防止多瑙河水污染并在国界断面进行水质监测的共识和协议
1992 年	《多瑙河环境保护计划》（DEP）		该计划是在全球环境基金（GEF）、联合国开发计划署（UNDP）和欧盟委员会的援助下开展的，已于 2007 年初步结束。成果是建立了多瑙河环境事故紧急报警系统（AEWS）和跨国监测网络（TNMN）以及分析质量控制系统（AQCS）
1994 年	《多瑙河保护与可持续利用合作公约》（简称《多瑙河保护公约》）	多瑙河 11 个沿岸国及欧盟	建立环境影响评估监测系统；解决跨界污染的责任问题；定义保护湿地栖息地的指导大纲；为多瑙河流域的保护指明方向
2000 年	《欧盟水框架指令》（WFD）	欧盟	长远目标是消除主要危险物质对水资源和水环境的污染，保护和改善水生态系统和湿地，减轻洪水和干旱的危害，促进水资源的可持续利用；近期目标是在 2015 年前使欧盟范围内的所有水资源处于良好的状态

续表

时间	名称	签署成员国	主要内容
2000 年	联合行动纲领（JAP）	ICPDR	在《多瑙河保护公约》框架下，为实现其环境目标所制定的具体行动方案，JAP的实施将直接促使多瑙河国家的政府履行其承诺，为多瑙河及其支流的水环境改善起到积极作用
2009 年	多瑙河流域管理计划（Danube River Basin District Management Plan）	多瑙河流域 19 个国家	持续到 2015 年，配合欧盟《水框架指令》执行

多瑙河流域管理的法律体系制定是一个逐步完善的过程（见图 1）。虽然

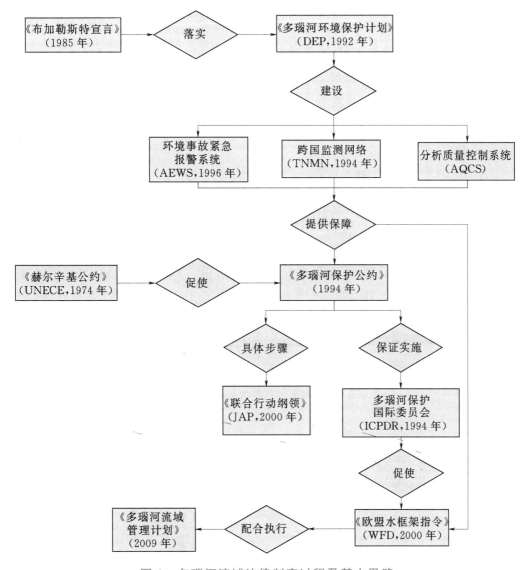

图 1　多瑙河流域法律制定过程及基本思路

前后经历了几十年的时间，但所有法律均以改善多瑙河流域的水生生态环境为根本目的，具有统一的制定思路。因此，各项法律上下衔接、层层相扣，法律体系几乎涵盖了流域水资源管理和水污染防治工作的所有方面，为流域治理工作的顺利开展奠定了坚实的法律基础。

2. 高效的流域协调管理机构 ICPDR

1994 年 6 月 29 日，《多瑙河保护公约》（Danube River Protection Convention）在保加利亚索菲亚市签署生效，德国、奥地利、斯洛文尼亚、克罗地亚、捷克、斯洛伐克、波黑、黑山、匈牙利、塞尔维亚、保加利亚、罗马尼亚、摩尔多瓦、乌克兰共 14 个国家（以下简称成员国）及欧盟组成了缔约方。为了落实缔约方义务，经反复沟通磋商，1998 年 10 月成立了多瑙河保护国际委员会（International Commission for the Protection of the Danube River，ICPDR）。ICPDR 是欧洲最大的流域管理国际组织，其主要的目标就是推动多瑙河流域国家平等而可持续地进行水资源管理和开发。ICPDR 是一个跨越多个国家的国际性管理机构，其总部位于维也纳，所有缔约方都有权利和义务参与委员会的工作，ICPDR 主席是按照成员国首字母顺序，由成员国代表团的首脑轮流担任。

ICPDR 的组织结构如图 2 所示，委员会现下设 ICPDR 秘书处、7 个专家组和 1 个特别专业领域任务组。7 个专家组分别是：负责汇总有关实施《欧盟水框架指令》（简称 WFD）报告的流域管理专家组（RBM - EG）、负责监测和评估总体水质的监测及评估专家组（M&A - EG）、负责评估压力及其对水环境的影响并提出补救措施的压力及措施专家组（P&M - EG）、负责应对洪水并提出改善预警系统措施的防洪专家组（FP - EG）、负责建立基于 GIS 的多瑙河信息系统的信息及 GIS 专家组（I&GIS - EG）、负责考虑如何让利益相关方及公众参与到规划过程中来的公众参与专家组（PP - EG）以及负责应对突发性污染事故的突发事件防控专家组（APC - EG）。ICPDR 下设专家组的

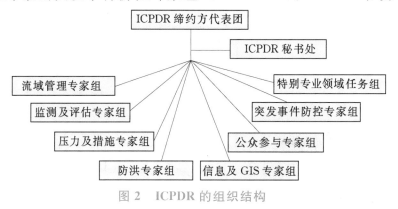

图 2　**ICPDR** 的组织结构

具体职能基本涵盖了流域管理的各个方面,将水污染防治与水生生态保护工作有机地结合起来,各专家组各司其职,相互配合,在流域水污染防治工作中起到了事半功倍的效果。

3. 平等有效的合作机制

作为世界上流经国家最多的国际河流,多瑙河的流域管理工作及水污染防治工作必然需要沿岸国家的通力合作。在法律框架体系和 ICPDR 流域管理机构下,这种合作机制得以建立并高效运行。

为了管理多瑙河如此复杂的流域,ICPDR 将整个流域的协调合作划分为三个层次:国际或流域层面的合作、国家或亚流域层面的合作,以及最小管理单元层面的合作。国际或流域层面的合作主要在《多瑙河保护公约》《欧盟水框架指令》下开展全流域的联合规划或行动;国家或亚流域层面的合作是通过成立亚流域委员会(如萨瓦河国际委员会)、举办论坛(蒂萨河论坛、多瑙河水文服务论坛等)、建立学术研究机构(如多瑙河国际研究协会等),以及国际合作组织等方式来协调各国家之间的行动和利益;最小管理单元层面的合作则是在亚流域或国家内,通过制定法规、联合机构、明确职责,从而协调一致地开展落实多瑙河保护工作。除层面内的合作之外,也可开展跨层的合作,例如 ICPDR 萨瓦河国际委员会就航运及生态保护等相关方面开展密切合作,于 2007 年发布了《关于多瑙河流域内陆航运和环境可持续的联合宣言》。

多瑙河流域合作机制目标明确,环环相扣,内容各有侧重并相互补充。不同层面的合作机制并存,对问题进行划分,对部门的职责进行明确,使多瑙河流域管理和水污染防治工作得到高效的落实。

4. 开放共享的监测预警系统

多瑙河流域信息平台是基于国际警报中心(PIAC)而搭建的信息处理系统,其主要作用是处理 PIAC 部门间以及流域内国家间的信息交换。它为多瑙河流域内的信息传输提供了标准化的工具,确保了信息的畅通交流。1996 年投入使用的多瑙河监测网络,多年来不断发展完善,目前的监测站点已覆盖多瑙河干流及支流的重要控制断面,可以实时监控多瑙河全流域的地表水质和部分跨国界的地下水水质。ICPDR 还在多瑙河流域建立了多瑙河事故应急预警系统(DAEWS),该系统的主要目标是在发生突发性环境污染事件时,能够迅速向下游地区和部分有需要的上游地区发布事故信息,有助于及时制定应急预案,有效应对污染事件。该系统自 1997 年 4 月投入使用后,至今已经为多起事故发布了及时有效的警报信息。

除信息平台的建设之外，ICPDR 还非常注重信息公开机制，ICPDR 及缔约方还将水质监测数据在网络上实时公布，供机构与公众监督和使用。

5. 行之有效的多瑙河流域管理规划

为了达到《欧盟水框架指令》提出的"2015 年欧盟境内地表水及地下水达到良好生态状况"的要求，并且促进多瑙河治理与保护工作的开展，ICPDR 在已有的调查研究和管理文件的基础上，编制了《多瑙河流域管理规划（2009—2015）》。规划由来自 14 个成员国和欧盟的 200 名专家编制完成，是对整个流域现状和管理决策最为全面的分析。规划的编制过程充分引入公众参与，建立了多通道的交流机制。公众可以通过峰会、网站、问卷、展览等方式参与到规划编制修改的工作中去。最终形成的规划对多瑙河流域长达 25117km 的河网进行了全面的现状评估，提出了一系列行之有效的联合行动和指导措施，并在此基础上针对有机污染、富营养化、有毒污染物、水体形态变化以及地下水等几个重要的问题，提出了短期的管理目标和长期的愿景。

多瑙河流域面积大、流经国家多、水体以及管理状况非常多样，针对这样的流域提出规划无疑是一项挑战。《多瑙河流域管理规划（2009—2015）》搭建了一个分层次的协调机制。首先，是国际层面、全流域级别的顶层协调机制（Part A）；其次，各成员国还需在顶层规划的基础上制定各自的国家级规划，建立国家层面或亚流域层面的协调机制（Part B）；最后，还需要国家内的管理单元最终落实规划的具体内容（Part C）。这种结构自上而下逐级落实，不断增加具体的细节，构成了良好的规划协调机制。

《多瑙河流域管理规划（2009—2015）》的出台充分体现了 14 个成员国、欧盟以及 ICPDR 所作出的巨大努力。规划的颁布意味着不受《欧盟水框架指令》约束的非欧盟成员国也要接受与指令相对应的规划目标。除此之外，各成员国还须在采样方法、划分机制等众多领域进行协调和合作，这样才能推进规划的整体实施。通过该规划，多瑙河水质及生态状况可以得到改善，健康的水环境是保证流域国家经济、社会发展的基础，各成员国也会从中受益。《多瑙河流域管理规划（2009—2015）》的编制和实施是一个"多赢"的过程。

6. 全面合作的多瑙河联合调查

为了获取全面、可靠、有价值的数据，ICPDR 自 2001 年开始，每六年对多瑙河流域进行一次全面的水质及污染情况调查，即多瑙河联合调查（Joint Danube Survey）。

2001 年的第一次联合调查对多瑙河及其支流进行了全面的取样评估，监测指标涵盖有机物、重金属、农药、微生物污染等。这次调查在提高公众对多瑙河保护意识上产生了良好的宣传效果。调查所到之处的电视、报纸、广播等媒体均对这次联合调查进行了大量的宣传报道。调查船队在停靠之处，也通过举办公众活动宣传国家和地区在多瑙河保护和污染减排方面作出的努力。自2001年首次多瑙河水质联合调查以来，多瑙河水质得到了普遍改善。开始于2007年8月的第二次联合调查，在第一次的基础上增加了监测指标和采样点位，将规模从干流扩大到支流，对多瑙河流域2600km长的河段水质进行取样评估，范围覆盖多瑙河流域10个国家（德国、奥地利、捷克、匈牙利、克罗地亚、塞尔维亚、罗马尼亚、保加利亚、乌克兰、罗马尼亚）的96个干流取样点以及主要支流上的28个取样点，对水、底泥、悬浮颗粒、贝类和鱼类等进行了取样评测。第二次多瑙河联合调查是目前世界上最大规模的河流研究调查，ICPDR以这次调查获取的数据为基础，建立了目前世界上最先进的河流数据库。

多瑙河联合调查是建立在全面的国际合作基础之上的。组成此次调查的国际科考队由18名科学家组成，他们分别来自德国、奥地利、捷克、斯洛伐克、匈牙利、塞尔维亚、罗马尼亚和丹麦；调查使用的基础设施和监测设备也由各国提供。例如，塞尔维亚提供了船只，匈牙利提供了住宿和生活补给等。科考船队所到之处，当地机构均提供了完善的保障，媒体也帮助提高公众的多瑙河保护意识，鼓励每一个人参与到多瑙河的污染控制和生态保护中。

多瑙河联合调查获得的数据，可以帮助多瑙河流域国家在未来的污染控制和生态恢复工作中作出科学正确的决策，进而履行1994年《多瑙河保护公约》的规定，也有助于推进多瑙河流域的欧盟成员国开展合作，以满足《欧盟水框架指令》规定的到2015年欧盟境内河流和湖泊拥有良好生态环境的要求。

7. 保留了广阔而资源丰富的河口三角洲

多瑙河三角洲占地 $3446km^2$，位处罗马尼亚多布罗加及乌克兰敖德萨州，是欧洲最大及保存最好的天然湿地。多瑙河三角洲育有超过1200多种不同植物、300多种在树林栖息的鸟类及45种在附近河流或沼泽活动的淡水鱼类。

多瑙河三角洲不计其数的湖泊和沼泽，是欧洲、亚洲、非洲三大洲候鸟的集散地，也是欧洲飞禽和水鸟最多的地方。每年有来自欧洲、亚洲、非洲及地中海地区超过百万的候鸟迁徙至多瑙河三角洲繁衍，被称为鸟的天堂。多瑙河三角洲是湖泊、芦苇荡、草地、原始橡树林的混合地带。芦苇覆盖面积占2/3，是地球上最大的芦苇生长区。在一年的近三个季节里，三角洲几乎就是一个芦苇的世界，无边无际。芦苇在三角洲的生态上扮演着极其重要的角色，它不仅过滤了水质，还为三角洲上的大部分野生动物提供了栖息地。多瑙河三角洲能调蓄洪水、净化水质、调节气候，对维护生态安全和保护生物多样性起到了不可替代的重要作用，因此被科学家称为"欧洲最大的地质、生物实验室"。

多瑙河三角洲已被联合国教科文组织列作世界遗产及生物圈保护区。其中有大约 2733km² 的面积被划作严格保护地区。为了进一步改善三角洲的生态环境，罗马尼亚于 1993 年通过了旨在加强三角洲保护的法律，严格限制三角洲周边工业的发展，多瑙河流经图尔恰注入黑海，图尔恰小镇的规模多年来从未扩张。罗马尼亚政府正通过对使用多瑙河三角洲自然资源的单位收费筹措资金，以开展多瑙河三角洲生态建设和农渔业发展工作。罗马尼亚政府的努力还得到了国际环保机构和组织的大力支持。世界野生动物基金会多年来一直同罗马尼亚政府合作，希望通过恢复三角洲的自然功能来促进鱼类和其他湿地资源及产品的恢复。

8. 注重实效的公众参与机制

ICPDR 积极鼓励公众参与水污染防治工作。流域居民可以通过媒体、峰会、网站、调查问卷等多种形式参与到多瑙河保护与管理工作中去。ICPDR 下设公众参与专家组，其职能即建立一个让利益相关方及公众参与到流域管理和规划过程中的良好机制。每年 6 月 29 日为多瑙河日，ICPDR 会举办大型的庆祝活动，沿岸 14 个国家超过 8100 万人共同参与欧洲最大的河流管理庆祝活动。沿岸各国尽管存在文化和社会的差异，但所有多瑙河流域居民都愿意分担保护多瑙河珍贵水资源的责任，在多瑙河保护的理念上形成了良好的共识氛围。

多瑙河流域环境 NGO 也为多瑙河流域的环境保护作出了巨大的贡献。20 世纪 80 年代，著名的环境 NGO——世界野生动物基金会（WWF）为了阻止在流经奥地利的多瑙河上修建水电大坝，以避免破坏欧洲唯一生长在冲击层上的森林，通过司法诉讼促成奥地利最高法院做出停止修建大坝的判决；绿色和平组织（Green Peace）在反对企业破坏环境方面所开展的工作，更是为人们所熟知。

四、多瑙河流域考察的总体印象

本次考察，自奥地利维也纳始，至罗马尼亚图尔恰止，途经斯洛伐克和匈牙利，横跨了多瑙河干流 2000 多 km，调研中多次驱车往返于流域内的主要城市、乡镇，并穿越了广袤的田野。对多瑙河流域上游、中游、下游地区的水资源管理、污染防治、城乡建设、土地利用和风土人情等方面均留下较深印象。概括起来，主要有以下四个方面。

（1）多瑙河流域水资源丰富，流量和水位变化不大，洪水和干旱往往仅发生在局部；河流水环境质量总体良好，点源污染治理成效显著，有机污染得到有效控制。沿多瑙河由西向东，所流经的国家发达程度递减，这是多瑙河流域的基本特点，也由此决定了上游地区经济结构合理，基础设施较为完善，对多瑙河的不利影响较小，有利于上下游之间的协调，流域管理的难度相对较小。

（2）多瑙河上下游的发展差距虽然降低了协调的难度，但下游污水处理基础设施落后、监测管理体制仍不健全，河流的有机物以及有毒物质排放压力较上游显著增大。下游地区污水处理厂大都没有脱氮除磷工艺，同时下游人口密度较高、农业压力大、农业面源污染较为严重，这些都增加了下游水体的富营养化，许多重要城市下游水质以及一些支流水质出现退化。2004 年发布的《多瑙河分析报告》也指出了这种自上游向下游增加的污染负荷和环境风险。

（3）多瑙河管理从流域（basin）到亚流域（sub basin），再到控制水体（water body）划分为三个层面。流域层面由 ICPDR 统筹开展规划和实施；亚流域层面由所在国家负责；水体则是流域管理的最小控制单元。各成员国综合考虑水体的物理性质、海拔高度、地质特征、大小、排污情况、抽取利用情况等因素，将整个多瑙河流域划分为若干单个水体。当自然水质较好的河段因为中上游排污造成下游水质恶化时，则需对整个河段的水质进行分段评估，而不能通过平均情况一概而论。这也正是将亚流域划分为单个水体这个最小控制单元所解决的最直观问题。通过这样的划分，成员国可以对单个水体展开有针对性的监测，进而对具有不同风险的水体实施不同的治理策略。将亚流域划分为单个水体并作为最小控制单元的做法，避免了水质状况以偏概全造成的风险遗漏，以及僵化管理带来的冗余成本，不但增强了管理的灵活性，也提高了河流治理的实际效果。

（4）多瑙河流域面积广阔，但总体压力远小于淮河流域。由表 3 可以看出，多瑙河的长度、流域面积和多年平均流量大致是淮河的 3 倍，而淮河流域的人口密度是多瑙河流域的 7 倍多，人均 GDP 和城市化水平均则远远落后于多瑙河流域。多瑙河流域的人均水资源量为 $4300m^3$，而淮河流域人均水资源量仅为 $565m^3$，是多瑙河流域的 1/8。因此，淮河流域所承载的社会经济压力远远大于多瑙河流域。

表 3　　　　　淮河与多瑙河流域自然及社会经济基本情况对比

流域	全长 /km	流域面积 /万 km²	多年平均流量 /(m³/s)	多年平均年降水量 /mm	人均 GDP/美元	人口密度 /(人/km²)	城市化率 /%
多瑙河	2850	81.7	6430	500~1000	7200	106	58
淮河	1000	27	1969	888	1400	740	<40

五、对淮河流域管理的几点启示

1. 法律体系

多瑙河流域法律和法规的制定均是从流域全局出发，以改善多瑙河流域的水生生态环境为根本目的，制定思路统一、上下衔接、层层相扣。每一项法律的制定都有明确的目的，法律体系几乎涵盖了流域水管理尤其是水污染防治工作的所有方面，且这些法律作为国际法，明确了权利和义务，执法过程受到其他国家及民众的监督，执法力度强、执法效果好。

相比较而言，除《淮河流域水污染防治条例》外，淮河尚无流域性立法，调节流域水管理的有关法律条款，散见于《水法》《防洪法》《水污染防治法》及国家和省的有关条例中，完整性和协调性不够。这些法律法规均以一个主管部门为执法主体（其他有关部门被"会同"），而原则上又是流域管理与地方管理相结合。在行政主导的现实条件下，涉及流域管理的行为时，往往合力不足，甚至管理主体之间产生矛盾，影响流域管理的效力和效果。如何参考和借鉴多瑙河流域法律制定的思路和内容，明确权利义务，加强法律的约束力，是构建健全的淮河流域水管理法律体系值得思考的问题。

2. 流域协调管理机构

ICPDR 是在《多瑙河保护公约》下建立的负责多瑙河流域资源开发与保护的国际性组织，是目前欧洲最大也最为权威的流域管理机构，其职责以法律条款的形式得到明确。委员会下设的专家组和任务组，具体职能基本涵盖了流域管理的各个方面，将水资源开发、污染防治与水生生态保护工作有机地结合起来。各专家组各司其职，相互配合，高效运转。各缔约方与 ICPDR 协调一致开展工作。ICPDR 的主席由各成员国轮流担任，确保了各国平等的参与。

作为国家水行政主管部门水利部的派出机构，我国在七大江河（湖）设有流域管理机构，在淮河是淮河水利委员会（简称淮委），依法履行流域管理职能。应该说，在水利部门主管的防洪及水资源开发利用管理方面，淮委的职能履行得较好，虽然与地方水行政管理部门的关系仍有需要调整之处，但大体是协调和有效的；在水资源保护和水污染防治方面，则问题较多，典型的例子如省界水体监测，有流域管理机构和环境保护部门两个系统，信息发布都有矛盾，在其他工作中也有交叉和矛盾，影响了国家在流域水管理中的统一性和有效性。ICPDR 的组织结构和运行机制，对淮河流域的水资源管理和水资源保护具有重要的参考价值。事实上，在 20 世纪 90 年代，淮河流域水资源保护局曾是水利部和国家环境保护总局共管，淮河流域水污染防治领导小组办公室至今仍设在淮河流域水资源保护局。因此，我国自己的经验也值得重新加以重视。

3. 合作机制

《多瑙河保护公约》的缔约方既包括发达国家，也包括发展中国家；既有欧盟成员国，也有非欧盟成员国。这就决定了缔约方在基础设施、法律法规和是否履行《欧盟水框架指令》等方面存在巨大的差异。多瑙河的流域管理和水污染防治工作复杂程度高，需要沿岸国家的通力合作。然而，ICPDR和缔约方在如此复杂情况的基础上，建立并运行了高效的合作机制（参见本报告"三、多瑙河流域管理的主要经验"）。

淮河流域不属于国际河流。在水资源保护和水污染防治方面，淮河流域四省的合作形式较为单一，大多是由国家相关职能部门组织会议，由四省政府代表之间互相讨论。除此之外，各省政府之间很少就流域水污染防治工作进行交流。若两省间发生了水污染纠纷事件，也是由国家环境保护行政主管部门直接进行调解。从某种程度上讲，部门和地方政府之间合作不够是导致我国环境"跨界污染"得不到有效解决的一个重要因素。因此，有必要参考多瑙河流域的合作机制，建立政府间各层面的协调与合作机制，以保障跨区域环境治理工作的顺利开展。

4. 信息公开

多瑙河流域信息非常开放，任何公众都能很容易地通过网站获取流域的各种信息，包括地形地貌、水文气象、环境质量等数据资料，也包括多瑙河流域开展的专题研究报告、规划成果、多瑙河联合考察报告等文本资料。相比而言，国内在信息公开方面差距较大。以环境监测数据为例，经过多年努力，目前可以通过网站查询国控自动监测断面的实时监测数据，而无法获取长时段的历史数据；各省控、市控断面的监测数据仍被相关单位视为其"私有财产"，不仅公众无从获取，就连开展专项研究的科技工作者，目前也没有正常的渠道获取和使用这些数据。这种人为设置的信息屏障，一方面导致海量数据无法发挥其应有的作用，另一方面，由于不公开导致数据的真实性和可靠性得不到检验。此外，由于部门之间的屏障，导致环保部门与水利部门重复建设水环境监测站点的现象也很普遍，仅此造成的浪费亦很可观。

5. 公众参与和环保 NGO

ICPDR 积极鼓励公众参与到水污染防治工作中来。流域居民可以通过媒体、峰会、网站、调查问卷等多种形式参与到多瑙河保护与管理工作中去。每年在流域层面上举行的"多瑙河日"和各个子流域层面上的河流节日，都会举办丰富多彩的宣传活动，邀请或吸引公众参加，通过多种媒体的介入，达到良好的沟通和宣传效果。这一点，非常值得我们学习。目前，淮河流域公众参与的渠道相对较少，在政策中有少量提及公众参与的部分，但也未能落到实处，公众参与的具体程序、组织方式、资金来源、公众意见对于主管部门决策的作用等都不明确。淮河流域也有环保 NGO，但是作为民间组织，环保 NGO 不能独立进行筹资，只能以企业的名义进行注册，能力十分有限。探索通畅的公众参与机制并且让环保 NGO 发挥更大的作用，对于淮河流域管理几乎是从无到有的过程，无疑面临很多困难和挑战。